赠送PPT案例模板展示

U0310243

    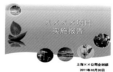

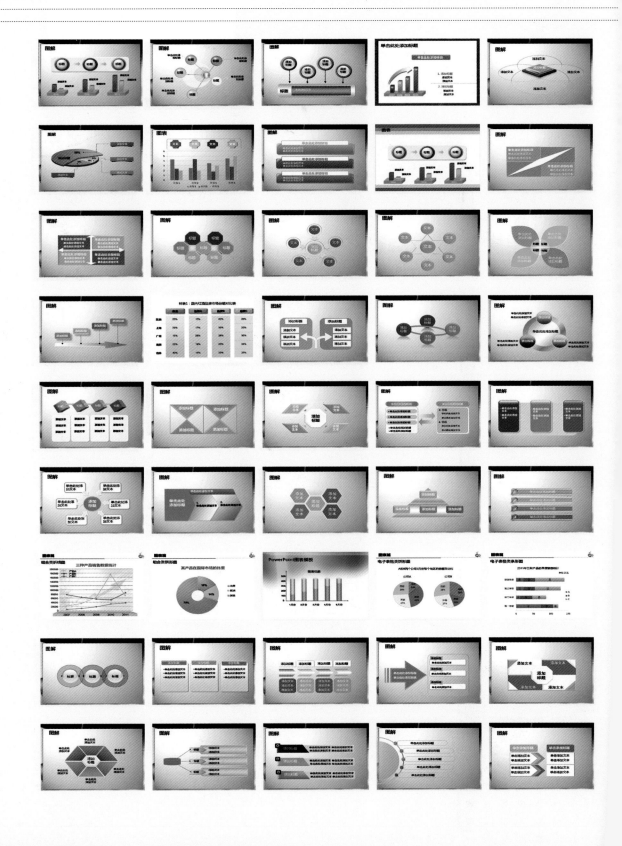

Office

2013办公应用

从入门到精通

神龙工作室 编著

人民邮电出版社

北京

图书在版编目（CIP）数据

Office 2013办公应用从入门到精通 / 神龙工作室编
著. -- 北京：人民邮电出版社，2015.2（2016.5重印）
ISBN 978-7-115-37505-6

Ⅰ. ①O… Ⅱ. ①神… Ⅲ. ①办公自动化－应用软件
－自学参考资料 Ⅳ. ①TP317.1

中国版本图书馆CIP数据核字(2014)第257919号

内 容 提 要

本书是指导初学者学习 Office 2013 的入门书籍。书中详细地介绍了初学者学习 Office 2013 时应该掌握的基础知识、使用方法和操作技巧，并对初学者在使用 Office 2013 时经常遇到的问题进行了专家级的指导，以免初学者在起步的过程中走弯路。全书分为 4 篇共 16 章，"Word 办公应用"篇介绍 Office 2013 的基本操作、Word 2013 基础入门、初级排版、图文混排、表格和图表应用、高级排版，"Excel 办公应用"篇介绍 Excel 2013 基础入门、编辑和美化工作表、管理数据、图表的应用、公式与函数的应用，"PPT 设计与制作"篇介绍 PPT 设计以及 Office 2013 组件之间的协作，"综合应用案例"篇通过 3 个经典的案例讲解，使读者全面了解 Office 2013 在实际办公中的应用。

本书附带一张精心开发的 DVD 格式的电脑教学光盘。光盘采用全程语音讲解的方式，紧密结合书中的内容对各个知识点进行深入的讲解，提供长达 10 小时的与本书内容同步的视频教学演示。同时，光盘中还赠送 8 小时精通 Windows 7 视频讲解，包含 1200 个经典的 Office 实用技巧的电子书、900 套 Word/Excel/PPT 2013 办公模板、财务/人力资源/文秘/行政/生产等岗位工作手册、300 页 Excel 函数与公式使用详解电子书、常用办公设备及办公软件的视频教学、电脑常见问题解答电子书等内容。

本书既适合 Office 2013 中文版初学者阅读，又可以作为大中专院校或者企业的相关培训教材，同时对有经验的 Office 使用者也有很高的参考价值。

◆ 编　著　神龙工作室
责任编辑　马雪伶
责任印制　杨林杰

◆ 人民邮电出版社出版发行　　北京市丰台区成寿寺路 11 号
邮编　100164　电子邮件　315@ptpress.com.cn
网址　http://www.ptpress.com.cn
北京鑫正大印刷有限公司印刷

◆ 开本：787×1092　1/16
印张：24　　　　　　　　彩插：1
字数：584 千字　　　　　　2015 年 2 月第 1 版
印数：7 201-7 800册　　　　2016 年 5 月北京第 6 次印刷

定价：49.00 元（附光盘）

读者服务热线：(010)81055410　印装质量热线：(010)81055316
反盗版热线：(010)81055315

广告经营许可证：京东工商广字第 8052 号

前言

Office 2013 是微软公司推出的一款集成办公软件，在职场办公中发挥着不可替代的作用。作为一款常用的办公软件，它具有操作简单和极易上手等特点，然而要想真正地熟练运用它来解决日常办公中遇到的各种问题却并非易事。为了满足广大读者的需要，我们针对不同学习对象的掌握能力，总结了多位 Office 应用高手、数据分析专家及 PPT 设计师的职场经验，精心编写了本书。

写作特色

■ **实例为主，易于上手**：全面突破传统的按部就班讲解知识的模式，模拟真实的办公环境，以实例为主，将读者在学习的过程中遇到的各种问题以及解决方法充分地融入实际案例中，以便读者能够轻松上手，解决各种疑难问题。

■ **高手过招，专家解密**：通过"高手过招"栏目提供精心筛选的 Word/Excel/PPT 2013 使用技巧，以专家级的讲解帮助读者掌握职场办公中应用广泛的办公技巧。

■ **双栏排版，超大容量**：采用双栏排版的格式，信息量大，力求在有限的篇幅内为读者奉献更多的实战案例。

■ **一步一图，图文并茂**：在介绍具体操作步骤的过程中，每一个操作步骤均配有对应的插图，以使读者在学习过程中能够直观、清晰地看到操作的过程及其效果，学习更轻松。

■ **书盘结合，互动教学**：配套的多媒体教学光盘内容与书中内容紧密结合并互相补充。在多媒体教学光盘中仿真模拟职场办公中的真实场景，让读者体验实际应用环境，并借此掌握日常办公所需的知识和技能，掌握处理各种问题的方法，并能在合适的场合使用合适的方法，从而能学以致用。

光盘特点

■ **超大容量**：本书所配的 DVD 格式光盘的播放时间长达 18 小时，涵盖书中绝大部分知识点，并做了一定的扩展延伸，克服了目前市场上现有光盘内容含量少、播放时间短的缺点。

■ **内容丰富**：光盘中不仅包含 10 小时与本书内容同步的视频讲解、本书实例的原始文件和最终效果文件，同时赠送以下 3 部分的内容：

（1）8 小时精通 Windows 7 视频讲解，使读者完全掌握 Windows 7 系统。

（2）900 套 Word/Excel/PPT 2013 实用模板、包含 1200 个 Office 2013 实用技巧的电子书、财务/人力资源/文秘/行政/生产等岗位工作手册、300 页 Excel 函数与公式使用详解电子书，帮助读者全面提升工作效率。

（3）多媒体讲解打印机、扫描仪等办公设备及解压缩软件、看图软件等办公软件的使用、300 多个电脑常见问题解答电子书，有助于读者提高电脑综合应用能力。

■ **解说详尽**：在演示各个 Word/Excel/PPT 2013 案例的过程中，对每一个操作步骤都做了详细的解说，使读者能够身临其境，提高学习效率。

■ **实用至上**：以解决问题为出发点，通过光盘中一些经典的应用案例，全面涵盖了读者在学习和使用 Office 2013 进行日常办公中所遇到的问题及解决方案。

配套光盘运行特点

① 将光盘印有文字的一面朝上放入光驱中，几秒钟后光盘就会自动运行。

② 若光盘没有自动运行，在光盘图标 上单击鼠标右键，在弹出的快捷菜单中选择【自动播放】菜单项（Windows XP 系统），或者选择【安装或运行程序】菜单项（Windows 7 系统），光盘就会运行。

③ 建议将光盘中的内容安装到硬盘上观看。在光盘主界面中单击【安装光盘】按钮 ，弹出【选择安装位置】对话框，从中选择合适的安装路径，然后单击 确定 按钮即可安装。

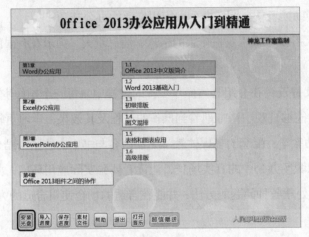

④ 以后观看光盘内容时，只要单击【开始】按钮➤【所有程序】➤【从入门到精通】➤【《Office 2013 办公应用从入门到精通》】菜单项就可以了。如果光盘演示画面不能正常显示，请双击光盘根目录下的 tscc.exe 文件，然后重新运行光盘即可。

⑤ 如果想要从硬盘上卸载本光盘内容，依次单击【开始】➤【所有程序】➤【从入门到精通】➤【卸载《Office 2013 办公应用从入门到精通》】菜单项即可。

本书由神龙工作室策划，参与资料收集和整理工作的有姜楠、纪美清等。由于时间仓促，书中难免有疏漏和不妥之处，恳请广大读者不吝批评指正。

本书责任编辑的联系信箱：maxueling@ptpress.com.cn。

编者

第1篇
Word 办公应用

第1章
Office 2013 简介

光盘演示路径：
Office 2013 中文版简介\认识 Office 2013

第2章
Word 2013 基础入门——制订档案管理制度

光盘演示路径：
Word 2013 的基本操作\Word 2013 基础入门

高手过招

* 巧妙输入 X^2 与 X_2

第 2 篇
Excel 办公应用

第 7 章
Excel 2013 基础入门——制作员工信息明细

光盘演示路径：
Excel 2013 的基本操作\基础入门

高手过招

  ❋ 不可不用的工作表组
  ❋ 回车键的粘贴功能

第 8 章
编辑和美化工作表——制作办公用品领用明细

光盘演示路径：
Excel 2013 的基本操作\编辑和美化工作表

高手过招

  ❋ 填充柄巧应用
  ❋ 教你绘制斜线表头
  ❋ 快速插入"√"

第 9 章
管理数据——制作车辆使用明细

光盘演示路径：
Excel 2013 的基本操作\管理数据

高手过招

* 巧用记录单
* 输入星期几有新招
* 分分合合随你意

第 10 章
让图表说话——Excel 的高级制图

光盘演示路径：
Excel 2013 的基本操作\高级制图

高手过招

* 各显其能——多种图表类型
* 平滑折线巧设置
* 变化趋势早知道——添加趋势线
* 重复应用有新招

第 11 章
数据计算——公式与函数的应用

光盘演示路径：
Excel 2013 的高级应用\公式与函数的应用

高手过招

* 使用函数输入星期几
* 用图形换数据

第 3 篇
PPT 设计与制作

第 12 章
PPT 设计——设计员工培训方案

 光盘演示路径：
PPT 设计与应用\基础入门

第 16 章
PPT 设计案例——制作楼盘推广策划案

光盘演示路径：
PPT 设计与应用\综合实例应用

第1篇

Word 办公应用

本篇主要介绍 Word 2013 在日常办公中的高效应用，通过本篇的学习，用户可以轻松高效地组织和编写文档，排版出更具视觉冲击力的文档，轻松提高 Office 办公的水平。

第1章

Office 2013 简介

Office 2013 是微软公司推出的新一代办公软件，它是 Office 2010 的升级版本，不仅具有以前版本的所有功能，而且新增了很多更加强大的功能。接下来让我们一起了解 Office 2013 中文版！

关于本章知识，本书配套教学光盘中有相关的多媒体教学视频，请读者参见光盘中的【Office 2013 中文版简介\认识 Office 2013】。

1.1 启动与退出 Office 2013

Office 2013 安装完成以后，用户就可以对 Office 2013 进行启动与退出操作了。Office 2013 中各组件的启动和退出方法基本相同，本节以启动与退出 Word 2013 为例进行详细介绍。

1.1.1 启动 Office 2013

Office 2013 安装完成以后，就可以打开 Office 2013 中的任意组件了。下面以启动与退出 Word 2013 为例进行介绍。

单击【开始】按钮，在弹出的【开始】菜单中选择【所有程序】➤【Microsoft Office 2013】➤【Word 2013】菜单项，随即打开了一个 Word 文档"文档 1"，此时就启动了 Word 2013。

1.1.2 退出 Office 2013

文档编辑完成后，直接单击窗口右上角的【关闭】按钮 ✕，即可退出 Office 组件。

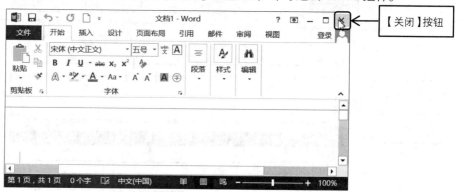

Office 2013 的工作界面

Office 2013 的操作界面与 Office 2010 相比有了很大的改变，并增添了很多新功能，使整个工作界面更加人性化，用户操作起来更加方便。

1.2.1　认识 Word 2013 的工作界面

Word 2013 的操作界面主要由标题栏、快速访问工具栏、功能区、[文件] 按钮、文档编辑区、滚动条、状态栏、视图切换区，以及比例缩放区等组成部分。下面对主要部分进行简要介绍。

○ 标题栏

标题栏主要用于显示正在编辑的文档的文件名以及所使用的软件名，另外还包括标准的"最小化"、"还原"和"关闭"按钮。

○ 快速访问工具栏

快速访问工具栏主要包括一些常用命令，例如"Word"、"保存"、"撤销"和"恢复"按钮。在快速访问工具栏的最右端是一个下拉按钮，单击此按钮，在弹出的下拉列表中可以添加其他常用命令或经常需要用到的命令。

○ 功能区

功能区主要包括"开始"、"插入"、"设计"、"页面布局"、"引用"、"邮件"、"审阅"和"视图"等选项卡，以及工作时需要用到的命令。

○ [文件] 按钮

[文件] 按钮是一个类似于菜单的按钮，位于 Office 2013 窗口左上角。单击 [文件] 按钮可以打开【文件】面板，包含"信息"、"新建"、"打开"、"保存"、"另存为"、"打印"、"共享"和"导出"等常用命令。

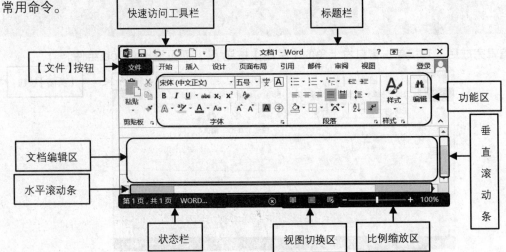

1.2.2 认识 Excel 2013 的工作界面

Excel 2013 的工作界面与 Word 2013 相似，除了包括标题栏、快速访问工具栏、功能区、文件按钮、滚动条、状态栏、视图切换区以及比例缩放区以外，还包括名称框、编辑栏、工作表区、工作表列表区等部分。

◉ 名称框和编辑栏

在左侧的名称框中，用户可以为一个或一组单元格定义一个名称；也可以从名称框中直接选取定义过的名称，以选中相应的单元格。选中单元格后可以在右侧的编辑栏中输入单元格的内容，如公式、文字或数据等。

◉ 工作表区

工作表区是由多个单元表格行和单元表格列组成的网状编辑区域。用户可以在此区域内进行数据处理。

◉ 工作表列表区

工作表列表区包括一个工作簿常用的工作表标签，如 Sheet1、Sheet2、Sheet3 等。单击左侧的工作表切换按钮 ◀ ▶ ⋯ 或直接单击右侧的工作表标签，可以实现工作表间的切换。

◉ 视图切换区

视图切换区可用于更改正在编辑的工作表的显示模式，以便符合用户的要求。

◉ 比例缩放区

比例缩放区可用于更改正在编辑的工作表的显示比例设置。

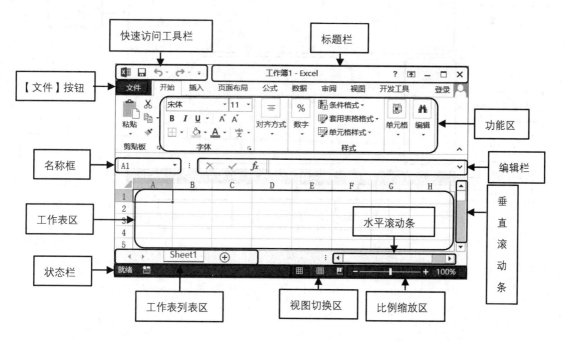

1.2.3　认识 PowerPoint 2013 的工作界面

　　PowerPoint 2013 的工作界面和 Word 2013 的基本类似。PowerPoint 2013 的功能区包括"文件"、"开始"、"插入"、"设计"、"切换"、"动画"、"幻灯片放映"、"审阅"以及"视图"等选项卡，其中"文件"、"开始"、"插入"、"审阅"、"视图"等选项卡的功能和 Word、Excel 的相似，而"设计"、"切换"、"动画"、"幻灯片放映"选项卡是 PowerPoint 的特有菜单项目。

◎　编辑区

　　工作界面中最大的区域为幻灯片编辑区，在此可以对幻灯片的内容进行编辑。

◎　视图区

　　编辑区左侧的区域为视图区，默认视图方式为"幻灯片"视图，单击"大纲"按钮 ▤ 可切换到"大纲视图"。"幻灯片"视图模式将以单张幻灯片的缩略图为基本单元排列，当前正在编辑的幻灯片以着重色标出。在此视图中可以轻松实现幻灯片的整张复制与粘贴，插入新的幻灯片，删除幻灯片，以及幻灯片样式更改等操作。"大纲视图"模式将以每张幻灯片所包含的内容为列表方式进行展示，单击列表中的内容项可以对幻灯片内容进行快速编辑。

◎　备注栏和批注栏

　　编辑区下方为备注栏和批注栏，在备注栏中可以为当前幻灯片添加备注和说明，在批注栏中可以为当前幻灯片添加批注。备注和批注在幻灯片放映时不显示。

第2章

Word 2013 基础入门
——制订档案管理制度

档案管理是企业日常管理中的一项重要工作。使用 Word 2013，用户可以轻松制订公司档案管理制度，加强公司档案管理，充分发挥档案作用，全面提高档案管理水平，有效地保护及利用档案。

光盘链接

关于本章知识，本书配套教学光盘中有相关的多媒体教学视频，请读者参见光盘中的【Word 2013 的基本操作\Word 2013 基础入门】。

2.1 文档的基本操作

文档的基本操作主要包括新建文档、保存文档、打开文档和关闭文档等。

2.1.1 新建文档

用户可以使用 Word 2013 方便快捷地新建多种类型的文档，如空白文档、基于模板的文档、博客文档以及书法字帖等。

1. 新建空白文档

启动 Word 2013 应用程序以后，系统会自动新建一个名为"文档 1"的空白文档。除此之外，用户还可以使用以下方法新建空白文档。

○ 使用【新建】按钮

单击【快速访问工具栏】中的【新建】按钮。

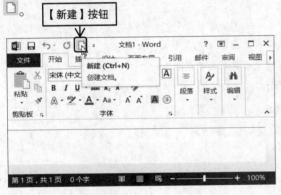

○ 使用 文件 按钮

单击 文件 按钮，在弹出的界面中选择【新建】选项，然后直接单击【新建】列表框中的【空白文档】选项即可新建一个空白文档。

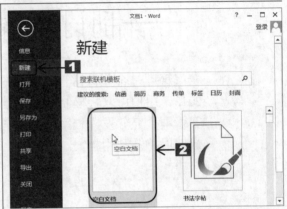

○ 使用组合键

按下【Ctrl】+【N】组合键即可创建一个新的空白文档。

2. 新建基于模板的文档

Word 2013 为用户提供了多种类型的模板样式，用户可以根据需要选择模板样式并新建基于所选模板的文档。

新建基于模板的文档的具体步骤如下。

1 单击 文件 按钮，在弹出的界面中选择【新建】选项，然后在【新建】列表框中选择已经安装好的模板。

2 如果用户在已安装的模板中没有找到自己想要的模板,可以搜索联机模板,在【新建】文本框中输入需要的模板名称,例如"申请书",然后单击【开始搜索】按钮即可。

3 搜索完成后,用户可以从中选择自己需要的模板。

2.1.2 保存文档

在编辑文档的过程中,可能会出现断电、死机或系统自动关闭等情况。为了避免不必要的损失,用户应该及时保存文档。

1. 保存新建的文档

新建文档以后,用户可以将其保存起来。保存新建文档的具体步骤如下。

1 单击 文件 按钮,在弹出的界面中选择【保存】选项。

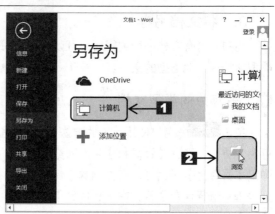

3 弹出【另存为】对话框,在【保存位置】列表框中选择合适的保存位置,在【文件名】文本框中输入文件名,然后单击 保存(S) 按钮即可。

2 弹出【另存为】界面,在界面中选择【计算机】➤【浏览】选项。

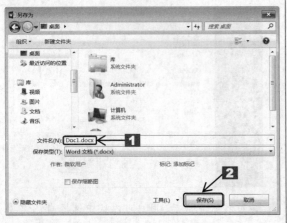

2. 保存已有的文档

用户对已经保存过的文档进行编辑之后，可以使用以下几种方法保存。

方法 1：单击【快速访问工具栏】中的【保存】按钮 ￼。

方法 2：单击 文件 按钮，在弹出的界面中选择【保存】选项。

方法 3：按下【Ctrl】+【S】组合键。

3. 将文档另存

用户对已有文档进行编辑后，可以另存为同类型文档或其他类型的文件。

● 另存为同类型文档

单击 文件 按钮，使用之前的方法，打开【另存为】界面，选择【计算机】➤【浏览】选项，弹出【另存为】对话框，在左侧的【保存位置】列表框中选择保存位置，在【文件名】文本框中输入文件名，然后单击 保存(S) 按钮即可。

● 另存为其他类型文件

单击 文件 按钮，使用之前的方法，打开【另存为】界面，选择【计算机】➤【浏览】选项，弹出【另存为】对话框，在左侧的【保存位置】列表框中选择保存位置，在【文件名】文本框中输入文件名，在【保存类型】下拉列表中选择文本类型，然后单击 保存(S) 按钮即可。

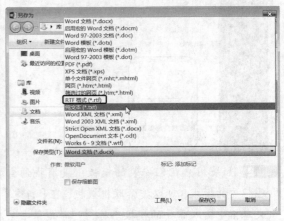

4. 设置自动保存

使用 Word 的自动保存功能，可以在断电或死机的情况下最大限度地减少损失。设置自动保存的具体步骤如下。

1 在 Word 文档窗口中单击 文件 按钮，在弹出的界面中选择【选项】选项。

2 弹出【Word 选项】对话框，切换到【保存】选项卡，在【保存文档】组合框中的【将文件保存为此格式】下拉列表框中选择文件的保存类型，这里选择【Word 文档(*.docx)】选项。

3 选中【保存自动恢复信息时间间隔】复选框，并在其右侧的微调框中设置文档自动保存的时间间隔，这里将时间间隔设置为"10 分钟"。设置完毕单击 确定 按钮即可。

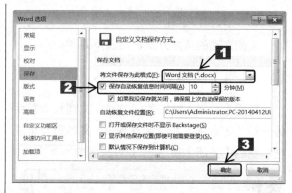

2.1.3 打开和关闭文档

在编辑文档的过程中，经常会打开和关闭一些文档。用户可以通过如下方式打开和关闭 Word 文档。

1. 打开文档

打开文档的常用方法包括以下几种。

◎ 双击文档图标

双击文档图标打开 Word 文档的具体步骤如下。

1 在要打开的文档图标上双击鼠标左键。

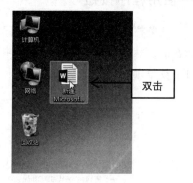

2 此时即可打开该文档。

◎ 使用鼠标右键

在要打开的文档图标上单击鼠标右键，然后从弹出的快捷菜单中选择【打开】菜单项，也可以打开该文档。

2. 关闭文档

关闭文档的常用方法包括以下几种。

◎ **使用【关闭】按钮**

使用【关闭】按钮关闭 Word 文档是最常用的一种关闭方法。直接单击 Word 文档窗口标题栏右侧的【关闭】按钮 × 即可关闭 Word 文档。

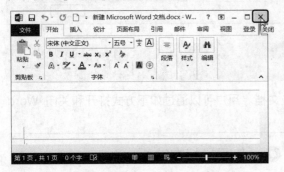

◎ **使用快捷菜单**

在标题栏空白处单击鼠标右键，然后从弹出的快捷菜单中选择【关闭】菜单项即可关闭 Word 文档。

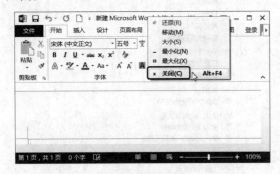

◎ **使用【Word】按钮**

在【快速访问工具栏】的左上角单击【Word】按钮 ，然后从弹出的下拉菜单中选择【关闭】菜单项即可关闭 Word 文档。

◎ **使用【文件】按钮**

单击 文件 按钮，然后从弹出的界面中选择【关闭】选项，即可关闭 Word 文档。

◎ **使用程序按钮**

在任务栏中要关闭的 Word 程序按钮上单击鼠标右键，然后在弹出的快捷菜单中选择【关闭窗口】菜单项即可关闭 Word 文档。

2.2 文本的基本操作

文本处理是 Word 文字处理软件最主要的功能之一，接下来介绍如何在 Word 文档中输入文本、选定文本、编辑文本等内容。

2.2.1 输入文本

文本的类型多种多样，接下来介绍如何在 Word 文档中输入中文、数字以及日期等对象。

本小节原始文件和最终效果所在位置如下。	
原始文件	原始文件\第 2 章\档案管理制度 01.docx
最终效果	最终效果\第 2 章\档案管理制度 02.docx

1. 输入中文

新建一个 Word 空白文档后，用户就可以在文档中输入中文了。具体的操作步骤如下。

1 打开本实例的原始文件"档案管理制度 01.docx"，然后切换到任意一种汉字输入法。

2 单击文档编辑区，在光标闪烁处输入文本内容，例如"公司档案管理制度"，然后按下【Enter】键将光标移至下一行行首。

3 接下来输入公司档案管理制度的主要内容即可。

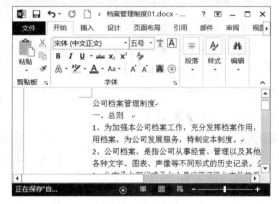

2. 输入数字

在编辑文档的过程中，如果用户需要用到数字内容，只需利用数字键直接输入即可。输入数字的具体步骤如下。

1 将光标定位在文本"按"和"元"之间，然后按下相应的数字键，输入数字"20"。

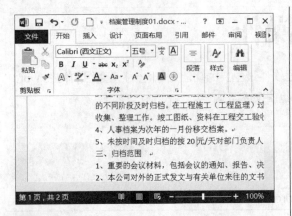

2 使用同样的方法输入其他数字即可。

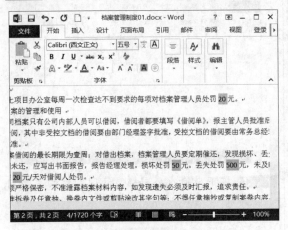

3. 输入日期和时间

用户在编辑文档时往往需要输入日期或时间，如果用户要使用当前的日期或时间，则可使用 Word 自带的插入日期和时间功能。输入日期和时间的具体步骤如下。

1 将光标定位在文档的最后一行行首，然后切换到【插入】选项卡，在【文本】组中单击 日期和时间 按钮。

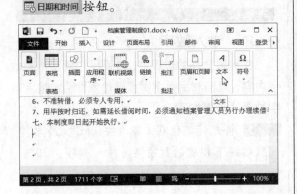

2 弹出【日期和时间】对话框，在【可用格式】列表框中选择一种日期格式，例如选择【二〇一四年五月十一日】选项。

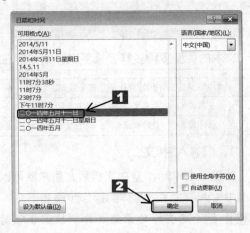

3 单击 确定 按钮，此时，当前日期插入到了 Word 文档中。

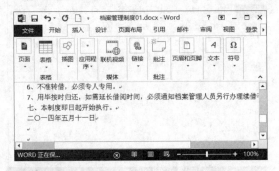

提示

用户还可以使用快捷键输入当前日期和时间。

（1）按下【Alt】+【Shift】+【D】组合键，即可输入当前的系统日期。

（2）按下【Alt】+【Shift】+【T】组合键，即可输入当前的系统时间。

（3）文档录入完成后，如果不希望其中某些日期和时间随系统的改变而改变，那么选中相应的日期和时间，然后按下【Ctrl】+【Shift】+【F9】组合键切断域的链接即可。

2.2.2　选定文本

对 Word 文档中的文本进行编辑之前首先要选定要编辑的文本。下面介绍几种使用鼠标和键盘选定文本的方法。

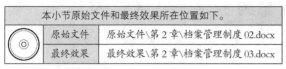

本小节原始文件和最终效果所在位置如下。	
原始文件	原始文件\第2章\档案管理制度02.docx
最终效果	最终效果\第2章\档案管理制度03.docx

1.　使用鼠标选定文本

鼠标是选定文本最常用的工具，用户可以使用它选取单个字词、连续文本、分散文本、矩形文本、段落文本以及整个文档等。

◉　选定单个字词

选定单个字词的方法很简单，用户只需将光标定位在需要选定的字词的开始位置，然后按住鼠标左键拖至需要选定的字词的结束位置，释放左键即可。

|提示|

在词语中的任何位置双击都可以选定该词语，例如选定词语"发展"，此时被选定的文本会呈反色显示。

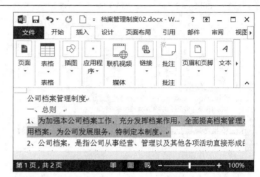

◉　选定连续文本

1 使用鼠标选定连续文本，用户只需将光标定位在需要选定的文本的开始位置，然后按住鼠标左键不放拖至需要选定的文本的结束位置释放即可。

2 如果要选定超长文本，用户只需将光标定位在需要选定的文本的开始位置，然后用滚动条代替光标向下移动文档，直到看到想要选定部分的结束处。按下【Shift】键，然后单击要选定文本的结束处，这样从开始到结束处的这段文本内容就被全部选中。

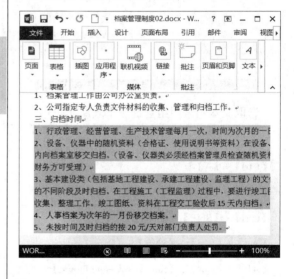

◉　选定分散文本

在 Word 文档中，首先使用拖动鼠标的方法选定一个文本，然后按下【Ctrl】键，依次选定其他文本，就可以选定任意数量的分散文本了。

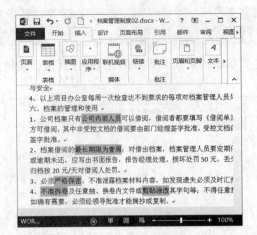

选定矩形文本

按下【Alt】键，同时在文本上拖动鼠标即可选定矩形文本。

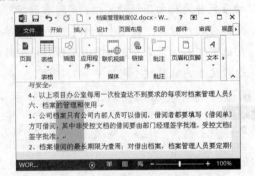

选定段落文本

在需要选定的段落中的任意位置单击鼠标左键三次即可选择整个段落文本。

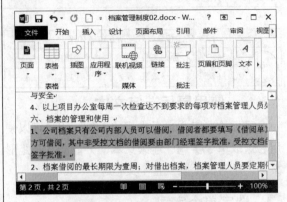

2. 使用组合键选定文本

除了使用鼠标选定文本外，用户还可以使用键盘上的组合键选取文本。在使用组合键选择文本前，用户应该根据需要将光标定位在适当的位置，然后再按下相应的组合键选定文本。

Word 2013 提供了一整套利用键盘选定文本的方法，主要是通过【Shift】、【Ctrl】和方向键来实现的，操作方法如下表。

选取文本的常用组合键如下表所示。

快捷键	功能
【Ctrl】+【A】	选择整篇文档
【Ctrl】+【Shift】+【Home】	选择光标所在位置至文档开始处的文本
【Ctrl】+【Shift】+【End】	选择光标所在位置至文档结束处的文本
【Alt】+【Ctrl】+【Shift】+【Page Up】	选择光标所在位置至本页开始处的文本
【Alt】+【Ctrl】+【Shift】+【Page Down】	选择光标所在位置至本页结束处的文本
【Shift】+【↑】	向上选中一行
【Shift】+【↓】	向下选中一行
【Shift】+【←】	向左选中一个字符
【Shift】+【→】	向右选中一个字符
【Ctrl】+【Shift】+【←】	选择光标所在位置左侧的词语
【Ctrl】+【Shift】+【→】	选择光标所在位置右侧的词语

3. 使用选中栏选定文本

所谓选中栏就是 Word 文档左侧的空白区域。当鼠标指针移至该空白区域时，指针便会呈 ⬚ 形状显示。

◉ 选择行

将鼠标指针移至要选中行左侧的选中栏中，然后单击鼠标左键即可选定该行文本。

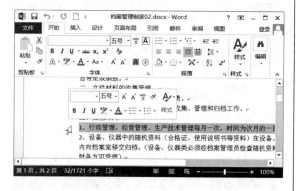

◉ 选定段落

将鼠标指针移至要选中段落左侧的选中栏中，然后**双击**鼠标左键即可选定整段文本。

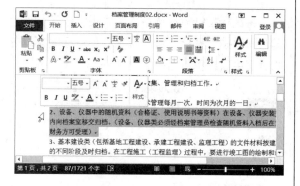

◉ 选定整篇文档

将鼠标指针移至选中栏中，然后连续单击鼠标左键三次即可选择整篇文档。

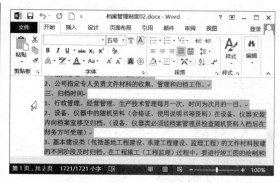

4. 使用菜单选定文本

使用【开始】选项卡【编辑】组中的【选择】按钮，可以选定全部文本或格式相似的文本。

1 切换到【开始】选项卡，在右侧的【编辑】组中单击 选择 按钮，在弹出的下拉列表中选择【全选】选项，此时即可选定整篇文档。

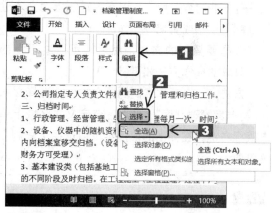

2 如果选择【选定所有格式类似的文本】选项，即可选定格式相似的文本。

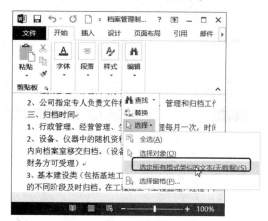

2.2.3 编辑文本

文档的编辑操作一般包括复制、粘贴、剪切、查找和替换、改写以及删除文本等内容。接下来分别进行介绍。

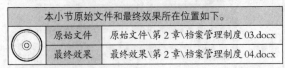

本小节原始文件和最终效果所在位置如下。	
原始文件	原始文件\第2章\档案管理制度03.docx
最终效果	最终效果\第2章\档案管理制度04.docx

1. 复制文本

"复制"是指把文档中的一部分"拷贝"一份，然后放到其他位置，而所"复制"的内容仍按原样保留在原位置。

○ 利用 Windows 剪贴板

剪贴板是 Windows 的一块临时存储区，可以保存一些内容，用户可以在剪贴板上对文本进行复制、粘贴或剪切等操作。

选择要复制的文本，然后就可以进行复制了，具体的操作方法如下。

方法 1：打开本实例的原始文件，选择文本"公司档案管理制度"，然后在选定文本区域上单击鼠标右键，在弹出的快捷菜单中选择【复制】菜单项。

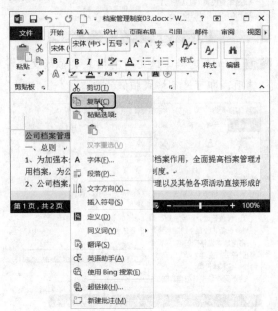

方法 2：选择文本"公司档案管理制度"，然后切换到【开始】选项卡，在【剪贴板】组中单击【复制】按钮 。

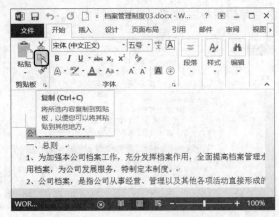

方法 3：选择文本"公司档案管理制度"，然后按下组合键【Ctrl】+【C】即可。

○ 左键拖动

将鼠标指针放在选中的文本上，按下【Ctrl】键，同时按住鼠标左键将其拖动到目标位置，在此过程中鼠标指针右下方出现一个"╋"号。

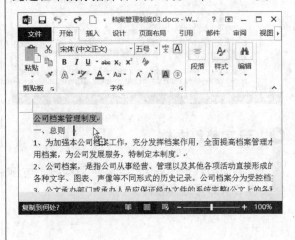

○ 右键拖动

将鼠标指针放在选中的文本上，按住鼠标右键向目标位置拖动，到达位置后松开右键，在弹出的快捷菜单中选择【复制到此位置】菜单项。

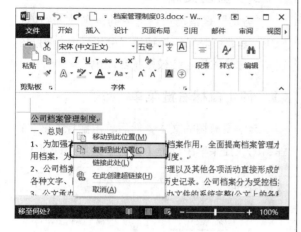

○ 使用【Shift】+【F2】组合键

选中文本，按下【Shift】+【F2】组合键，状态栏中将出现"复制到何处?"字样，单击放置复制对象的目标位置，然后按下【Enter】键即可。

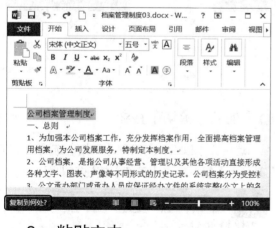

2. 粘贴文本

复制文本以后，接下来就可以进行粘贴了。常用的粘贴文本的方法有以下几种。

○ 使用鼠标右键菜单

复制文本以后，用户只需在目标位置单击鼠标右键，在弹出的快捷菜单中选择【粘贴选项】菜单项中的任意一个选项即可。

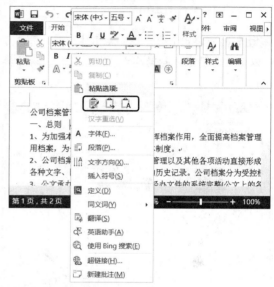

○ 使用剪贴板

利用 Windows 的剪贴板，用户可以选择粘贴选项，进行选择性粘贴或设置默认粘贴。

1 复制文本以后，切换到【开始】选项卡，在【剪贴板】组中单击【粘贴】按钮下方的下拉按钮，在弹出的下拉列表中单击【粘贴选项】选项中的任意一个粘贴按钮即可。

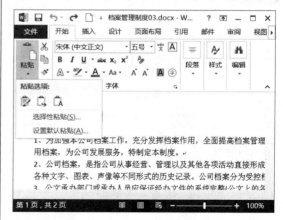

2 在弹出的下拉列表中选择【选择性粘贴】选项。

3 随即弹出【选择性粘贴】对话框，用户可以根据需要选择粘贴形式，然后单击 确定 按钮即可。

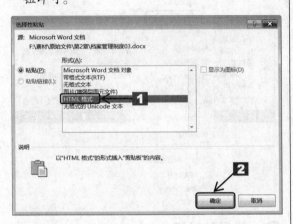

4 在弹出的下拉列表中选择【设置默认粘贴】选项。

5 随即弹出【Word 选项】对话框，切换到【高级】选项卡，在【剪切、复制和粘贴】组合框中设置默认的粘贴方式即可。

使用快捷键

使用【Ctrl】+【C】和【Ctrl】+【V】组合键，则可以快速地复制和粘贴文本。

3. 剪切文本

"剪切"是指把用户选中的信息放入到剪切板中，单击"粘贴"按钮后又会出现一份相同的信息，原来的信息会被系统自动删除。

使用鼠标右键菜单

选中要剪切的文本，然后单击鼠标右键，在弹出的快捷菜单中选择【剪切】菜单项即可。

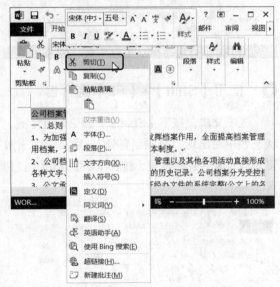

使用【剪切】按钮

选中文本以后，切换到【开始】选项卡，在【剪贴板】组中单击【剪切】按钮 即可。

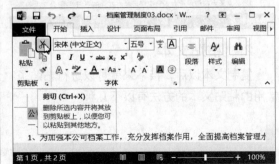

○ 使用快捷键

使用【Ctrl】+【X】组合键，也可以快速地剪切文本。

4. 查找和替换文本

在编辑文档的过程中，用户有时要查找并替换某些字词。使用 Word 2013 强大的查找和替换功能可以节约大量的时间。

查找和替换文本的具体步骤如下。

1 打开本实例的原始文件，切换到【开始】选项卡，在【编辑】组中单击【查找】按钮 **查找**。

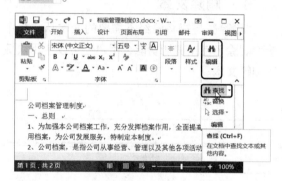

2 弹出【导航】窗格，在【查找】文本框中输入要查找的文本"档案"，按下【Enter】键，随即在【导航】窗格中查找到了该文本所在的页面和位置，同时文本"档案"在 Word 文档中呈反色显示。

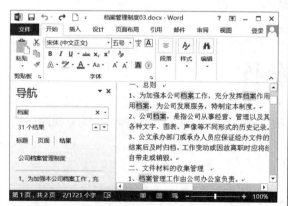

3 如果用户要替换相关的文本，可以在【编辑】组中单击【替换】按钮 **替换**。

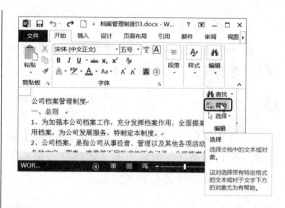

4 弹出【查找和替换】对话框，系统自动切换到【替换】选项卡，然后在【查找内容】文本框中输入要查找的文本"公司"，在【替换为】文本框中输入"企业"。

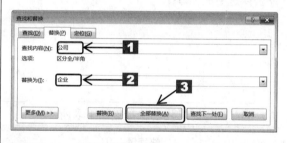

5 单击 **全部替换(A)** 按钮，弹出提示对话框，提示用户已完成替换，并显示替换结果。

6 单击 **确定** 按钮，然后单击 **关闭** 按钮，返回 Word 文档中，替换效果如下图所示。

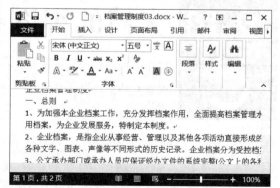

5. 改写文本

在 Word 文档中改写文本的方法主要有两种：一是改写法，二是选中法。

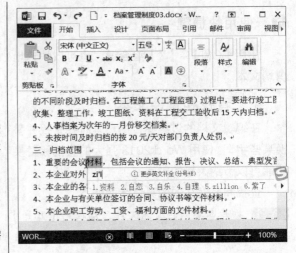

⭕ 改写法

打开本实例的原始文件，单击【Insert】按钮进入改写状态，此时输入的文本将会按照相等的字符个数依次覆盖右侧的文本。

⭕ 选中法

首先用鼠标选中要替换的文本，然后输入需要的文本，按下空格键，此时新输入的文本会自动替换选中的文本。

6. 删除文本

"删除"是指将已经不需要的文本从文档中清除。除了使用剪切功能，用户还可以使用快捷键删除文本。

删除文本时常用的快捷键如下表所示。

快捷键	功能
【Backspace】	向左删除一个字符
【Delete】	向右删除一个字符
【Ctrl】+【Backspace】	向左删除一个字词
【Ctrl】+【Delete】	向右删除一个字词
【Ctrl】+【Z】	撤销上一个操作
【Ctrl】+【Y】	恢复上一个操作

2.3 文档的视图操作

文档的视图操作主要包括切换视图模式、显示与隐藏操作、调整视图比例以及文档窗口操作等内容。

2.3.1 文档的视图方式

Word 2013 提供了多种视图模式供用户选择，包括"页面视图"、"阅读版式视图"、"Web 版式视图"、"大纲视图"和"草稿视图"5 种视图模式。

本小节原始文件和最终效果所在位置如下。

原始文件	原始文件\第2章\档案管理制度04.docx
最终效果	最终效果\第2章\档案管理制度05.docx

1. 页面视图

"页面视图"是 Word 2013 的默认视图方式，可以显示文档的打印外观，主要包括页眉、页脚、图形对象、分栏设置、页面边距等元素，是最接近打印结果的视图方式。

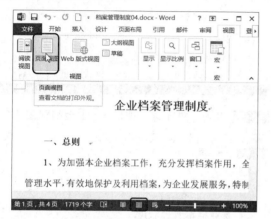

2. 阅读视图

"阅读视图"是以图书的分栏样式显示 Word 2013 文档，【文件】按钮、功能区等窗口元素被隐藏起来。在"阅读视图"中，用户还可以通过"阅读视图"窗口上方的各种视图工具和按钮进行相关的视图操作。

在"阅读视图"中查看文档的具体操作步骤如下。

1 切换到【视图】选项卡，在【文档视图】组中单击【阅读视图】按钮，或者单击视图功能区中的【阅读视图】按钮 。

2 将文档的视图方式切换到阅读视图，效果如图所示。

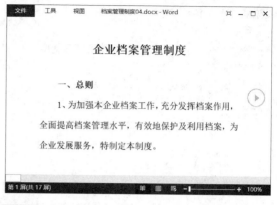

3 单击【阅读视图】窗口中的视图按钮，用户可以在弹出的下拉菜单中设置其显示属性。

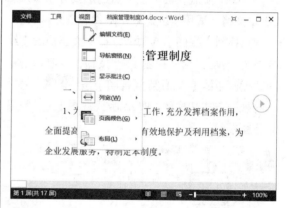

4 单击【阅读视图】窗口中的视图按钮，在弹出的下拉菜单中选择【导航窗格】菜单项。

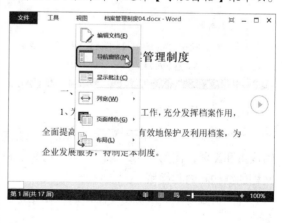

5 利用【导航】窗格，用户可以浏览文档标题和文档页面，还可以搜索文档。

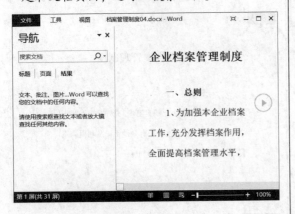

3. Web 版式视图

"Web 版式视图"以网页的形式显示 Word 2013 文档，适用于发送电子邮件和创建网页。

切换到【视图】选项卡，在【文档视图】组中单击【Web 版式视图】按钮，或者单击视图功能区中的【Web 版式视图】按钮，将文档的视图方式切换到【Web 版式视图】下，效果如下图所示。

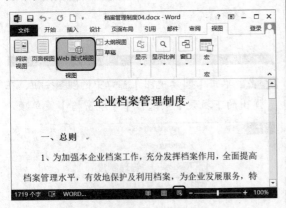

4. 大纲视图

"大纲视图"主要用于 Word 2013 文档结构的设置和浏览，使用"大纲视图"可以迅速了解文档的结构和内容梗概。

在"大纲视图"中设置文档的具体操作步骤如下。

1 切换到【视图】选项卡，在【文档视图】组中单击大纲视图按钮。

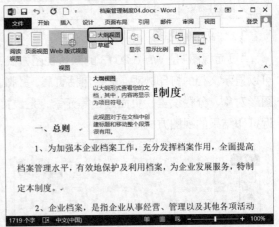

2 此时，即可将文档切换到【大纲视图】下。

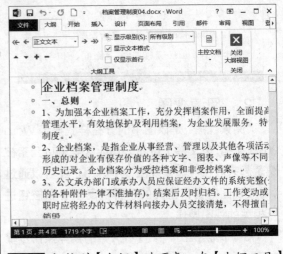

3 切换到【大纲】选项卡，在【大纲工具】组中单击【大纲级别】按钮右侧的下三角按钮，用户可以在弹出的下拉列表中为文档设置或修改大纲级别，设置完毕单击【关闭大纲视图】按钮，自动返回进入大纲视图前的视图状态。

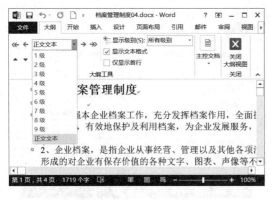

5. 草稿视图

"草稿视图"取消了页面边距、分栏、页眉、页脚和图片等元素，仅显示标题和正文，是最节省计算机系统硬件资源的视图方式。

切换到【视图】选项卡，在【文档视图】组中单击 草稿 按钮，将文档的视图方式切换到【草稿视图】下，效果如下图所示。

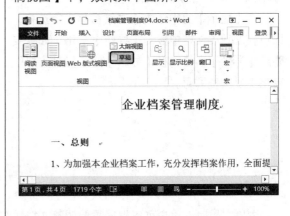

2.3.2 文档显示和隐藏操作

在 Word 2013 文档窗口中，用户可以根据需要显示或隐藏标尺、网格线和【导航】窗格。

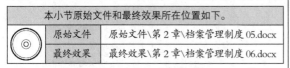

本小节原始文件和最终效果所在位置如下。		
	原始文件	原始文件\第 2 章\档案管理制度 05.docx
	最终效果	最终效果\第 2 章\档案管理制度 06.docx

1. 显示和隐藏标尺

"标尺"是 Word 2013 编辑软件中的一个重要工具，包括水平标尺和垂直标尺，用于显示 Word 文档的页边距、段落缩进、制表符等。

打开本实例的原始文件，切换到【视图】选项卡，在【显示】组中选中【标尺】复选框，即可在 Word 文档中显示标尺。如果要隐藏标尺，在【显示】组中撤销【标尺】复选框即可。

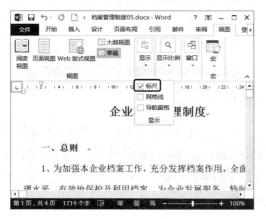

2. 显示和隐藏网格线

"网格线"能够帮助用户将 Word 2013 文档中的图形、图像、文本框、艺术字等对象沿网格线对齐，在打印时网格线不被打印出来。

在【显示】组中选中【网格线】复选框，即可在 Word 文档中显示网格线。如果要隐藏网格线，在【显示】组中撤销【网格线】复选框即可。

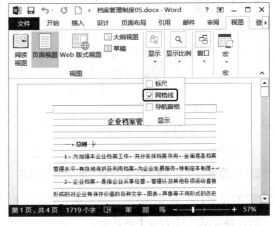

3. 显示和隐藏【导航】窗格

【导航】窗格主要用于显示 Word 2013 文档的标题大纲，用户可以单击"文档结构图"

中的标题以展开或收缩下一级标题，并且可以快速定位到标题对应的正文内容，还可以显示 Word 2013 文档的缩略图。

在【显示】组中选中【导航窗格】复选框，即可在 Word 文档中显示【导航】窗格。如果要隐藏【导航】窗格，在【显示】组中撤销【导航窗格】复选框即可。

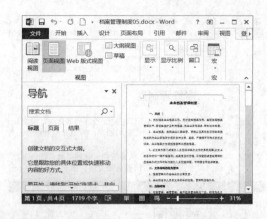

2.3.3 调整文档的显示比例

浏览文档时，用户可以根据需要调整文档视图的显示比例。

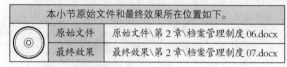

本小节原始文件和最终效果所在位置如下。	
原始文件	原始文件\第 2 章\档案管理制度 06.docx
最终效果	最终效果\第 2 章\档案管理制度 07.docx

1. 调整显示比例

使用【显示比例】按钮，可以精确地调整 Word 文档的显示比例。

调整显示比例的具体步骤如下。

1 打开本实例的原始文件，切换到【视图】选项卡，在【显示比例】组中单击【显示比例】按钮。

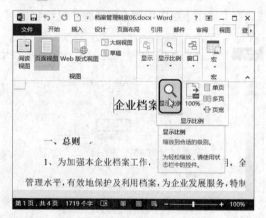

2 弹出【显示比例】对话框，在【显示比例】组合框中选中【75%】单选钮。

3 单击 确定 按钮，返回 Word 文档中，效果如下图所示。

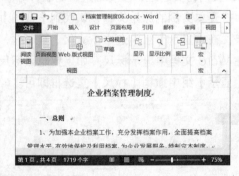

提示

另外，用户还可以单击文档窗口右下角的"显示比例"区域中的 100% 按钮，或直接单击【缩小】按钮 ▬ 和【放大】按钮 ▬ 来调整文档的缩放比例。

2. 设置正常大小

设置正常大小的具体步骤如下。

1 切换到【视图】选项卡，在【显示比例】组中单击【100%】按钮。

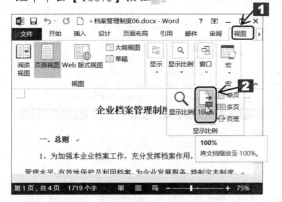

2 此时文档的显示比例就恢复了正常大小。

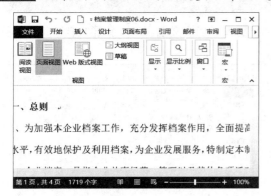

3. 设置单页显示

设置单页显示的操作步骤如下。

1 在【显示比例】组中单击 单页 按钮。

2 单页显示的效果如下图所示。

4. 设置多页显示

设置多页显示的操作步骤如下。

1 在【显示比例】组中单击 多页 按钮。

2 多页显示的效果如下图所示。

5. 设置页宽显示

设置页宽显示的操作步骤如下。

1 在【显示比例】组中单击 页宽 按钮。

2 页宽显示的效果如下图所示。

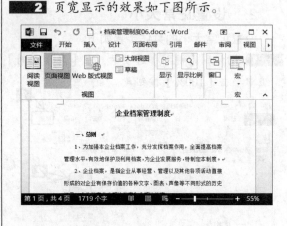

2.3.4 文档窗口的操作

文档窗口的操作主要包括缩放文档窗口、移动文档窗口、切换文档窗口、新建文档窗口、排列文档窗口、拆分文档窗口以及并排查看文档窗口等。

本小节原始文件和最终效果所在位置如下。	
原始文件	原始文件\第 2 章\档案管理制度 07.docx
最终效果	最终效果\第 2 章\档案管理制度 08.docx

1. 缩放文档窗口

在编辑和浏览文档的过程中，用户经常用到文档窗口的缩放操作。

◎ 向下还原窗口

向下还原窗口的具体步骤如下。

1 打开本实例的原始文件，单击文档窗口右上角的【向下还原】按钮 。

2 此时文档窗口向下还原，并自动缩小到合适的大小。之前的【向下还原】按钮 变成了【最大化】按钮 。

◎ 最小化窗口

最小化窗口的操作方法非常简单，用户只需单击文档窗口右上角的【最小化】按钮 ，此时即可将 Word 文档最小化到桌面的任务栏中。

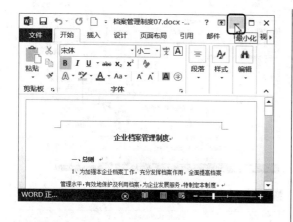

◎ 最大化窗口

向下还原窗口后，之前的【向下还原】按钮变成了【最大化】按钮。此时，单击【最大化】按钮，即可实现文档窗口的最大化。

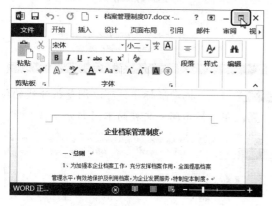

2. 移动文档窗口

将文档窗口向下还原后，用户只需将鼠标指针定位在文档的标题栏上，按住鼠标左键不放，此时，左右拖动鼠标指针即可移动文档窗口。

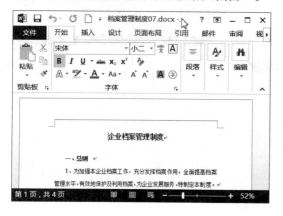

3. 切换文档窗口

在日常办公中，用户经常会同时打开多个文档窗口，通过文档中的【切换窗口】功能，可以轻松实现文档窗口的自由切换。

切换到【视图】选项卡，在【窗口】组中单击【切换窗口】按钮，在弹出的下拉列表中选择合适的选项，即可切换到相应的文档。

4. 新建文档窗口

通过文档中的【新建窗口】功能，可以轻松打开一个包含当前文档视图的新窗口。

1 切换到【视图】选项卡，在【窗口】组中单击【新建窗口】按钮。

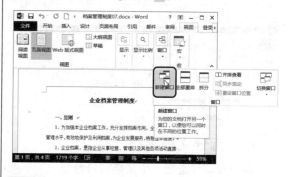

2 此时，即可创建一个包含当前文档视图的新窗口。

5. 排列文档窗口

当用户同时打开多个文档时，为了方便比较不同文档中的内容，用户可以对文档窗口进行排列。通过文档中的【全部重排】功能，可以在屏幕上并排平铺所有打开的文档窗口。

1 切换到【视图】选项卡，在【窗口】组中单击【全部重排】按钮。

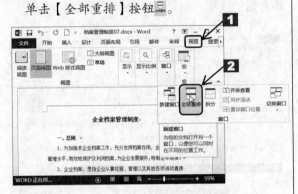

2 全部重排文档的效果如下图所示。

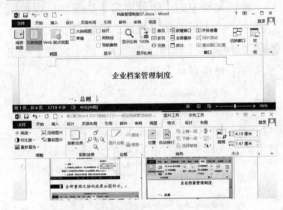

6. 拆分文档窗口

拆分窗口就是把一个文档窗口分成上、下两个独立的窗口，从而可以通过两个文档窗口显示同一文档的不同部分。在拆分出的窗口中，对任何一个子窗口都可以进行独立的操作，并且在其中任何一个窗口中所做的修改将立即反映到其他的拆分窗口中。

拆分窗口的具体步骤如下。

1 切换到【视图】选项卡，在【窗口】组中单击【拆分】按钮。

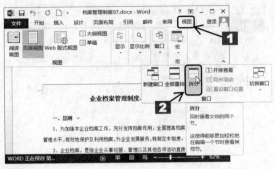

2 此时，在文档的窗口中出现一条分割线。

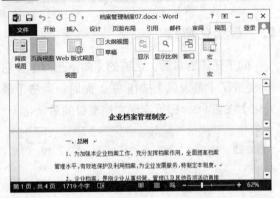

3 上、下拖动鼠标指针可以调整拆分线的位置，即可显示同一文档的不同部分。

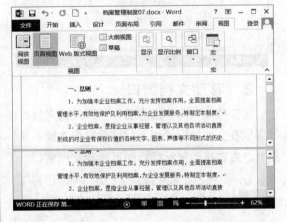

4 如果要取消拆分，在【窗口】组中单击【取消拆分】按钮即可。

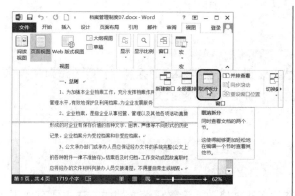

7. 并排查看文档窗口

Word 2013 具有多个文档窗口并排查看的功能，通过多窗口并排查看，可以对不同窗口中的内容进行比较。

1 打开两个或两个以上的 Word 2013 文档窗口，在当前文档窗口中切换到【视图】选项卡，然后在【窗口】组中单击 并排查看 按钮。

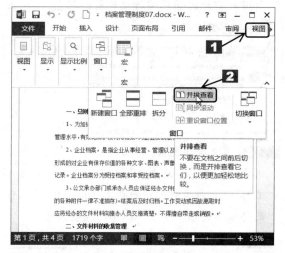

2 弹出【并排比较】对话框，选择一个准备进行并排比较的 Word 文档。

3 单击 确定 按钮，此时即可同时查看打开的两个或多个文档。

4 此时【窗口】组中自动选中 同步滚动 按钮。

5 拖动滚动条或滑动鼠标滚轮即可实现在滚动当前文档时，另一个文档同时滚动。

提示

如果用户要取消并排查看，在任意一个文档的【视图】选项卡中单击 并排查看 按钮即可。

2.4 保护文档

用户可以通过设置只读文档、设置加密文档和启动强制保护等方法对文档进行保护，以防止无操作权限的人员随意打开或修改文档。

2.4.1 设置只读文档

"只读文档"是指开启的文档处在"只读"状态，无法被修改。设置只读文档的方法主要有以下两种。

	本小节原始文件和最终效果所在位置如下。	
原始文件	原始文件\第 2 章\档案管理制度 08.docx	
最终效果	最终效果\第 2 章\档案管理制度 09.docx	

1. 标记为最终状态

将文档标记为最终状态，可以让读者知晓文档是最终版本，并将其设置为只读。

标记为最终状态的具体步骤如下。

1 打开本实例的原始文件，单击 文件 按钮，在弹出的界面中选择【信息】选项，然后单击【保护文档】按钮。在弹出的下拉列表中选择【标记为最终状态】选项。

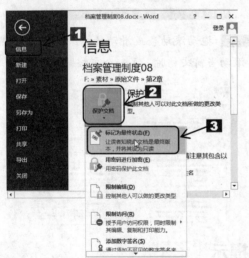

2 弹出提示对话框，提示用户"此文档将先被标记为终稿，然后保存"。

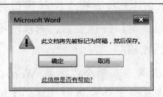

3 单击 确定 按钮，弹出提示对话框，提示用户"此文档已被标记为最终状态"，单击 确定 按钮即可。

4 再次启动文档，弹出提示对话框，并提示用户"作者已将此文档标记为最终版本以防止编辑"，此时文档的标题栏上显示"只读"，如果要编辑文档，单击 仍然编辑 按钮即可。

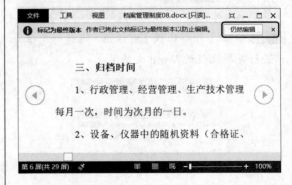

2. 使用常规选项

使用常规选项设置只读文档的具体步骤如下。

1 单击 **文件** 按钮，在弹出的界面中选择【另存为】选项。

2 弹出【另存为】界面，单击【计算机】➢【浏览】按钮。

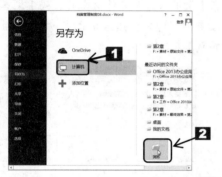

3 弹出【另存为】对话框，单击 **工具(L) ▾** 按钮，在弹出的下拉列表中选择【常规选项】选项。

4 弹出【常规选项】对话框，选中【建议以只读方式打开文档】复选框。

5 单击 **确定** 按钮，返回【另存为】对话框，然后单击 **保存(S)** 按钮即可。重新启动该文档时弹出【Microsoft Word】对话框，提示用户"是否以只读方式打开？"。

6 单击 **是(Y)** 按钮，启动 Word 文档，此时该文档处于"只读"状态。

2.4.2 设置加密文档

在日常办公中，为了保证文档安全，用户经常会为文档加密。设置加密文档包括设置文档的打开密码与修改密码。

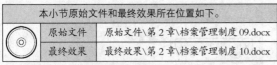

本小节原始文件和最终效果所在位置如下。		
	原始文件	原始文件\第 2 章\档案管理制度 09.docx
	最终效果	最终效果\第 2 章\档案管理制度 10.docx

设置加密文档的具体步骤如下。

1 打开本实例的原始文件，单击 文件 按钮，在弹出的界面中选择【信息】选项，然后单击【保护文档】按钮，在弹出的下拉列表中选择【用密码进行加密】选项。

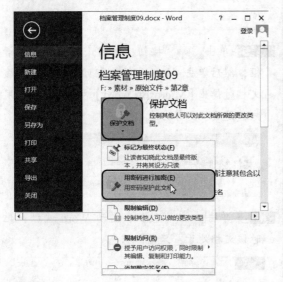

2 弹出【加密文档】对话框，在【密码】文本框中输入"123"，然后单击 确定 按钮。

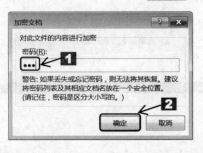

3 弹出【确认密码】对话框，在【重新输入密码】文本框中输入"123"，然后单击 确定 按钮。

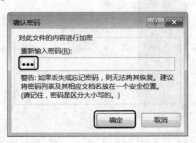

4 再次启动该文档时弹出【密码】对话框，在【请键入打开文件所需的密码】文本框中输入密码"123"，然后单击 确定 按钮即可打开 Word 文档。

5 如果密码输入错误，会弹出提示对话框，提示用户"密码不正确，Word 无法打开文档"。

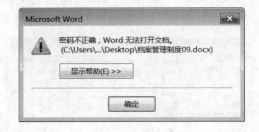

2.4.3 启动强制保护

用户还可以通过设置文档的编辑权限，启动文档的强制保护功能等方法保护文档的内容不被修改，具体的操作步骤如下。

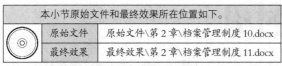

原始文件	原始文件\第2章\档案管理制度10.docx
最终效果	最终效果\第2章\档案管理制度11.docx

启动强制保护的具体步骤如下。

1 单击 文件 按钮，在弹出的界面中选择【信息】选项，然后单击【保护文档】按钮，在弹出的下拉列表中选择【限制编辑】选项。

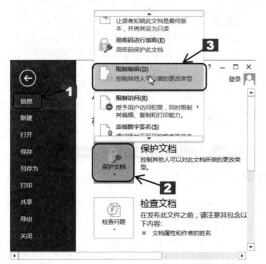

2 在 Word 文档编辑区的右侧出现一个【限制编辑】窗格，在【2. 编辑限制】组合框中选中【仅允许在文档中进行此类型的编辑】复选框，然后在其下方的下拉列表框中选择【不允许任何更改(只读)】选项。

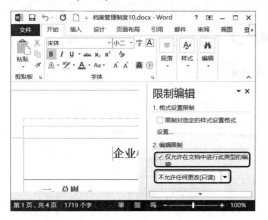

3 在【3. 启动强制保护】组合框中单击 是，启动强制保护 按钮，弹出【启动强制保护】对话框，在【新密码】和【确认新密码】文本框中分别输入"123"。

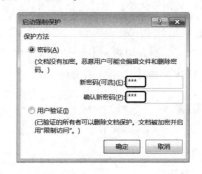

4 单击 确定 按钮，返回 Word 文档中，此时，文档处于保护状态。

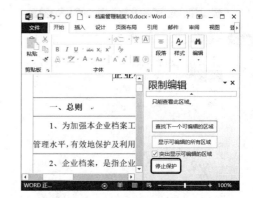

5 如果用户要取消强制保护，单击 停止保护 按钮，弹出【取消保护文档】对话框，在【密码】文本框中输入"123"，然后单击 确定 按钮即可。

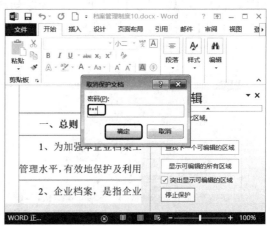

| 高手过招 |

巧妙输入 X² 与 X₂

1 新建一个 Word 文档，输入 "X2"，然后选中数字 "2"，切换到【开始】选项卡，在【字体】组中单击【上标】按钮 x^2。

2 设置效果如下图所示。

3 输入 "X2"，然后选中数字 "2"，在【字体】组中单击【下标】按钮 x_2。

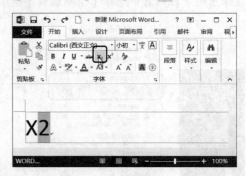

4 设置效果如下图所示。

制作繁体邀请函

1 打开本实例的素材文件 "邀请函模板.docx"，在 Word 文档中选中全篇文档，切换到【审阅】选项卡，在【中文简繁转换】组中单击 繁简转繁 按钮。

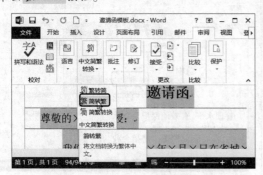

2 简繁转换完毕，效果如下图所示。

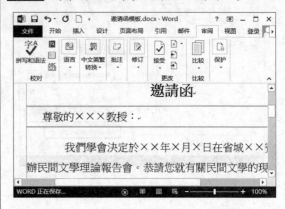

第3章

初级排版
——制订部门工作计划

工作计划是企业各部门日常工作的指南针，对日常办公既有指导作用，又有推动作用。做好工作计划，是建立正常工作秩序，提高工作效率的重要手段。本章以制订人力资源部工作计划为例，介绍如何在 Word 2013 文档中进行初级排版。

光盘链接

关于本章知识，本书配套教学光盘中有相关的多媒体教学视频，请读者参见光盘中的【Word 2013 的基本操作\初级排版】。

3.1 设置版心

版心设置实际上就是 Word 文档中的页面设置，主要包括设置纸张大小、设置页边距、设置版式、设置文档窗格等内容。

3.1.1 设置纸张大小

纸张是设置版心的基础，Word 2013 为用户提供了多种常用的纸张类型，用户既可以根据需要选择合适的纸型，也可以自定义纸张大小。

本小节原始文件和最终效果所在位置如下。	
原始文件	原始文件\第3章\部门工作计划 01.docx
最终效果	最终效果\第3章\部门工作计划 02.docx

设置纸张大小的具体步骤如下。

1 打开本实例的原始文件，切换到【页面布局】选项卡，单击【页面设置】组右下角的【对话框启动器】按钮。

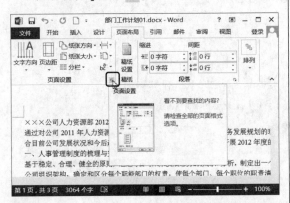

2 弹出【页面设置】对话框，切换到【纸张】选项卡，在【纸张大小】下拉列表框中选择【A4】

选项，此时，在【宽度】文本框中自动显示"21厘米"，在【高度】文本框中自动显示"29.7厘米"。在【应用于】下拉列表框中选择【整篇文档】选项。设置完毕单击 确定 按钮即可。

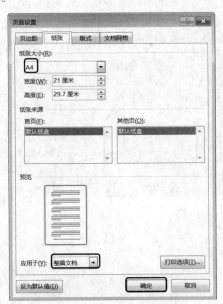

3.1.2 设置页边距

"页边距"通常是指页面四周的空白区域。通过设置页边距，可以使 Word 2013 文档的正文部分跟页面边缘保持比较合适的距离。

本小节原始文件和最终效果所在位置如下。	
原始文件	原始文件\第3章\部门工作计划 02.docx
最终效果	最终效果\第3章\部门工作计划 03.docx

设置页边距的具体步骤如下。

1 打开本实例的原始文件，切换到【页面布局】选项卡，单击【页面设置】组中的【页边距】按钮，然后在弹出的下拉列表中选择【自定义边距】选项。

2 弹出【页面设置】对话框，切换到【页边距】选项卡，在【页边距】组合框中的【上】和【下】微调框中输入"2.35"，在【左】和【右】微调框中输入"2.75"，其他选项保存默认，设置完毕单击 确定 按钮即可。

提示

纸张大小和页边距设置完成以后，版心的内心尺寸就设置完成了。本实例中的版心内心尺寸为 155mm×230mm，其中，宽度=210-2×27.5=155（mm），高度=297-2×23.5=230（mm）。

3.1.3 设置版式

在"版式"设计中，用户可以调整页眉和页脚距边界的距离。通常是页眉的数值要小点，这意味着它靠近纸张的上边缘。如果是正、反打印，则可以设置奇、偶页不同的页眉和页脚。

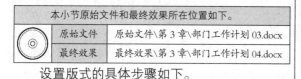

本小节原始文件和最终效果所在位置如下。	
原始文件	原始文件\第3章\部门工作计划03.docx
最终效果	最终效果\第3章\部门工作计划04.docx

设置版式的具体步骤如下。

1 打开本实例的原始文件，切换到【页面布局】选项卡，单击【页面设置】组中的【对话框启动器】按钮 。

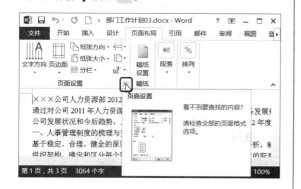

2 弹出【页面设置】对话框，切换到【版式】选项卡，分别在【页眉】和【页脚】微调控框中输入"1.5 厘米"和"1.75 厘米"，设置完毕单击 确定 按钮即可。

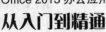

3.1.4 设置文档网格

在设定了页边距和纸张大小后，页面的基本版式就被确定了，但如果要精确指定文档的每页所占行数以及每行所占字数，则需要设置文档网格。

本小节原始文件和最终效果所在位置如下。	
原始文件	原始文件\第 3 章\部门工作计划 04.docx
最终效果	最终效果\第 3 章\部门工作计划 05.docx

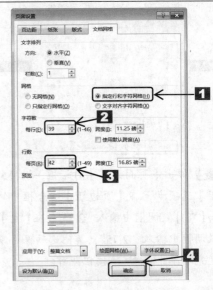

打开本实例的原始文件，使用之前介绍的方法打开【页面设置】对话框，切换到【文档网格】选项卡，在【网格】组合框中选中【指定行和字符网格】单选钮，然后在【字符数】组合框中的【每行】微调框中将字符数设置为"39"，在【行数】组合框中的【每页】微调框中将行数设置为"42"，其他选项保持默认。设置完毕单击 确定 按钮即可。

按上述方法设置后，Word 文档的每页最多可输入 42 行内容，每行最多容纳 39 个字符。

3.2 设置字体格式

为了使文档更丰富多彩，Word 2013 提供了多种字体格式供用户进行设置。对字体格式进行设置主要包括设置字体、字号、加粗、倾斜和字体效果等。

3.2.1 设置字体和字号

要使文档中的文字更利于阅读，就需要对文档中文本的字体及字号进行设置，以区分各种不同的文本。

本小节原始文件和最终效果所在位置如下。	
原始文件	原始文件\第 3 章\部门工作计划 05.docx
最终效果	最终效果\第 3 章\部门工作计划 06.docx

1. 使用【字体】组

使用【字体】组进行字体和字号设置的具体步骤如下。

1 打开本实例的原始文件，选中文档标题"×××公司人力资源部 2013 年度工作计划"，切换到【开始】选项卡，在【字体】组中的【字体】下拉列表中选择合适的字体，例如选择【微软雅黑】选项。

2 在【字体】组中的【字号】下拉列表中选择合适的字号，例如选择【小二】选项。

2. 使用【字体】对话框

使用【字体】对话框对选中文本进行设置的具体步骤如下。

1 选中所有的正文文本，切换到【开始】选项卡，单击【字体】组右下角的【对话框启动器】按钮。

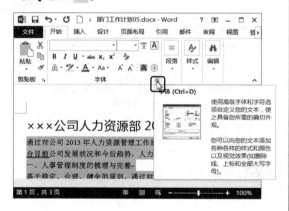

2 弹出【字体】对话框，自动切换到【字体】选项卡，在【中文字体】下拉列表框中选择【宋体】选项，在【字形】列表框中选择【常规】选项，在【字号】列表框中选择【小四】选项。

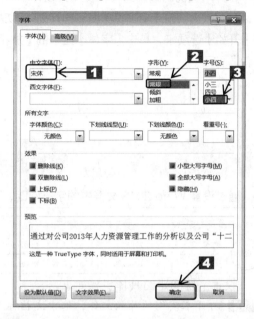

3 单击 确定 按钮返回 Word 文档，设置效果如下图所示。

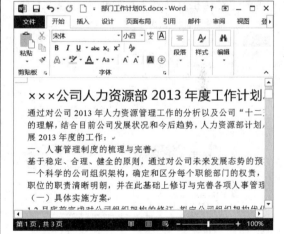

3.2.2 设置加粗效果

加粗操作是对文本的字形进行设置。为字体设置加粗效果，可以让文本更加突出。

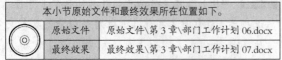

本小节原始文件和最终效果所在位置如下。		
	原始文件	原始文件\第3章\部门工作计划 06.docx
	最终效果	最终效果\第3章\部门工作计划 07.docx

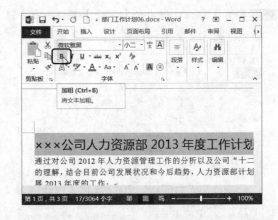

打开本实例的原始文件，选中文档标题"×××公司人力资源部 2013 年度工作计划"，切换到【开始】选项卡，单击【字体】组中的【加粗】按钮 **B** 即可。

3.2.3 设置字符间距

通过设置 Word 2013 文档中的字符间距，可以使文档的页面布局更符合实际需要。

本小节原始文件和最终效果所在位置如下。		
	原始文件	原始文件\第3章\部门工作计划 07.docx
	最终效果	最终效果\第3章\部门工作计划 08.docx

设置字符间距的具体步骤如下。

1 打开本实例的原始文件，选中文档标题"×××公司人力资源部 2013 年度工作计划"，切换到【开始】选项卡，单击【字体】组右下角的【对话框启动器】按钮 。

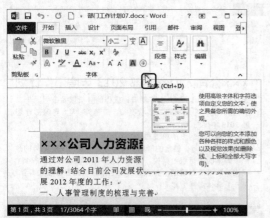

2 弹出【字体】对话框，切换到【高级】选项卡，在【字符间距】组合框中的【间距】下拉列表框中选择【加宽】选项，在【磅值】微调框中将磅值调整为"0.5 磅"。

3 单击 确定 按钮返回 Word 文档，设置效果如下图所示。

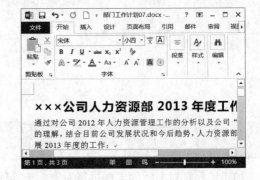

3.3 设置段落格式

设置了字体格式之后，用户还可以为文本设置段落格式，Word 2013 提供了多种设置段落格式的方法，主要包括对齐方式、段落缩进和间距等。

3.3.1 设置对齐方式

段落和文字的对齐方式可以通过段落组进行设置，也可以通过对话框进行设置。对齐方式是段落内容在文档的左右边界之间的横向排列方式。Word 2013 共提供了 5 种对齐方式：左对齐、右对齐、居中对齐、两端对齐和分散对齐，其中默认的对齐方式是两端对齐。

5 种对齐方式及其功能如下表所示。

对齐方式	功能
左对齐	使段落与页面左边距对齐（如下图中的第 1 段）
右对齐	使段落与页面右边距对齐（如下图中的第 2 段）
居中	使段落或文字沿水平方向向中间集中对齐（如下图中的第 3 段）
两端对齐	使文字左右两端同时对齐，还可以增加字符间距（如下图中的第 4 段）
分散对齐	使段落左右两端同时对齐，还可以增加字符间距（如下图中的第 5 段）

1.段落和文字的 UIQIFA 哪个是可以通过段落组进行设置，也可以通过对话框进行设置。对齐方式是段落内容在文档的左右边界之间的横向排列方式。

　2. 段落和文字的 UIQIFA 哪个是可以通过段落组进行设置，也可以通过对话框进行设置。对齐方式是段落内容在文档的左右边界之间的横向排列方式。

　3. 段落和文字的 UIQIFA 哪个是可以通过段落组进行设置，也可以通过对话框进行设置。对齐方式是段落内容在文档的左右边界之间的横向排列方式。

4. 段落和文字的 UIQIFA 哪个是可以通过段落组进行设置，也可以通过对话框进行设置。对齐方式是段落内容在文档的左右边界之间的横向排列方式。

5. 段 落 和 文 字 的 UIQIFA 哪 个 是 可 以 通 过 段 落 组 进 行 设 置，也 可 以 通 过 对 话 框 进 行 设 置。对 齐 方 式 是 段 落 内 容 在 文 档 的 左 右 边 界 之 间 的 横 向 排 列 方 式。

本小节原始文件和最终效果所在位置如下。	
原始文件	原始文件\第 3 章\部门工作计划 08.docx
最终效果	最终效果\第 3 章\部门工作计划 09.docx

1. 使用【段落】组

使用【段落】组中的各种对齐方式的按钮，可以快速地设置段落和文字的对齐方式，具体操作步骤如下。

■1 打开本实例的原始文件，选中文档标题"×××公司人力资源部 2013 年度工作计划"，切换到【开始】选项卡，在【段落】组中单击

【居中】按钮 。

2 设置效果如图所示。

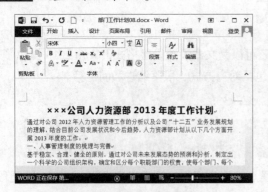

2. 使用【段落】对话框

使用【段落】对话框设置对齐方式的具体步骤如下。

1 选中文档中的段落或文字，切换到【开始】选项卡，单击【段落】组右下角的【对话框启动器】按钮 。

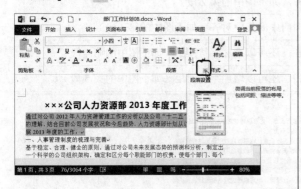

2 弹出【段落】对话框，切换到【缩进和间距】选项卡，在【常规】组合框中的【对齐方式】下拉列表框中选择【分散对齐】选项。

3 单击 确定 按钮，返回 Word 文档，设置效果如下图所示。

3.3.2 设置段落缩进

通过设置段落缩进，可以调整 Word 2013 文档正文内容与页边距之间的距离。用户可以使用【段落】组、【段落】对话框或标尺设置段落缩进。

	本小节原始文件和最终效果所在位置如下。	
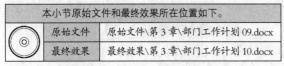	原始文件	原始文件\第 3 章\部门工作计划 09.docx
	最终效果	最终效果\第 3 章\部门工作计划 10.docx

1. 使用【段落】组设置

使用【段落】组设置段落缩进的具体步骤如下。

1 打开本实例的原始文件，选中除标题以外的其他文本段落，切换到【开始】选项卡，在【段落】组中单击【增加缩进量】按钮 。

2 返回 Word 文档中，选中的文本段落向右侧缩进了一个字符。

2. 使用【段落】对话框设置

使用【段落】对话框设置段落缩进的具体步骤如下。

1 选中文档中的文本段落，切换到【开始】选项卡，单击【段落】组右下角的【对话框启动器】按钮 。

2 弹出【段落】对话框，自动切换到【缩进和间距】选项卡，在【缩进】组合框中的【特殊格式】下拉列表框中选择【首行缩进】选项，在【磅值】微调框中将磅值调整为"2字符"。

3 单击 确定 按钮返回 Word 文档，设置效果如下图所示。

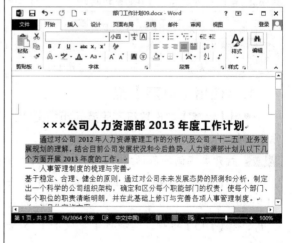

3. 使用标尺设置

借助 Word 2013 文档窗口中的标尺，用户可以很方便地设置 Word 文档段落缩进，具体的操作步骤如下。

1 切换到【视图】选项卡，在【显示】组中选中【标尺】复选框。

2 在标尺上出现 4 个缩进滑块，拖动首行缩进滑块可以调整首行缩进；拖动悬挂缩进滑块可以设置悬挂缩进的字符；拖动左缩进和右缩进滑块可以设置左、右缩进。例如，按下【Ctrl】键，选中文档中的各条目，将左缩进滑块向左拖动 2 个字符。

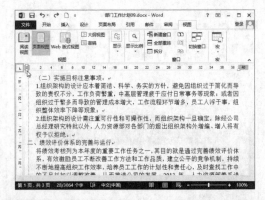

3 释放鼠标左键，文档中的各条目都向左移动了 2 个字符。

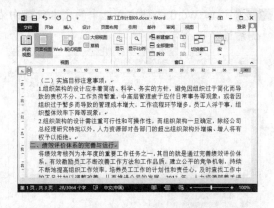

3.3.3 设置间距

"间距"是指行与行之间，段落与行之间，段落与段落之间的距离。在 Word 2013 中，用户可以通过如下方法设置行和段落的间距。

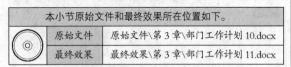

本小节原始文件和最终效果所在位置如下。	
原始文件	原始文件\第 3 章\部门工作计划 10.docx
最终效果	最终效果\第 3 章\部门工作计划 11.docx

1. 使用【段落】组

使用【段落】组设置行和段落间距的具体操作步骤如下。

1 打开本实例的原始文件，选中全篇文档，切换到【开始】选项卡，在【段落】组中单击【行和段落间距】按钮，在弹出的下拉列表中选择【1.15】选项，随即行距变成了 1.15 倍的行距。

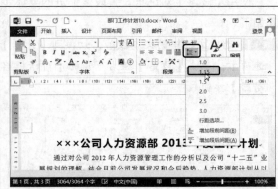

2 选中标题行，在【段落】组中单击【行和段落间距】按钮，在弹出的下拉列表中选择【增加段后间距】选项，随即标题所在的

段落下方增加了一段空白间距。

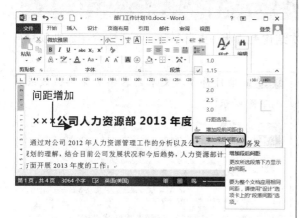

间距增加

2. 使用【段落】对话框

使用【段落】对话框设置段落间距的具体步骤如下。

1 选中文档的标题行，切换到【开始】选项卡，单击【段落】组右下角的【对话框启动器】按钮 ，弹出【段落】对话框，系统自动切换到【缩进和间距】选项卡，在【间距】组合框中的【段前】微调框中将间距值调整为"6磅"，在【段后】微调框中将间距值调整为"12磅"，在【行距】下拉列表框中选择【最小值】选项，在【设置值】微调框中输入"12磅"。

2 单击 确定 按钮，设置效果如下图所示。

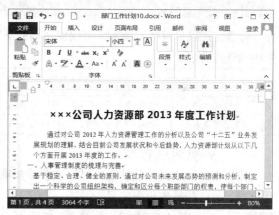

3. 使用【页面布局】选项卡

选中文档中的各条目，切换到【页面布局】选项卡，在【段落】组的【段前】和【段后】微调框中同时将间距值调整为"0.5行"，效果如图所示。

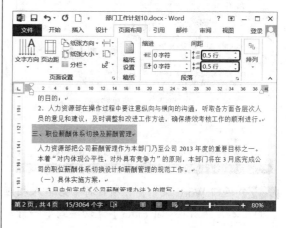

3.3.4 添加项目符号和编号

合理使用项目符号和编号，可以使文档的层次结构更清晰、更有条理。接下来介绍添加项目符号和编号的方法。

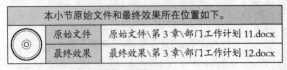

本小节原始文件和最终效果所在位置如下。	
原始文件	原始文件\第 3 章\部门工作计划 11.docx
最终效果	最终效果\第 3 章\部门工作计划 12.docx

1. 添加项目符号

使用【段落】组中的按钮，可以快速添加项目符号，具体的操作步骤如下。

1 打开本实例的原始文件，将光标定位到要添加项目符号的文档中，切换到【开始】选项卡，在【段落】组中单击【项目符号】按钮 右侧的下三角按钮，在弹出的列表框中选择【菱形】选项，随即在文档插入了一个菱形。

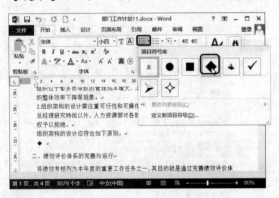

2 返回 Word 文档，在项目符号后输入相应的文本，然后按下【Enter】键切换到下一行，同时，Word 自动插入一个相同的项目符号。

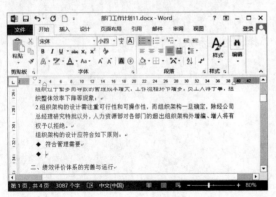

3 项目符号和文本内容添加完毕，效果如下图所示。

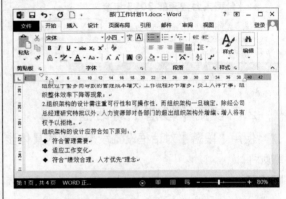

2. 添加编号

添加编号的具体步骤如下。

1 添加编号。将光标定位到要添加项目符号的文档中，切换到【开始】选项卡，在【段落】组中单击【编号】按钮 右侧的下三角按钮，然后在弹出的列表框中选择一种编号方式，例如选择"1)、2)、3)"。

2 返回 Word 文档，在编号后输入相应的文本，然后按下【Enter】键切换到下一行，同时 Word 自动插入下一个编号。编号和文本内容添加完毕，效果如右图所示。

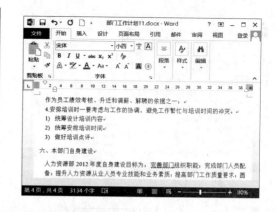

3.3.5 添加边框和底纹

通过在 Word 2013 文档中插入段落边框和底纹，可以使相关段落的内容更加醒目，从而增强 Word 文档的可读性。

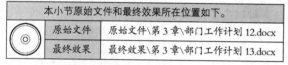

本小节原始文件和最终效果所在位置如下。	
原始文件	原始文件\第 3 章\部门工作计划 12.docx
最终效果	最终效果\第 3 章\部门工作计划 13.docx

1. 添加边框

在默认情况下，段落边框的格式为黑色单直线。用户可以通过设置段落边框的格式，使其更加美观。为文档添加边框的具体步骤如下。

1 打开本实例的原始文件，选中要添加边框的文本，切换到【开始】选项卡，在【段落】组中单击【边框】按钮⊞▾右侧的下三角按钮▾，在弹出的下拉列表中选择【外侧框线】选项。

2 返回 Word 文档，效果如下图所示。

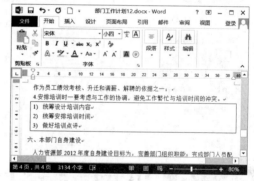

2. 添加底纹

为文档添加底纹的具体步骤如下。

1 选中要添加底纹的文档，切换到【开始】选项卡，在【段落】组中单击【边框】按钮⊞▾右侧的下三角按钮▾，在弹出的下拉列表中选择【边框和底纹】选项。

2 弹出【边框和底纹】对话框，切换到【底纹】选项卡，在【填充】下拉列表框中选择【白色,背景 1,深色 15%】选项。

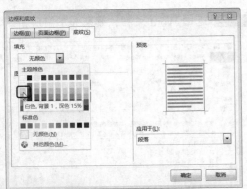

3 在【图案】组中的【样式】下拉列表中选择【5%】选项。

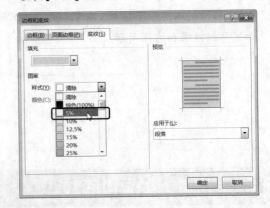

4 单击 确定 按钮返回 Word 文档,设置效果如下图所示。

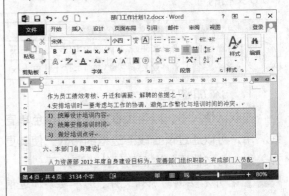

3.4 设置页面背景

 为了使 Word 文档看起来更加美观，用户可以添加各种漂亮的页面背景，包括水印、页面颜色以及其他填充效果。

3.4.1 添加水印

Word 文档中的水印是指作为文档背景图案的文字或图像。Word 2013 提供了多种水印模板和自定义水印功能。

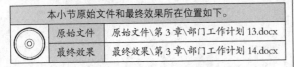

本小节原始文件和最终效果所在位置如下。		
	原始文件	原始文件\第 3 章\部门工作计划 13.docx
	最终效果	最终效果\第 3 章\部门工作计划 14.docx

为 Word 文档添加水印的具体操作步骤如下。

1 打开本实例的原始文件,切换到【设计】选项卡,在【页面背景】组中单击【水印】按钮。

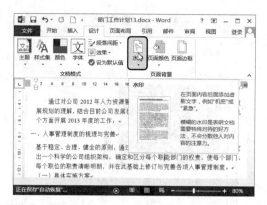

2 在弹出的下拉列表中选择【自定义水印】选项。

3 弹出【水印】对话框，选中【文字水印】

单选钮，在【文字】下拉列表框中选择【部门绝密】选项，在【字体】下拉列表框中选择【黑体】选项，在【字号】下拉列表框中选择【80】选项，在【颜色】下拉列表框中选择红色，然后选中【斜式】单选钮，其他选项保持默认。

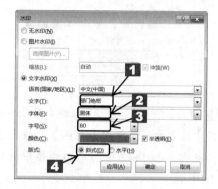

4 单击 确定 按钮，返回 Word 文档，设置效果如下图所示。

3.4.2 设置页面颜色

"页面颜色"是指显示于 Word 文档最底层的颜色或图案，用于丰富 Word 文档的页面显示效果，页面颜色在打印时不会显示。

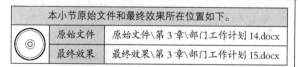

本小节原始文件和最终效果所在位置如下。	
原始文件	原始文件\第3章\部门工作计划14.docx
最终效果	最终效果\第3章\部门工作计划15.docx

设置页面颜色的具体步骤如下。

1 切换到【设计】选项卡，在【页面背景】组中单击【页面颜色】按钮，在弹出的下拉列表中选择【白色,背景1,深色5%】选项即可。

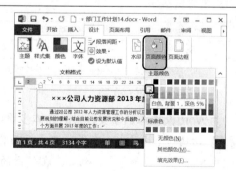

2 如果"主题颜色"和"标准色"中显示的颜色依然无法满足用户的需要，那么可以在弹出的下拉列表框中选择【其他颜色】选项。

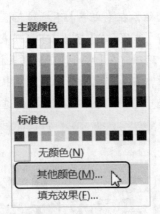

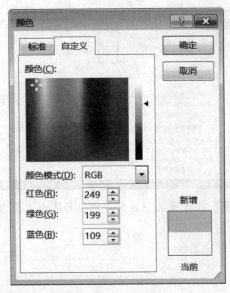

3 弹出【颜色】对话框，系统自动切换到【自定义】选项卡，可以在【颜色】面板上选择合适的颜色，也可以在下方的微调框中调整颜色的 RGB 值。

4 单击 确定 按钮，返回 Word 文档，设置效果如下图所示。

3.4.3 设置其他填充效果

在 Word 2013 文档窗口中，如果使用填充颜色功能设置 Word 文档的页面背景，可以使 Word 文档更富有层次感。

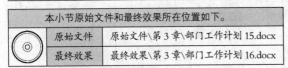

本小节原始文件和最终效果所在位置如下。	
原始文件	原始文件\第 3 章\部门工作计划 15.docx
最终效果	最终效果\第 3 章\部门工作计划 16.docx

1. 添加渐变效果

为 Word 文档添加渐变效果的具体步骤如下。

1 切换到【设计】选项卡，在【页面背景】组中单击【页面颜色】按钮，在弹出的下拉列表中选择【填充效果】选项。

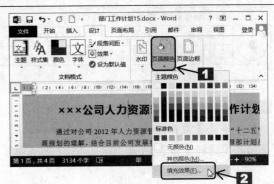

2 弹出【填充效果】对话框，系统自动切换到【渐变】选项卡，在【颜色】组合框中选中【双色】单选钮，然后在右侧的【颜色】下拉列表中选择两种颜色，然后选中【斜上】单选钮。

3 单击 确定 按钮，返回 Word 文档，设置效果如下图所示。

2. 添加纹理效果

为 Word 文档添加纹理效果的具体步骤如下。

1 在【填充效果】对话框中，切换到【纹理】选项卡，在【纹理】列表框中选择【水滴】选项。

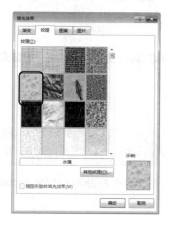

2 单击 确定 按钮，返回 Word 文档即可。

3. 添加图案效果

添加图案效果的具体步骤如下。

1 在【填充效果】对话框中，切换到【图案】选项卡，在【背景】下拉列表框中选择合适的颜色，然后在【图案】列表框中选择【80%】选项。

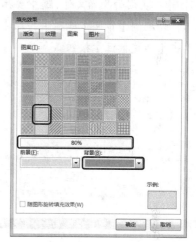

2 单击 确定 按钮返回 Word 文档，设置效果如下图所示。

3.5 审阅文档

在日常工作中，某些文件需要领导审阅或者经过大家讨论后才能够执行，所以就需要在这些文件上进行一些批示、修改。Word 2013 提供了批注、修订、更改等审阅工具，大大提高了办公效率。

3.5.1 添加批注

为了帮助阅读者更好地理解文档内容以及跟踪文档的修改状况，可以为 Word 文档添加批注。

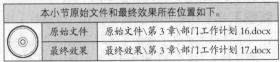

本小节原始文件和最终效果所在位置如下。	
原始文件	原始文件\第 3 章\部门工作计划 16.docx
最终效果	最终效果\第 3 章\部门工作计划 17.docx

添加批注的具体步骤如下。

1 打开本实例的原始文件，选中要插入批注的文本，切换到【审阅】选项卡，在【批注】组中单击【新建批注】按钮。

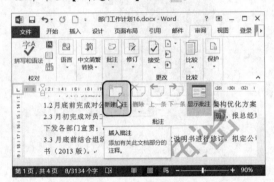

2 随即在文档的右侧出现一个批注框，用户可以根据需要输入批注信息。Word 2013 的批注信息前面会自动加上"批注"二字以及批注者和批注的编号。

3 如果要删除批注，可先选中批注框，然后单击鼠标右键，在弹出的快捷菜单中选择【删除批注】菜单项即可。

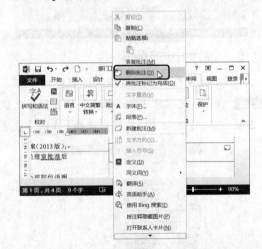

3.5.2 修订文档

Word 2013 提供了文档修订功能，在打开修订功能的情况下，将会自动跟踪对文档的所有更改，包括插入、删除和格式更改，并对更改的内容做出标记。

	本小节原始文件和最终效果所在位置如下。
原始文件	原始文件\第3章\部门工作计划17.docx
最终效果	最终效果\第3章\部门工作计划18.docx

1. 更改用户名

在文档的审阅和修改过程中，可以更改用户名，具体的操作步骤如下。

1 在 Word 文档中，切换到【审阅】选项卡，单击【修订】组中的【对话框启动器】按钮。

2 弹出【修订选项】对话框，单击 更改用户名(N)... 按钮。

3 弹出【Word 选项】对话框，切换到【常规】选项卡，在【对 Microsoft Office 进行个性化设置】组合框中的【用户名】文本框中将用户名更改为"shenlong"，在【缩写】文本框中输入"sl"，然后单击 确定 按钮即可。

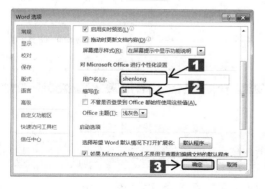

2. 修订文档

修订文档的具体操作步骤如下。

1 在 Word 文档中，切换到【审阅】选项卡，在【修订】组中单击【修订】按钮的上半部分，随即进入修订状态。

2 在【修订】组中的【显示以供审阅】下拉列表中选择【所有标记】选项。

3 将文档中的文字"机制"改为"体制"，然后将鼠标指针移至修改处，此时自动显示修改的作者、时间以及删除的内容。

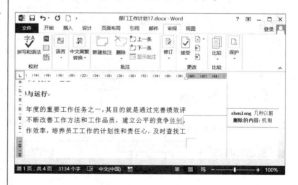

4 直接删除文档中的文本"员工人浮于事,",效果如下图所示。

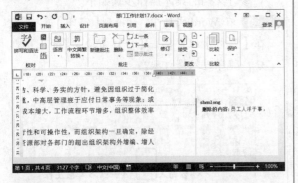

5 将文档标题中的文本"2013"的字体调整为"Times New Roman",随即在右侧弹出一个批注框,并显示格式修改的详细信息。

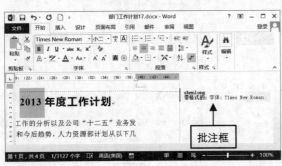

6 另外,用户还可以更改修订的显示方式。切换到【审阅】选项卡,在【修订】组中单击 显示标记 按钮,在弹出的下拉列表中选择【批注框】➤【以嵌入方式显示所有修订】选项。

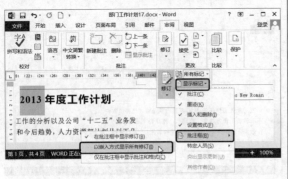

7 返回 Word 文档中,修订前后的信息以及删除线都会在文档中显示。

8 当所有的修订完成以后,用户可以通过"导航窗格"功能,通篇浏览所有的审阅摘要。切换到【审阅】选项卡,在【修订】组中单击 审阅窗格 按钮,在弹出的下拉列表中选择【垂直审阅窗格】选项。

9 此时在文档的左侧出现一个【修订】窗格,并显示审阅记录。

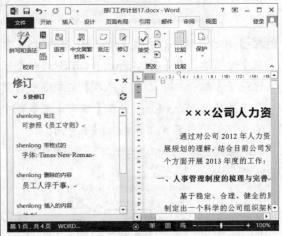

3.5.3　更改文档

文档的修订工作完成以后,用户可以跟踪修订内容,并执行接受或拒绝修订命令。

更改文档的具体操作步骤如下。

1 在 Word 文档中，切换到【审阅】选项卡，在【更改】组中单击【上一条修订】按钮或【下一条修订】按钮，可以定位到当前修订的上一条或下一条。

2 在【更改】组中单击【接受】按钮下方的下三角按钮，在弹出的下拉列表中选择【接受所有更改并停止修订】选项。

3 审阅完毕，单击【修订】组中的【修订】按钮，随即退出修订状态。然后删除相关的批注即可，文档的最终效果如下图所示。

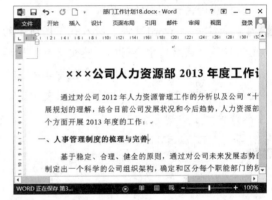

高手过招

让 Word 教你读拼音

1 新建一个 Word 文档，输入文字"拼音指南"，然后选中该文本，切换到【开始】选项卡，在【字体】组中单击【拼音指南】按钮。

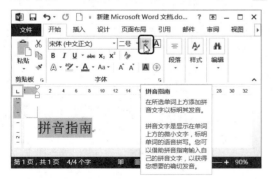

2 弹出【拼音指南】对话框，此时，用户可以根据需要调整拼音的对齐方式、字体、字号等。

3 单击 确定 按钮返回 Word 文档，此时，选中的文字即已添加了拼音。

巧用双行合一

所谓双行合一，就是把选中的文字合并，变作两行排列的样式。政府机关中常见的联合行文、红头文件，婚庆典礼的请帖、带有中英文名称的公司公告等经常使用该功能。

设置双行合一的具体步骤如下。

1 新建一个 Word 文档，输入如下图所示的文档标题，然后选中公司的中英文名称，切换到【开始】选项卡，在【段落】组中单击【中文版式】按钮，在弹出的下拉列表中选择【双行合一】选项。

3 单击 确定 按钮，返回 Word 文档，效果如下图所示。

2 弹出【双行合一】对话框，然后参照预览效果，在【文字】文本框中要拆分的字符间加入适当的空格，使其分成上下对齐的两行。

第4章

图文混排
——制作促销海报

图文混排是 Word 2013 文字处理软件的一项重要功能。通过插入和编辑图片、图形、艺术字以及文本框等要素，文档可以图文并茂、生动有趣。图文混排在报刊编辑、产品宣传等工作中应用非常广泛。本章以制作促销海报为例，介绍如何在 Word 2013 文档中进行图文混排。

关于本章知识,本书配套教学光盘中有相关的多媒体教学视频,请读者参见光盘中的【Word 2013 的基本操作\图文混排】。

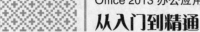
4.1 设计海报布局

海报布局就是将整个版面合理地划分为几个模块，并调整各模块的大小和位置。

4.1.1 设置页面布局

设计海报布局，首先要对页面进行设计，确定纸张大小、纸张方向等要素。通常情况下，海报设计采用 Tabloid 纸型。Tabloid 纸型是一种小尺寸的报纸版式，纸型尺寸约为 432mm×279mm。

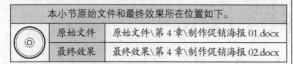

本小节原始文件和最终效果所在位置如下。

	原始文件	原始文件\第 4 章\制作促销海报 01.docx
	最终效果	最终效果\第 4 章\制作促销海报 02.docx

1. 设置横向纸张

打开本实例的原始文件，切换到【页面布局】选项卡，单击【页面设置】组中的 纸张方向 按钮，在弹出的下拉列表中选择【横向】选项，此时，文档的纸张方向就变成了横向。

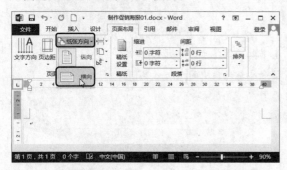

2. 设置纸型

接下来，将纸张大小设置为 Tabloid。设置纸型的具体步骤如下。

1 切换到【页面布局】选项卡，单击【页面设置】组中的 纸张大小 按钮，然后在弹出的下拉列表中选择【Tabloid】选项。

2 设置完毕，将 Word 文档的显示比例调整为"30%"，效果如下图所示。

4.1.2 划分版面

页面布局完成以后，接下来就可以将海报划分为合适的几个版面。用户可以通过插入并编辑形状的方式快速地将海报版面划分为多个模块。

本小节原始文件和最终效果所在位置如下。	
原始文件	原始文件\第4章\制作促销海报02.docx
最终效果	最终效果\第4章\制作促销海报02.docx

1. 显示正文边框

为了精确设置版面布局，用户可以为文档添加正文边框，具体的操作步骤如下。

1 打开本实例的原始文件，单击 文件 按钮，然后在弹出的界面中选择【选项】选项。

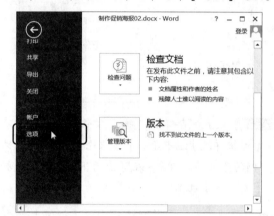

2 弹出【Word 选项】对话框，切换到【高级】选项卡，在【显示文档内容】组合框中选中【显示正文边框】复选框，其他选项保持默认。

3 设置完毕单击 确定 按钮即可。

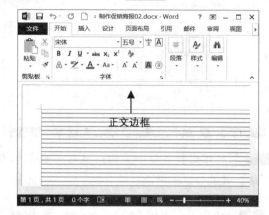

提示

正文边框在打印时不会显示，只在页面中显示。

2. 设置底色

为了突出视觉效果，用户可以为海报设计合适的底色。接下来通过插入和编辑形状设置海报的底色，具体的操作步骤如下。

1 切换到【插入】选项卡，在【插图】组中单击【形状】按钮，在弹出的下拉列表中选择【矩形】选项。

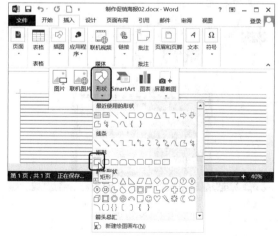

2 将光标移动到文档中，此时鼠标指针变成十形状，按住鼠标左键不放，拖动鼠标指针即可绘制矩形。

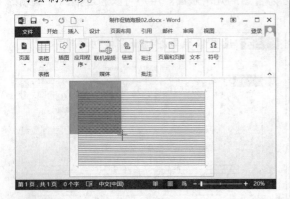

3 将矩形覆盖整个页面，然后释放鼠标左键，效果如下图所示。

4 选中该矩形，切换到【格式】选项卡，在【形状样式】组中单击【形状填充】按钮右侧的下三角按钮，在弹出的下拉列表中选择【其他填充颜色】选项。

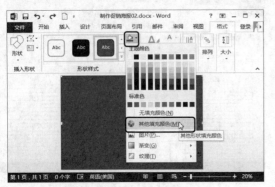

5 弹出【颜色】对话框，切换到【标准】选项卡，从中选择一种合适的颜色。

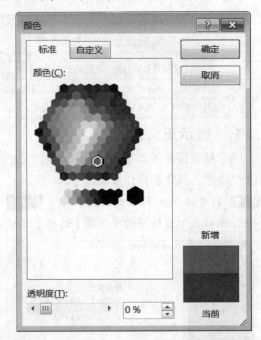

6 设置完毕单击 确定 按钮即可。然后在【形状样式】组中单击【形状轮廓】按钮右侧的下三角按钮，在弹出的下拉列表中选择【无轮廓】选项。

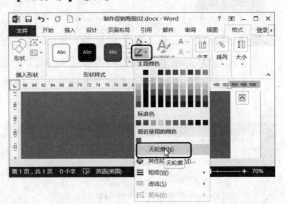

7 返回 Word 文档，效果如图所示。

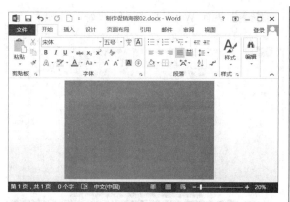

8 选中该矩形，然后单击鼠标右键，在弹出的快捷菜单中选择【其他布局选项】菜单项。

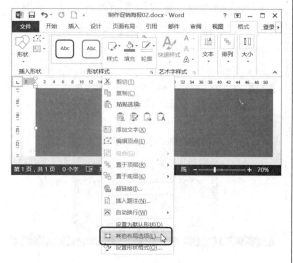

9 弹出【布局】对话框，切换到【文字环绕】选项卡，在【环绕方式】组合框中选择【衬于文字下方】选项，然后单击 确定 按钮即可。

10 使用同样的方法，再次插入一个矩形，然后为该矩形设置合适的颜色，使其覆盖整个正文版面，并衬于文字下方。

3. 划分版面

接下来通过插入和编辑直线来划分版面，具体的操作步骤如下。

1 切换到【插入】选项卡，在【插图】组中单击【形状】按钮，在弹出的下拉列表中选择【直线】选项。

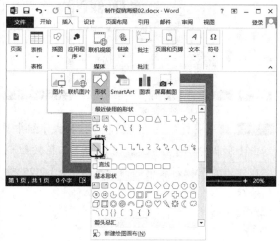

2 将光标移动到文档中，此时鼠标指针变成╋形状，按住鼠标左键不放，绘制一条纵向直线，然后将其调整到文档的居中位置。

3 选中该直线，切换到【格式】选项卡，在【形状样式】组中单击【形状轮廓】按钮☑·右侧的下三角按钮·，在弹出的下拉列表中选择【深红】选项。

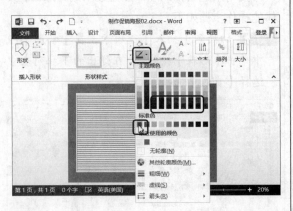

4 使用同样的方法，在【形状样式】组中单击【形状轮廓】按钮☑·右侧的下三角按钮·，在弹出的下拉列表中选择【粗细】➢【2.25 磅】选项。

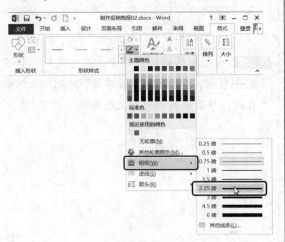

5 返回 Word 文档，效果如下图所示。

6 选中该直线，使用【Ctrl】+【C】和【Ctrl】+【V】组合键，复制一条相同的直线，并将其移动到合适的位置。此时，版面就被划分成了两个模块。

设计海报报头

报头是促销海报的眼睛，包括单位名称、广告语、宣传图以及公司 LOGO 等内容。一般把报头置于海报的上端偏左、偏右或居中的位置。本节将在版面正上方设置海报报头。

4.1.1 编辑单位名称和广告语

单位名称和广告语是促销海报的必要元素。一般通过插入并编辑文本框进行设计，字体设置一般采用大号字体，放在海报中的醒目位置。

本小节原始文件和最终效果所在位置如下。	
原始文件	原始文件\第 4 章\制作促销海报 03.docx
最终效果	最终效果\第 4 章\制作促销海报 04.docx

1. 编辑单位名称

编辑单位名称的具体步骤如下。

1 打开本实例的原始文件，切换到【插入】选项卡，单击【文本】组中的【文本框】按钮。

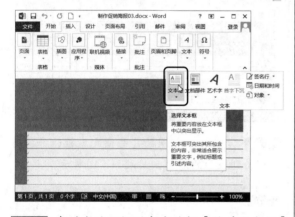

2 在弹出的下拉列表中选择【简单文本框】选项。

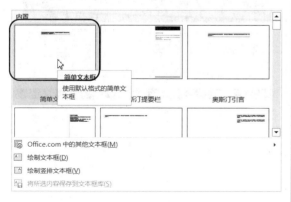

3 此时，即可在文档中插入一个简单文本框。

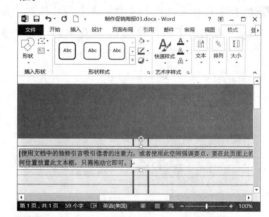

4 在文本框中输入公司名称，然后设置字体格式。单击文本框右上角的按钮，在弹出的下拉列表中选择【在页面上的位置固定】单选钮，然后单击【关闭】按钮，并将文本框移动到合适的位置。

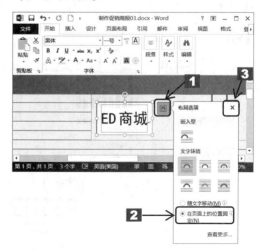

5 选中该文本框，切换到【格式】选项卡，在【形状样式】组中单击【形状填充】按钮  右侧的下三角按钮，在弹出的下拉列表中选择【无填充颜色】选项。

6 在【形状样式】组中单击【形状轮廓】按钮 右侧的下三角按钮，在弹出的下拉列表中选择【白色,背景 1】选项。

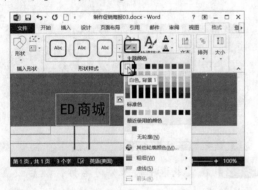

7 使用同样的方法，在【形状样式】组中单击【形状轮廓】按钮 右侧的下三角按钮，在弹出的下拉列表中选择【粗细】➤【2.25 磅】选项。

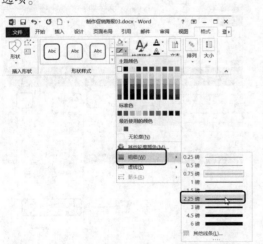

8 返回 Word 文档中，然后将文本内容的字体设置为白色，效果如下图所示。

2. 编辑广告语

编辑广告语的具体步骤如下。

1 使用相同的方法在版面的左侧插入一个文本框，并对文本框及其内容进行格式设置，效果如下图所示。

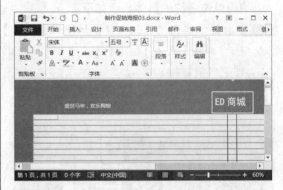

2 复制一个相同的广告语文本框，并将其移动到版面的右侧，效果如下图所示。

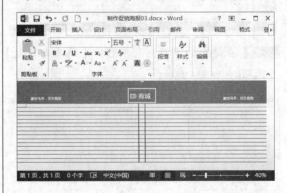

4.2.2 设计宣传图

宣传图是海报设计中的重要元素。在海报报头内插入美观、生动的宣传图，可以大大增加海报的宣传力度，从而实现促销海报的广告效应。

	本小节原始文件和最终效果所在位置如下。
素材文件	素材文件\第4章\图片01.jpg
原始文件	原始文件\第4章\制作促销海报04.docx
最终效果	最终效果\第4章\制作促销海报05.docx

1. 插入图片

插入图片的具体步骤如下。

1 打开本实例的原始文件，切换到【插入】选项卡，然后单击【插图】组中的【图片】按钮。

2 弹出【插入图片】对话框，从中选择要插入的图片素材文件"图片01.jpg"。

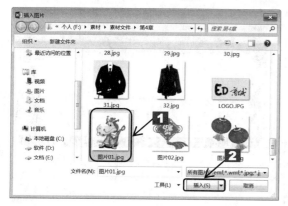

3 单击 插入(S) 按钮，即可将图片插入到 Word 文档中。

2. 编辑图片

编辑图片的具体步骤如下。

1 选中该图片，然后单击鼠标右键，在弹出的快捷菜单中选择【大小和位置】菜单项。

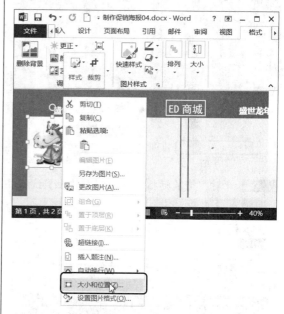

2 弹出【布局】对话框，切换到【文字环绕】选项卡，在【环绕方式】组合框中选择【浮于文字上方】选项，然后单击 确定 按钮即可。

3 选中该图片，切换到【格式】选项卡，在【调整】组中单击 颜色 按钮，在弹出的下拉列表中选择【设置透明色】选项。

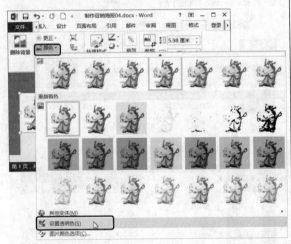

4 此时，将鼠标指针移动到图片上，鼠标指针变成 形状。

5 在图片上单击鼠标左键，此时，图片就变成了透明色。

6 将图片拖动到合适的位置。

7 复制并粘贴该图片，然后将其移动到右侧版面的合适位置，效果如下图所示。

3. 设计报花

报花多用在海报的报头或结尾部分，其作用是点缀装饰、补白、活跃版面。接下来通过插入形状为促销海报设计报花，具体的操作步骤如下。

1 切换到【插入】选项卡，在【插图】组中单击【形状】按钮，在弹出的下拉列表中选择【十字星】选项。

2 在 Word 文档中单击鼠标左键，此时即可插入一个十字星。

3 选中该图形，切换到【格式】选项卡，在【形状样式】组中选择【彩色轮廓-橙色，强调颜色6】选项。

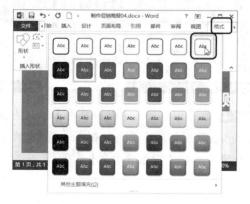

4 设置完毕，十字星的效果如下图所示。

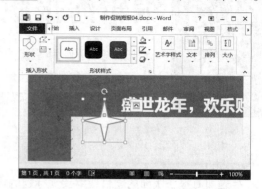

5 选中该图形，使用【Ctrl】+【C】和【Ctrl】+【V】组合键，在左侧版面中复制多个相同的十字星，并调整其大小和位置，设置完毕，效果如下图所示。

6 使用相同的方法，在右侧版面中添加多个相同的十字星，设置完毕，效果如下图所示。

4.3 编辑海报版面

版面设计的风格最能体现海报的特色。一份好的促销海报应该在版面的设计上有独特的表现方式，使观看者深受吸引，给人以美好的感受。在进行版面设计时，要注意海报的标题是否得当，编排是否得体，风格是否一致等方面。

4.3.1 编辑海报标题

标题即海报各版面的题目或纲要。标题的作用是突出海报重点，吸引观看者的注意力。标题的文字要鲜艳夺目。通常情况下，用户还可以通过插入图片和艺术字来丰富海报标题的内容。

本小节原始文件和最终效果所在位置如下。

	素材文件	素材文件\第4章\图片02.jpg、图片03.jpg
	原始文件	原始文件\第4章\制作促销海报05.docx
	最终效果	最终效果\第4章\制作促销海报06.docx

1. 插入并编辑形状

插入并编辑形状的具体步骤如下。

1 打开本实例的原始文件，在左侧的版面中，切换到【插入】选项卡，在【插图】组中单击【形状】按钮，在弹出的下拉列表中选择【上凸带形】选项。

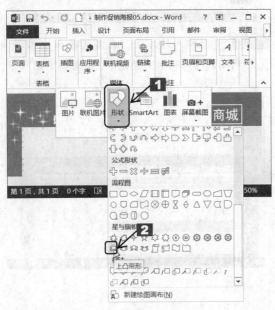

2 在 Word 文档中单击鼠标左键，此时即可插入一个上凸带形，然后将其调整到合适的大小和位置即可。

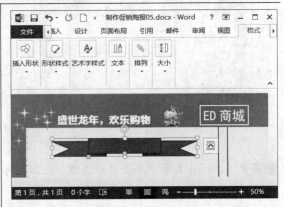

3 选中该形状，在【绘图工具】工具栏中，切换到【格式】选项卡，在【形状样式】组中单击【形状填充】按钮右侧的下三角按钮，在弹出的下拉列表中选择【茶色,背景2】选项。

4 在【形状样式】组中单击【形状轮廓】按钮右侧的下三角按钮，在弹出的下拉列表中选择【橙色,着色6】选项。

5 设置完毕，返回 Word 文档，然后为图形添加文字，并设置字体格式，效果如下图所示。

2. 插入并编辑图片

插入并编辑图片的具体步骤如下。

1 切换到【插入】选项卡，然后单击【插图】组中的【图片】按钮 。

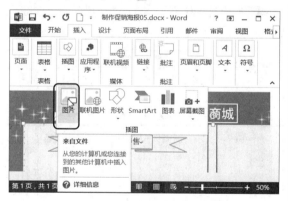

2 弹出【插入图片】对话框，从中选择要插入的图片素材文件"图片 02.jpg"。

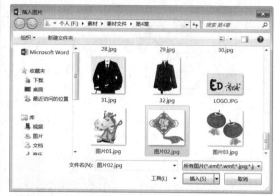

3 单击 插入(S) 按钮，即可将图片插入到 Word 文档中。选中该图片，然后单击鼠标右键，在弹出的快捷菜单中选择【大小和位置】菜单项。

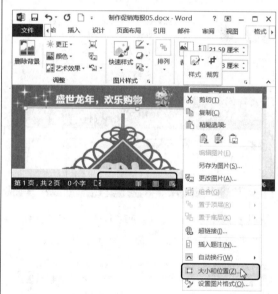

4 弹出【布局】对话框，切换到【文字环绕】选项卡，在【环绕方式】组合框中选择【浮于文字上方】选项。

5 单击 确定 按钮返回 Word 文档，然后将该图片调整到合适的大小和位置即可。

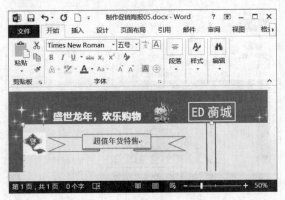

6 选中该图片，切换到【格式】选项卡，单击【调整】组中的【删除背景】按钮。

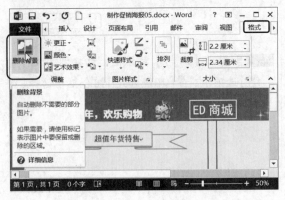

7 此时即可进入调整状态，并自动切换到【背景消除】选项卡，按住鼠标左键拖动鼠标指针调整删除背景的图片的大小，然后单击【优化】组中的【标记要保留的区域】按钮，在图片上单击鼠标左键标记要保留的区域，调整完毕，单击【保留更改】按钮即可。

8 设置完毕，效果如下图所示。

9 使用同样的方法插入并处理"图片 03.jpg"，效果如下图所示。

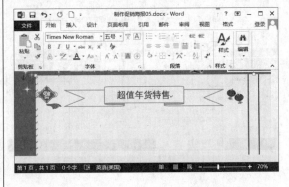

3. 插入并编辑艺术字

插入并编辑艺术字的具体步骤如下。

1 切换到【插入】选项卡，单击【文本】组中的【艺术字】按钮。

2 弹出【艺术字样式】列表框，从中选择一种合适的样式，例如选择【填充-蓝色，着色 1，阴影】选项。

3 此时即可在 Word 文档中插入一个艺术字文本框，然后输入相应的文字，并调整其大小和位置即可。

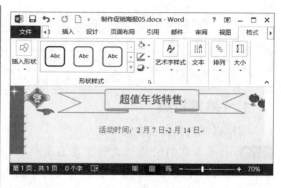

4 使用之前介绍的方法，插入一条直线，并调整其颜色和粗细，然后将其拖动到合适的位置。

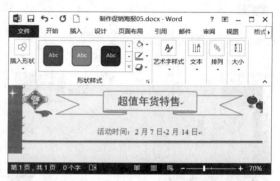

5 使用同样的方法，在右侧版面添加标题。然后对版面标题进行设置，效果如下图所示。

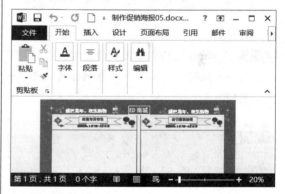

4.3.2 编辑海报正文

图文混排是海报的一大特色。促销海报的正文通常由形状、图片以及文本框混排组成。接下来为"ED 商城"编辑春节期间的促销海报正文。

本小节原始文件和最终效果所在位置如下。	
素材文件	素材文件\第 4 章\01.jpg ~32.jpg
原始文件	原始文件\第 4 章\制作促销海报 06.docx
最终效果	最终效果\第 4 章\制作促销海报 07.docx

1. 编排框线

编排框线的具体步骤如下。

1 打开本实例的原始文件，在左侧的版面中，切换到【插入】选项卡，在【插图】组中单击【形状】按钮，在弹出的下拉列表中选择【矩形】选项。

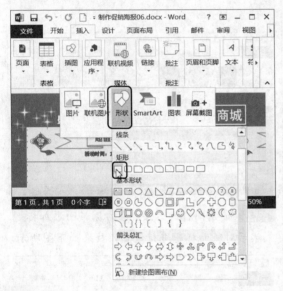

2 在 Word 文档中单击鼠标左键，此时即可插入一个矩形，然后将其调整到合适的大小和位置即可。

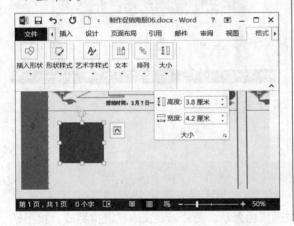

3 选中该矩形，切换到【格式】选项卡，在【形状样式】组中单击【形状填充】按钮右侧的下三角按钮，在弹出的下拉列表中选择【无填充颜色】选项。

4 在【形状样式】组中单击【形状轮廓】按钮右侧的下三角按钮，在弹出的下拉列表中选择【深红】选项。

5 选中该矩形，使用【Ctrl】+【C】和【Ctrl】+【V】组合键，在左侧版面中复制多个相同的矩形，并将其编排到合适的位置，设置完毕，效果如下图所示。

6 使用同样的方法，在右侧版面中编排多个相同的矩形，设置完毕，效果如下图所示。

2. 填充图片

在矩形中填充商品图片的具体步骤如下。

1 选中第一个矩形，切换到【格式】选项卡，在【形状样式】组中单击【形状填充】按钮 🖎 右侧的下三角按钮 🔻，在弹出的下拉列表中选择【图片】选项。

2 弹出【插入图片】对话框，从中选择要插入的图片素材文件"01.jpg"。

3 单击 插入(S) 按钮，即可将选中的促销商品的图片填充到选中的矩形中。

4 使用同样的方法，为版面中其他矩形填充相应的促销商品的图片，效果如下图所示。

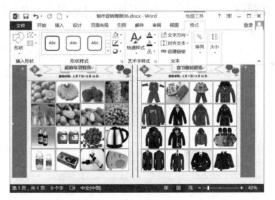

3. 设计价格标签

为促销商品设计价格标签的具体步骤如下。

1 在左侧的版面中，切换到【插入】选项卡，在【插图】组中单击【形状】按钮，在弹出的下拉列表中选择【椭圆】选项。

2 在 Word 文档中单击鼠标左键，此时即可插入一个椭圆，然后将其调整到合适的大小和位置即可。

3 选中椭圆，切换到【格式】选项卡，在【形状样式】组中单击【形状填充】按钮右侧的下三角按钮，在弹出的下拉列表中选择【红色】选项。

4 在【形状样式】组中单击【形状轮廓】按钮右侧的下三角按钮，在弹出的下拉列表中选择【无轮廓】选项。

5 切换到【插入】选项卡，单击【文本】组中的【文本框】按钮。

6 在弹出的下拉列表中选择【绘制文本框】选项。

7 将光标移动到文档中，此时鼠标指针变成十形状，按住鼠标左键不放，拖动鼠标指针绘制一个文本框，然后输入相应的价格，并进行字体设置。

8 选中该文本框，在【绘图工具】栏中，切换到【格式】选项卡，在【形状样式】组中单击【形状填充】按钮右侧的下三角按钮，在弹出的下拉列表中选择【无填充颜色】选项。

9 在【形状样式】组中单击【形状轮廓】按钮右侧的下三角按钮，在弹出的下拉列表中选择【无轮廓】选项。

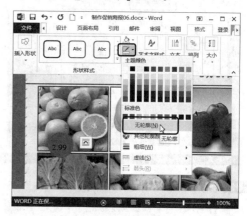

10 选中该文本框，切换到【开始】选项卡，在【字体】组中单击【字体颜色】按钮右侧的下三角按钮，在弹出的下拉列表中选择【白色,背景1】选项。

11 按住【Shift】键，同时选中椭圆和文本框，然后单击鼠标右键，在弹出的快捷菜单中选择【组合】➢【组合】菜单项。

的组合，然后分别移动到合适的位置，为每件商品设置价格标签，设置后的效果如下图所示。

12 此时选中的对象就组成了一个统一整体。

13 选中该组合，使用【Ctrl】+【C】和【Ctrl】+【V】组合键，在左侧版面中复制多个相同

14 选中该组合，使用【Ctrl】+【C】和【Ctrl】+【V】组合键，在右侧版面中复制多个相同的组合，并移动到合适的位置，为每件商品设置价格标签，设置后的效果如下图所示。

4.3.3 设置海报报尾

海报报尾一般包括公司 LOGO、主办单位、联系电话、传真、公司网址和提示语等。

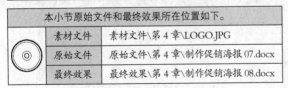

本小节原始文件和最终效果所在位置如下。	
素材文件	素材文件\第 4 章\LOGO.JPG
原始文件	原始文件\第 4 章\制作促销海报 07.docx
最终效果	最终效果\第 4 章\制作促销海报 08.docx

1. 插入公司 LOGO

设置海报报尾的具体步骤如下。

1 打开本实例的原始文件，切换到【插入】选项卡，在【插图】组中单击【形状】按钮，在弹出的下拉列表中选择【矩形】选项。

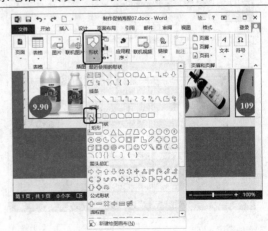

2 在版面下方单击鼠标左键，此时即可插入一个矩形，然后将其调整到合适的大小和位置即可。

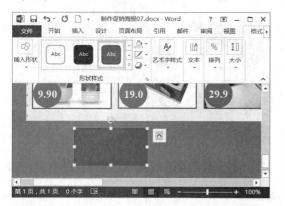

3 选中矩形，切换到【格式】选项卡，在【形状样式】组中单击【形状填充】按钮右侧的下三角按钮，在弹出的下拉列表中选择【图片】选项。

4 弹出【插入图片】对话框，从中选择要插入的图片素材文件"LOGO.JPG"。

5 单击 插入(S) 按钮，即可将选中的促销商品的图片填充到选中的矩形中。

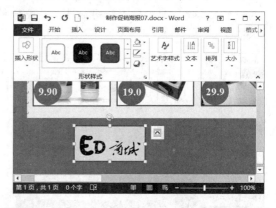

6 在【形状样式】组中单击【形状轮廓】按钮右侧的下三角按钮，在弹出的下拉列表中选择【无轮廓】选项。

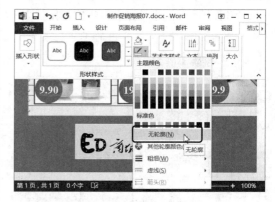

2. 编辑公司信息

编辑公司信息的具体步骤如下。

1 切换到【插入】选项卡，单击【文本】组中的【文本框】按钮，在弹出的下拉列表中选择【绘制文本框】选项。

2 将光标移动到文档中，此时鼠标指针变成
十形状，按住鼠标左键不放，拖动鼠标指针绘
制一个文本框，然后输入公司地址，并进行字
体设置。

3 选中该文本框，切换到【格式】选项卡，
在【形状样式】组中单击【形状填充按钮
右侧的下三角按钮】，在弹出的下拉列表中选择
【无填充颜色】选项。

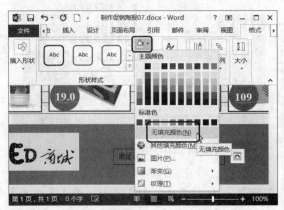

4 在【形状样式】组中单击【形状轮廓】按
钮 右侧的下三角按钮】，在弹出的下拉列表
中选择【白色,背景1】选项。

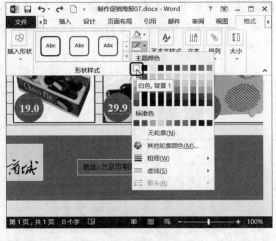

5 选中该文本框，切换到【开始】选项卡，
在【字体】组中单击【字体颜色】按钮 ，
在弹出的下拉列表中选择【白色,背景1】选，
然后单击【加粗】按钮 B。

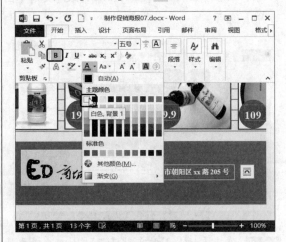

6 使用同样的方法，编辑联系电话和网址，
效果如下图所示。

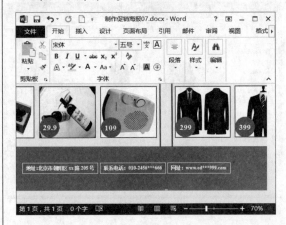

7 设置完毕，促销海报的最终效果如下图所示。

高手过招

图片跟着文字走

在修改已排好版的文档时，有时会发生图片位置变乱的情况，我们可以按照以下方法让图片跟着文字走。

1 打开素材文件"静夜思.docx"，选中图片，在【图片工具】栏中，切换到【格式】选项卡，单击【排列】组中的【位置】按钮，在弹出的下拉列表中选择【其他布局选项】选项。

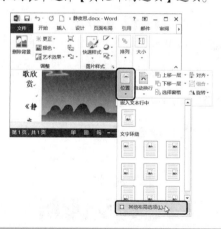

2 弹出【布局】对话框，切换到【位置】选项卡，在【选项】组合框中选中【对象随文字移动】复选框，然后单击 确定 按钮即可。

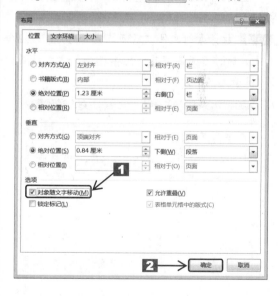

怎么变都不怕——图片的自动更新

在文档的编辑过程中，如果使用 Word 2013 提供的图片自动更新功能，那么当原始图片发生

改变时，文档中的图片将会自动更新。

1 将光标定位到文档中要插入图片的位置，切换到【插入】选项卡，然后单击【插图】组中的【图片】按钮。

2 弹出【插入图片】对话框，从中选择要插入的图片，然后单击 插入(S) 按钮右侧的下三角按钮，在弹出的下拉列表中选择【插入和链接】选项即可。

组合文档中的多个对象

在 Word 2013 中插入或绘制多个对象时，利用 Word 2013 提供的组合功能，用户可以将多个对象进行组合，实现图片、形状、文本框等对象的同时选中、同时修改和同时移动等操作。

组合多个对象的操作很简单，具体的操作步骤如下。

1 打开素材文件"教师节宣传.docx"，组合图片时，首先要将其"文字环绕"方式设置为"衬于文字下方"。

2 按下【Shift】键，同时选中要组合的对象，然后单击鼠标右键，在弹出的快捷菜单中选择【组合】▶【组合】菜单项。

3 返回 Word 文档中，选中的对象已组合到了一起，可以同时进行移动、修改等操作。

第5章

表格和图表应用
——制作销售报告

销售报告是对一定时期内的销售工作的总结、分析和研究，肯定成绩，分析问题，并提出解决方案。使用 Word 2013 提供的表格和图表功能，既可以清晰地显示各时间段的销售数据，还可以对销售数据进行分析，从而预测产品的销售走势，为企业管理和决策提供有效的数据参考。

关于本章知识，本书配套教学光盘中有相关的多媒体教学视频，请读者参见光盘中的【Word 2013 的高级应用\表格和图表应用】。

5.1 创建表格

在 Word 2013 文档中，用户不仅可以通过指定行和列的方式直接插入表格，还可以通过绘制表格功能自定义各种表格。

5.1.1 插入表格

在 Word 2013 文档中，用户可以使用【插入表格】对话框插入指定行和列的表格。

在文档中插入表格的具体操作步骤如下。

1 新建一个空白文档，切换到【插入】选项卡，单击【表格】组中的【表格】按钮，在弹出的下拉列表中选择【插入表格】选项。

2 弹出【插入表格】对话框，在【列数】和【行数】微调框中输入表格的行数和列数，然后选中【固定列宽】单选钮。

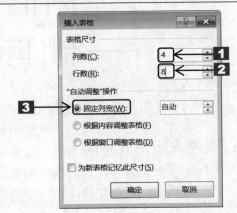

3 单击 确定 按钮，即可在 Word 文档中插入一个 4 列 8 行的表格。

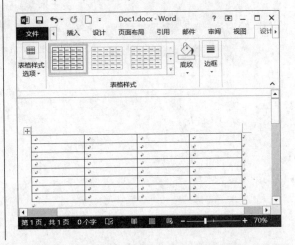

5.1.2 手动绘制表格

在 Word 2013 文档中，用户可以使用绘图笔手动绘制需要的表格。

手动绘制表格的具体操作步骤如下。

1 切换到【插入】选项卡，单击【表格】组中的【表格】按钮，在弹出的下拉列表中选择【绘制表格】选项。

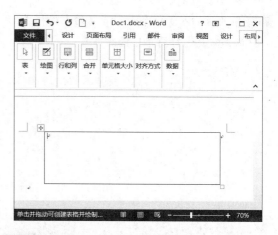

2 此时鼠标指针变成 ⬜ 形状，按住鼠标左键不放向右下角拖动即可绘制一个虚线框。

4 将鼠标指针移动到表格的边框内，然后按住鼠标左键并拖动鼠标指针依次绘制表格的行与列即可。

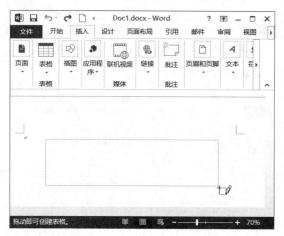

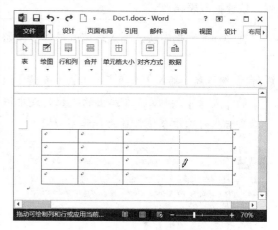

3 释放鼠标左键，此时就绘制出了表格的外边框。

5.1.3 使用内置样式

为了便于用户进行表格编辑，Word 2013 提供了一些简单的内置样式，如表格式列表、带副标题式列表、矩阵、日历等内置样式。

使用内置表格样式的具体步骤如下。

1 切换到【插入】选项卡，单击【表格】组中的【表格】按钮，在弹出的下拉列表中选择【快速表格】➤【带副标题 2】选项。

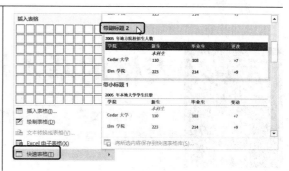

2 此时插入了一个带副标题的表格样式，用户根据需要进行简单地修改即可。

5.1.4　快速插入表格

在编辑文档的过程中，如果用户需要插入行数与列数比较少的表格，可以手动选择适当的行与列，快速插入表格。

在 Word 文档中快速插入表格的具体步骤如下。

1 切换到【插入】选项卡，单击【表格】组中的【表格】按钮，在弹出的下拉列表中拖动鼠标指针选中合适数量的行和列。

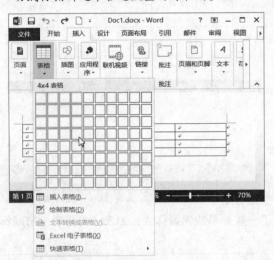

2 通过这种方式插入的表格会占满当前页面的全部宽度，用户可以通过修改表格属性设置表格的尺寸。

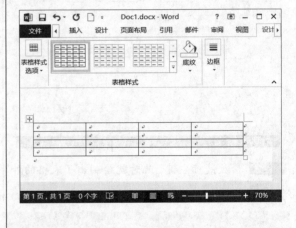

5.2　表格的基本操作

在 Word 文档中，表格的基本操作包括插入行和列，合并与拆分单元格，调整行高和列宽等。

5.2.1　插入行和列

在编辑表格的过程中，有的时候需要向其中插入行与列。

在表格中插入行和列的具体步骤如下。

1 插入行。选中与需要插入的行相邻的行，然后单击鼠标右键，在弹出的快捷菜单中选择【插入】➤【在下方插入行】菜单项。

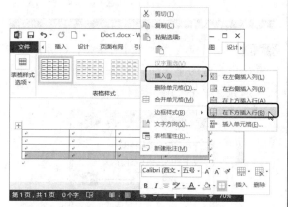

2 随即在选中行的下方插入了一个空白行。

3 插入列。选中与需要插入的列相邻的列，然后在【表格工具】栏中，切换到【布局】选项卡，单击【行和列】组中的 在右侧插入 按钮。

4 随即在选中列的右侧插入了一个空白列。

5 删除行。选中需要删除的整行，然后单击鼠标右键，在弹出的快捷菜单中选择【删除单元格】菜单项。

6 弹出【删除单元格】对话框，在对话框中选中【删除整行】单选钮，然后单击 确定 按钮。

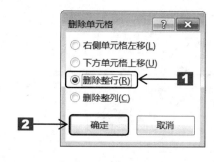

7 删除列。选中需要删除的整列,切换到【布局】选项卡,在【行和列】组中单击【删除】按钮,然后在弹出的下拉列表中选择【删除列】选项。

8 如果用户选中的不是整行或整列,此时,单击鼠标右键,在弹出的快捷菜单中选择【删除单元格】菜单项。

9 弹出【删除单元格】对话框,然后根据需要选中合适的单选钮,例如选中【删除整行】单选钮,单击 确定 按钮。

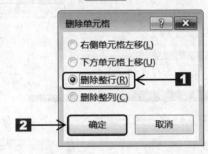

5.2.2 合并和拆分单元格

用户在编辑表格的过程中,经常需要将多个单元格合并成一个单元格,或者将一个单元格拆分成多个单元格,此时就用到了单元格的合并和拆分。

拆分和合并单元格的具体步骤如下。

1 选中要合并的单元格区域,然后单击鼠标右键,在弹出的快捷菜单中选择【合并单元格】菜单项。

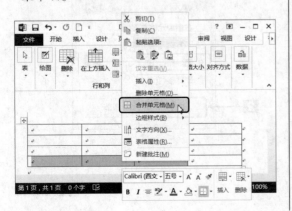

2 此时,选中的所有单元格合并成了一个单元格。

3 拆分单元格。将光标定位到要拆分的单元格中，然后在【表格工具】工具栏中切换到【布局】选项卡，单击【合并】组中的【拆分单元格】按钮。

4 弹出【拆分单元格】对话框，在【列数】微调框中输入"3"，在【行数】微调框中输入"1"。

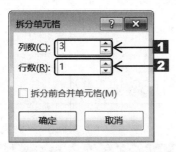

5 单击 确定 按钮，选中的单元格被拆分成了一行三列。

6 另外，用户还可以在选中的单元格上单击鼠标右键，在弹出的快捷菜单中选择【拆分单元格】菜单项，然后对单元格进行拆分。

5.2.3　调整行高和列宽

创建 Word 表格时，为了适应不同的表格内容，用户可以随时调整行高和列宽。用户既可以通过【表格属性】对话框调整行高和列宽，也可以利用"分隔线"手动调整。

调整行高和列宽的具体步骤如下。

1 调整行高。选中整个表格，然后单击鼠标右键，在弹出的快捷菜单中选择【表格属性】菜单项。

2 弹出【表格属性】对话框，切换到【行】选项卡，选中【指定高度】复选框，然后在其右侧的微调框中输入"1 厘米"。

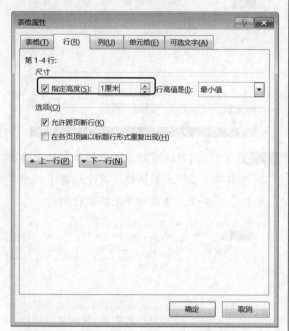

3 单击 确定 按钮，设置完毕，效果如下图所示。

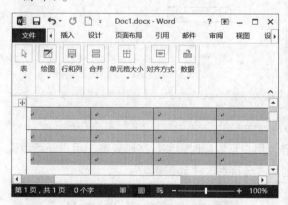

4 另外，用户还可以调整个别单元格的行高。将光标定位在要调整行高的单元格中，按下【Enter】键，通过增加单元格中的行数来调整单元格的行高即可。

5 调整列宽。将鼠标指针移动到需要调整列宽的分割线上，然后按住鼠标左键，此时鼠标指针变成 ┿ 形状，拖动分割线到合适的位置，释放鼠标左键即可。拖动的同时如果按住【Alt】键，则可以微调表格宽度。

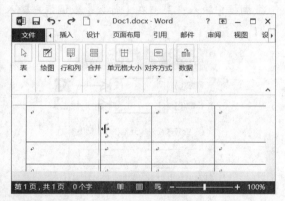

6 调整完毕，效果如下图所示。

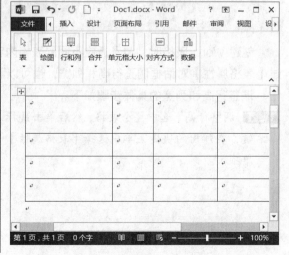

5.3 应用表格

为了使表格看起来更加美观，用户可以直接套用表格样式。另外，Word 2013 还提供了强大的数据计算功能，帮助用户轻松完成表格中的数据计算。

5.3.1 套用表格样式

在 Word 2013 文档中，为了便于用户快速创建表格，系统提供了多种漂亮的表格样式。用户可以根据需要直接套用表格样式。

本小节原始文件和最终效果所在位置如下。	
原始文件	原始文件\第 5 章\销售报告 01.docx
最终效果	最终效果\第 5 章\销售报告 02.docx

套用表格样式的具体操作步骤如下。

1 打开本实例的原始文件，选中整个表格，切换到【设计】选项卡，单击【表格样式】组中的【其他】按钮。

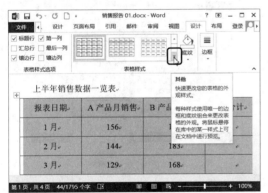

2 弹出【表格样式】列表框，然后选择【网格表 2-着色 2】选项。

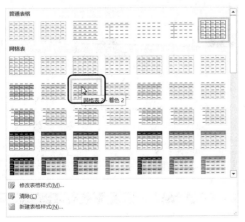

3 返回 Word 文档中，套用表格样式的效果如下图所示。

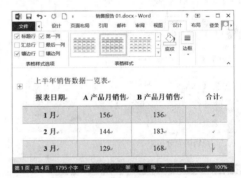

4 如果用户对表格样式不满意，切换到【设计】选项卡，在【表格样式选项】组中撤选除【镶边行】和【镶边列】之外的复选框。

5 设计完毕，效果如下图所示。

报表日期	A 产品月销售	B 产品月销售	合计
1 月	156	136	
2 月	144	183	
3 月	129	168	
4 月	115	124	
5 月	202	190	
6 月	184	162	
合计			

5.3.2　表格数据计算

在 Word 2013 文档中，用户可以借助 Word 2013 提供的数学公式运算功能对表格中的数据进行数学运算，包括加、减、乘、除，以及求和、求平均值等常见运算。

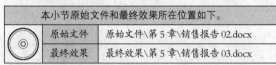

	本小节原始文件和最终效果所在位置如下。	
	原始文件	原始文件\第 5 章\销售报告 02.docx
	最终效果	最终效果\第 5 章\销售报告 03.docx

表格数据计算的具体操作步骤如下。

1 打开本实例的原始文件，在插入的表格中，将光标定位在需显示计算"竖向合计"的单元格中。切换到【布局】选项卡，单击【数据】组中的【公式】按钮。

2 弹出【公式】对话框，在【公式】文本框中自动显示求和公式"=SUM(ABOVE)"，表示计算当前单元格上方所有单元格的数据之和。

3 单击 确定 按钮，返回单元格中，计算结果显示如图所示。

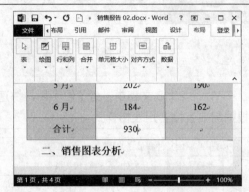

4 选中用公式创建完成的数字，然后单击鼠标右键，在弹出的快捷菜单中选择【复制】菜单项。

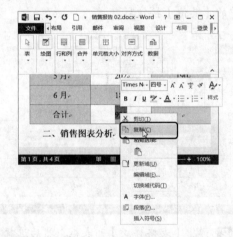

5 按下【Ctrl】+【V】组合键，将公式粘贴到其他的单元格中。

6 使用同样的方法，将光标定位在需显示计算"横向合计"的单元格中。切换到【布局】选项卡，单击【数据】组中的 *fx* 按钮。

7 弹出【公式】对话框，在【公式】文本框中自动显示求和公式"=SUM(ABOVE)"，表示计算当前单元格左侧所有单元格的数据之和。

8 单击 确定 按钮，返回单元格中，计算结果显示如下图所示。

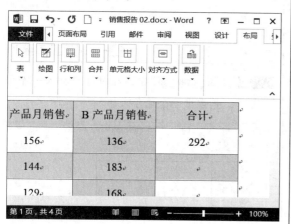

9 选中用公式创建完成的数字，然后单击鼠标右键，在弹出的快捷菜单中选择【复制】菜单项。按下【Ctrl】+【V】组合键，将公式粘贴到其他的单元格中。

报表日期	A 产品月销售	B 产品月销售	合计
1 月	156	136	292
2 月	144	183	292
3 月	129	168	292
4 月	115	124	292
5 月	202	190	292
6 月	184	162	292
合计	930	930	930

10 按下【Ctrl】+【A】组合键，选中整篇文档，然后单击鼠标右键，在弹出的快捷菜单中选择【更新域】菜单项。

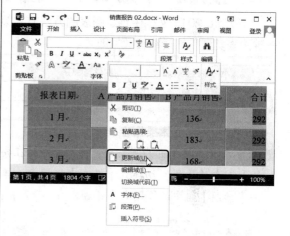

11 此时，"横向合计"和"纵向合计"就计算出来了，计算结果如下图所示。

报表日期	A 产品月销售	B 产品月销售	合计
1 月	156	136	292
2 月	144	183	327
3 月	129	168	297
4 月	115	124	239
5 月	202	190	392
6 月	184	162	346
合计	930	963	1893

12 如果用户要进行其他计算，例如求平均值、计数，可以在【公式】对话框中的【粘贴函数】下拉列表框中选择合适的函数，然后分别使用左侧（LEFT）、右侧（RIGHT）、上面（ABOVE）和下面（BELOW）等参数进行函数设置。

5.4 应用图表

Word 2013 自带多种样式的图表，如柱形图、折线图、饼图、条形图、面积图和散点图等。

5.4.1 创建图表

在 Word 2013 文档中创建图表的方法非常简单，因为系统自带了很多图表类型，用户只需选择一种图表类型，然后编辑数据即可。

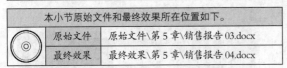

本小节原始文件和最终效果所在位置如下。	
原始文件	原始文件\第 5 章\销售报告 03.docx
最终效果	最终效果\第 5 章\销售报告 04.docx

创建图表的具体操作步骤如下。

1 打开本实例的原始文件，将光标定位在要插入图表的位置，切换到【插入】选项卡，单击【插图】组中的【图表】按钮 。

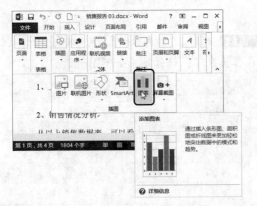

2 弹出【插入图表】对话框，从右侧窗格中选择【折线图】选项。

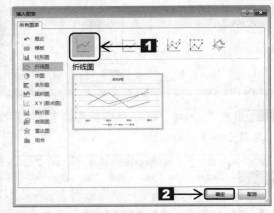

3 单击 确定 按钮，此时即可插入一个折线图，并弹出一个电子表格。

	A	B	C	D	E	F
1		系列 1	系列 2	系列 3		
2	类别 1	4.3	2.4	2		
3	类别 2	2.5	4.4	2		
4	类别 3	3.5	1.8	3		
5	类别 4	4.5	2.8	5		
6						
7						

4 将鼠标指针移动到表格右下角，按住鼠

标左键，将其调整为合适的行与列，然后删除多余的内容。

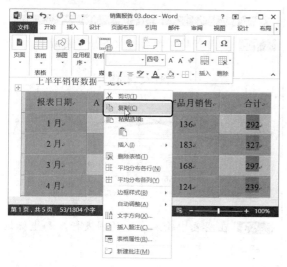

5 在 Word 文档中选中表格的基础数据，然后单击鼠标右键，在弹出的快捷菜单中选择【复制】菜单项。

6 在电子表格中，选中设置好的行与列，然后单击鼠标右键，在弹出的快捷菜单中选择【粘贴】➤【保留源格式】菜单项。

7 粘贴完毕，效果如下图所示。

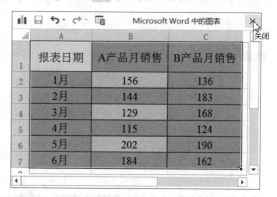

8 数据编辑完毕，在电子表格窗口中单击【关闭】按钮 × 即可。

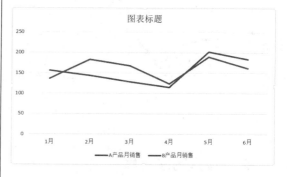

9 返回 Word 文档中，此时，即可在 Word 文档中插入一个折线图。

5.4.2 美化图表

创建了图表后，为了使创建的图表看起来更加美观，用户可以对图表的大小和位置、图表布局、坐标轴、图表区域、绘图区等项目进行格式设置。

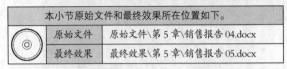

本小节原始文件和最终效果所在位置如下。	
原始文件	原始文件\第 5 章\销售报告 04.docx
最终效果	最终效果\第 5 章\销售报告 05.docx

1. 调整图表大小

调整图表大小的具体操作步骤如下。

1 打开本实例的原始文件，选中图表，将鼠标移动到表格右下角，按住鼠标左键，此时，鼠标指针变成╋形状，拖动鼠标指针将其调整到合适的大小。

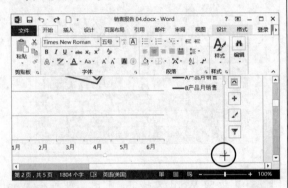

2 调整完毕，效果如下图所示。

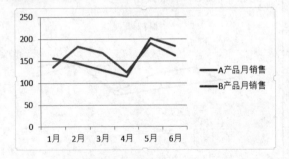

2. 设置图表布局

设置图表布局的具体操作步骤如下。

1 选中图表，在【图表工具】工具栏中，切换到【设计】选项卡，在【图表布局】组中单击 快速布局 按钮，然后在弹出的下拉列表中选择【布局 5】选项。

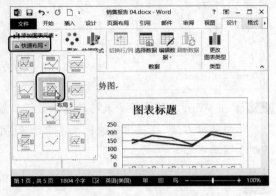

2 应用布局样式后的效果如下图所示。

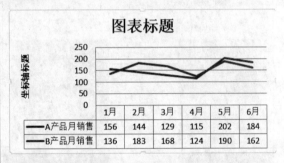

3 在图表中输入合适的图表标题和坐标轴标题。

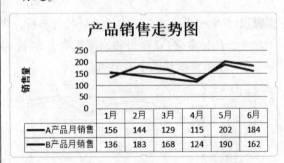

3. 设置坐标轴标题

设置坐标轴标题的具体操作步骤如下。

1 选中纵向坐标轴标题，然后单击鼠标右键，在弹出的快捷菜单中选择【设置坐标轴标题格式】菜单项。

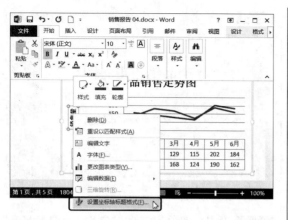

2 弹出【设置坐标轴标题格式】窗格，单击【对齐方式】按钮，切换到【对齐方式】选项卡，在【文字方向】下拉列表框中选择【竖排】选项。

3 设置完毕，单击✖按钮，返回 Word 文档，然后设置坐标轴标题的字体格式，设置效果如下图所示。

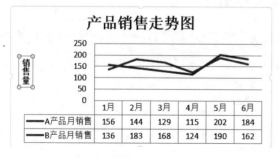

4. 美化图表区域

美化图表区域的具体操作步骤如下。

1 选中图表区域，然后单击鼠标右键，在弹出的快捷菜单中选择【设置图表区域格式】菜单项。

2 弹出【设置图表区格式】窗格，切换到【填充】选项卡，选中【渐变填充】单选钮，然后在【预设颜色】下拉列表框中选择【顶部聚光灯-着色3】选项。

3 设置完毕，单击✖按钮，效果如下图所示。

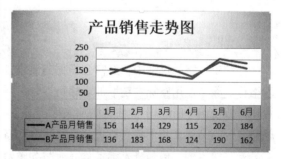

5. 美化绘图区

美化绘图区的具体操作步骤如下。

1 选中绘图区，然后单击鼠标右键，在弹出的快捷菜单中选择【设置绘图区格式】菜单项。

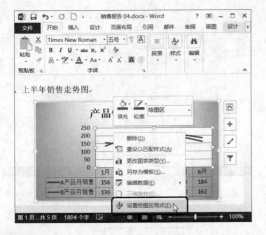

2 弹出【设置绘图区格式】窗格，切换到【填充】选项卡，选中【渐变填充】单选钮，然后在【预设颜色】下拉列表框中选择【顶部聚光灯-着色3】选项。

3 设置完毕，单击 ✕ 按钮，图表的最终效果如下图所示。

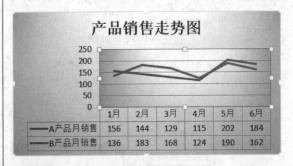

4 此时，用户即可根据产品"销售数据表"和"产品销售走势图"分析产品的销售情况和解决方案。

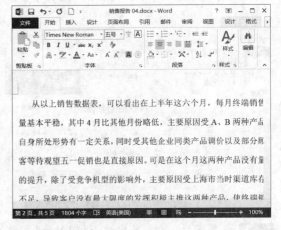

从以上销售数据表，可以看出在上半年这六个月，每月终端销售量基本平稳，其中4月比其他月份略低，主要原因受A、B两种产品自身所处形势有一定关系，同时受其他企业同类产品调价以及部分厂客等待观望五一促销也是直接原因。可是在这个月这两种产品没有量的提升，除了受竞争机型的影响外，主要原因是上海市当时渠道库存不足，导致客户没有最大限度的发挥积极主推这两种产品，传终端销

高手过招

巧用【Enter】键——增加表格行

在编辑表格的过程中，经常会根据需要增加表格行。除了使用鼠标右键增加表格行以外，用户还可以使用【Enter】键快速增加表格行。

1 在Word文档中将光标定位在要增加一行的表格的右侧，例如将光标定位在表格的最后一行的右侧。

2 按下【Enter】键，随即在该行的下方增加了新的一行。

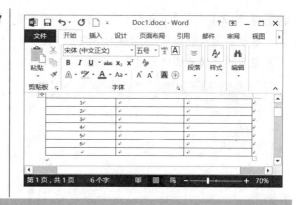

一个变俩——表格拆分

在 Word 2013 文档中，用户可以根据实际需要将一个表格拆分成多个表格。不过表格只能从行拆分，不能从列拆分。

1 打开 Word 2013 文档窗口，将光标定位在要拆分的分界行中的任意单元格中，切换到【布局】选项卡，在【合并】组中单击【拆分表格】按钮。

2 返回 Word 文档中，此时，之前的表格就以光标所在的单元格的上边线为界，拆分成了两个表格。

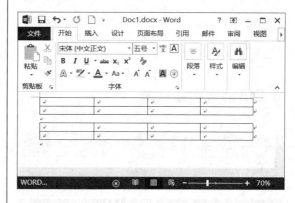

文档中的表格计算——公式也好用

在 Word 2013 文档中，用户可以借助 Word 2013 提供的数学公式运算功能对表格中的数据进行数学运算，包括加、减、乘、除，以及求和、求平均值等常见运算。

1 打开本实例的素材文件"员工培训成绩统计表.docx"，将光标定位在需显示计算结果的单元格中。切换到【布局】选项卡，单击【数据】组中的【公式】按钮。

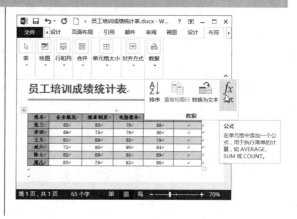

2 弹出【公式】对话框，在【公式】文本框中自动显示求和公式 "=SUM(LEFT)"，表示计算当前单元格左侧所有单元格的数据之和。

3 单击 确定 按钮，返回单元格中，计算结果显示如下图所示。

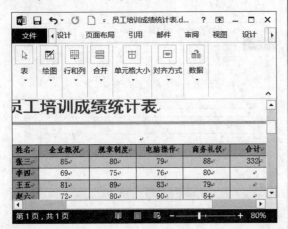

4 选中用公式创建完成的数字，然后单击鼠标右键，在弹出的快捷菜单中选择【复制】菜单项。按下【Ctrl】+【V】组合键，将公式粘贴在其他的单元格中。

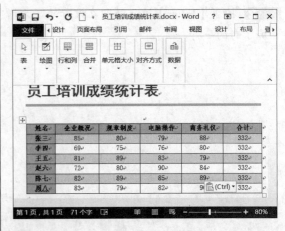

5 按下【Ctrl】+【A】组合键，选中整篇文档，然后单击鼠标右键，在弹出的快捷菜单中选择【更新域】菜单项。

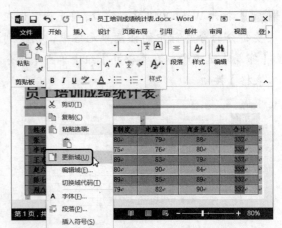

6 更新后的 "合计" 值即为每行对应的 4 项得分合计值。

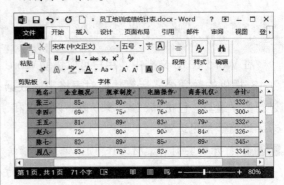

第6章

高级排版
——制作创业计划书

创业计划书是企业叩响投资者大门的"敲门砖",是创业计划形成的书面摘要。本章介绍如何使用 Word 2013 自带的样式与格式功能制作企业创业计划书,并在文档中插入目录、页眉和页脚、题注、脚注和尾注等。

光盘链接

关于本章知识,本书配套教学光盘中有相关的多媒体教学视频,请读者参见光盘中的【Word 2013 的高级应用\高级排版】。

6.1 使用样式

"样式"是指一组已经命名的字符和段落格式。在编辑文档的过程中，正确设置和使用样式可以极大地提高工作效率。

6.1.1 套用系统内置样式

Word 2013 自带了一个样式库，用户既可以套用内置样式设置文档格式，也可以根据需要更改样式。

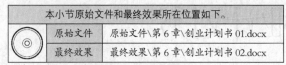

本小节原始文件和最终效果所在位置如下。	
原始文件	原始文件\第 6 章\创业计划书 01.docx
最终效果	最终效果\第 6 章\创业计划书 02.docx

1. 使用【样式】库

Word 2013 系统提供了一个【样式】库，用户可以使用里面的样式设置文档格式。具体的操作步骤如下。

1 打开本实例的原始文件，选中要使用样式的"一级标题文本"，切换到【开始】选项卡，单击【样式】组中的【样式】按钮。

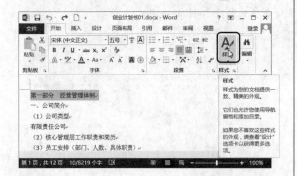

2 弹出【样式】下拉库，从中选择合适的样式，例如选择【标题 1】选项。

3 返回 Word 文档中，一级标题的设置效果如下图所示。

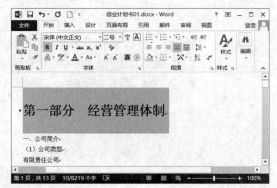

4 使用同样的方法，选中要使用样式的"二级标题文本"，在弹出的【样式】下拉库中选择【标题 2】选项。

5 返回 Word 文档中，二级标题的设置效果如下图所示。

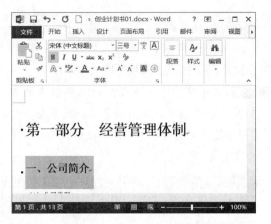

2. 利用【样式】窗格

除了利用【样式】下拉库之外，用户还可以利用【样式】窗格应用内置样式。具体的操作步骤如下。

1 选中要使用样式的"三级标题文本"，切换到【开始】选项卡，单击【样式】组右下角的【对话框启动器】按钮 。

2 弹出【样式】窗格，然后单击右下角的【选项】按钮。

3 弹出【样式窗格选项】对话框，在【选择要显示的样式】下拉列表框中选择【所有样式】选项。

4 单击 确定 按钮，返回【样式】窗格，然后在【样式】列表框中选择【标题3】选项。

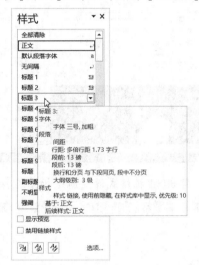

5 单击 × 按钮，返回 Word 文档中，三级标题的设置效果如下图所示。使用同样的方法，用户可以设置其他标题格式。

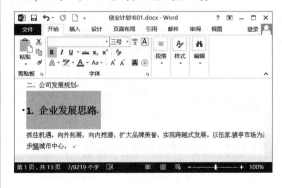

6.1.2 自定义样式

除了直接使用样式库中的样式外，用户还可以自定义新的样式或者修改原有样式。

本小节原始文件和最终效果所在位置如下。	
原始文件	原始文件\第 6 章\创业计划书 02.docx
最终效果	最终效果\第 6 章\创业计划书 03.docx

1. 新建样式

在 Word 2013 的空白文档窗口中，用户可以新建一种全新的样式。例如新的文本样式、新的表格样式或者新的列表样式等。新建样式的具体步骤如下。

1 打开本实例的原始文件，选中要应用新建样式的图片，然后在【样式】窗格中单击【新建样式】按钮。

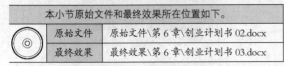

2 弹出【根据格式设置创建新样式】对话框。

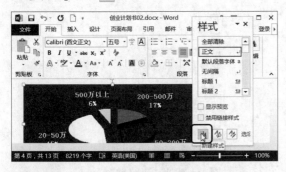

3 在【名称】文本框中输入新样式的名称"图"，在【后续段落样式】下拉列表框中选择【图】选项，然后在【格式】组合框中单击【居中】按钮。

4 单击【格式(O)】按钮，在弹出的下拉列表中选择【段落】选项。

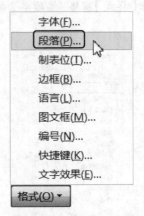

5 弹出【段落】对话框，在【行距】下拉列表框中选择【最小值】选项，在【设置值】微调框中输入"12 磅"，然后分别在【段前】和【段后】微调框中输入"0.5 行"。

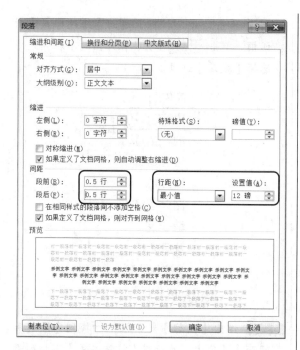

6 单击 确定 按钮，返回【根据格式设置创建新样式】对话框。系统默认选中了【添加到样式库】复选框，所有样式都显示在了样式面板中。

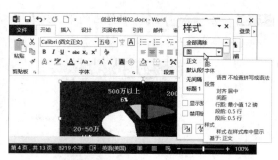

2. 修改样式

无论是 Word 2013 的内置样式，还是 Word 2013 的自定义样式，用户随时都可以对其进行修改。在 Word 2013 中修改样式的具体步骤如下。

1 将光标定位到正文文本中，在【样式】任务窗格中的【样式】列表中选择【正文】选项，然后单击鼠标右键，在弹出的快捷菜单中选择【修改】菜单项。

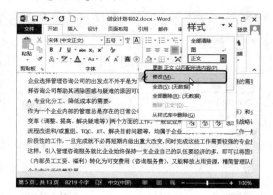

7 单击 确定 按钮，返回 Word 文档中，此时新建样式"图"显示在了【样式】任务窗格中，选中的图片自动应用了该样式。

2 弹出【修改样式】对话框，正文文本的具体样式如下图所示。

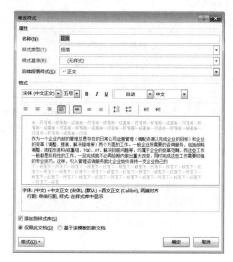

3 单击 格式(O)▼ 按钮，在弹出的下拉列表中选择【字体】选项。

4 弹出【字体】对话框，切换到【字体】选项卡，在【中文字体】下拉列表框中选择【方正宋—简体】选项，在【字号】列表框中选择【小四】选项。

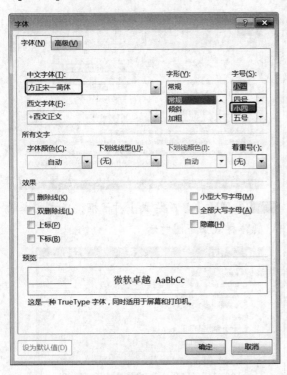

5 单击 确定 按钮，返回【修改样式】对话框。单击 格式(O)▼ 按钮，在弹出的下拉列表中选择【段落】选项。

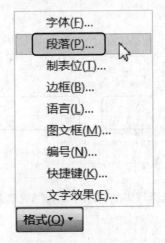

6 弹出【段落】对话框，切换到【缩进和间距】选项卡，然后在【特殊格式】下拉列表框中选择【首行缩进】选项，在【磅值】微调框中输入"2 字符"。

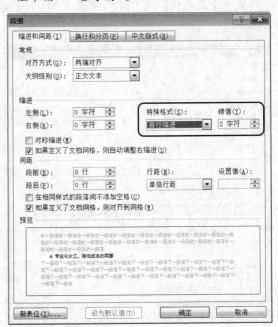

7 单击 确定 按钮，返回【修改样式】对话框，修改完成后的所有样式都显示在了样式面板中。

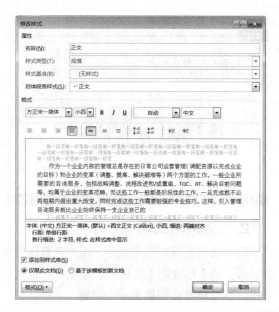

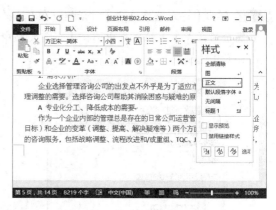

8 单击 [确定] 按钮，返回 Word 文档中，此时文档中正文格式的文本以及基于正文格式的文本都自动应用了新的正文样式。

9 将鼠标指针移动到【样式】窗格中的【正文】选项上，此时即可查看正文的样式。使用同样的方法修改其他样式即可。

提示

"基于正文格式"的文本，是指以"正文格式"为基础，而进一步设定样式的文本或段落。

6.1.3 刷新样式

样式设置完成后，接下来就可以刷新样式了。刷新样式的方法主要有以下两种。

本小节原始文件和最终效果所在位置如下。	
原始文件	原始文件\第6章\创业计划书 03.docx
最终效果	最终效果\第6章\创业计划书 04.docx

1. 使用鼠标

使用鼠标左键可以在【样式】任务窗格中快速刷新样式。

1 打开本实例的原始文件，切换到【开始】选项卡，单击【样式】组右下角的【对话框启动器】按钮，弹出【样式】窗格，然后单击右下角的【选项】按钮。

2 弹出【样式窗格选项】对话框，在【选择要显示的样式】下拉列表中选择【当前文档中的样式】选项。

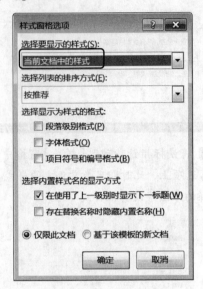

3 单击 确定 按钮，返回【样式】任务窗格，此时【样式】窗格中只显示当前文档中用到的样式，便于用户刷新格式。

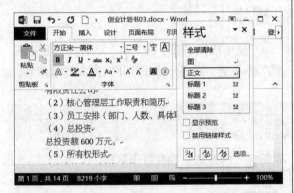

4 按下【Ctrl】键，同时选中所有要刷新的一级标题的文本，然后在【样式】列表框中选择【标题1】选项，此时所有选中的一级标题的文本都应用了该样式。

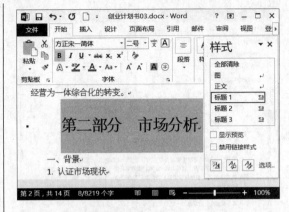

2. 使用格式刷

除了使用鼠标刷新格式外，用户还可以使用剪贴板上的【格式刷】按钮 ，复制一个位置的样式，然后将其应用到另一个位置。

1 在 Word 文档中，选中已经应用了"标题2"样式的二级标题文本，然后切换到【开始】选项卡，单击【剪贴板】组中的【格式刷】按钮 ，此时格式刷呈高亮显示，说明已经复制了选中文本的样式。

2 将鼠标指针移动到文档的编辑区域，此时鼠标指针变成 形状。

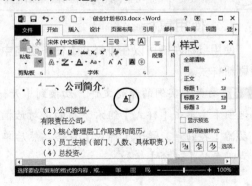

3 滑动鼠标滚轮或拖动文档中的垂直滚动条，将鼠标指针移动到要刷新样式的文本段落上，然后单击鼠标左键，此时该文本段落就自动应用了格式刷复制的"标题 2"样式。

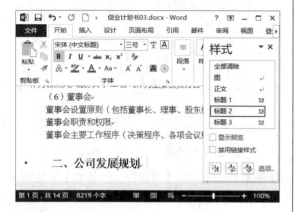

4 如果用户要将多个文本段落刷新成同一样式，则要先选中已经应用了"标题 2"样式的二级标题文本，然后双击【剪贴板】组中的【格式刷】按钮。

5 此时格式刷呈高亮显示，说明已经复制了选中文本的样式，然后依次在想要刷新该样式的文本段落中单击鼠标左键，随即选中的文本段落都会自动应用格式刷复制的"标题 2"样式。

6 该样式刷新完毕，单击【剪贴板】组中的【格式刷】按钮，退出复制状态。使用同样的方式，用户可以刷新其他样式。

6.2 插入并编辑目录

文档创建完成后，为了便于阅读，用户可以为文档添加一个目录。使用目录可以使文档的结构更加清晰，便于阅读者对整个文档进行定位。

6.2.1 插入目录

生成目录之前，先要根据文本的标题样式设置大纲级别，大纲级别设置完毕即可在文档中插入自动目录。

	本小节原始文件和最终效果所在位置如下。
原始文件	原始文件\第 6 章\创业计划书 04.docx
最终效果	最终效果\第 6 章\创业计划书 05.docx

1. 设置大纲级别

Word 2013 是使用层次结构来组织文档的，大纲级别就是段落所处层次的级别编号。Word 2013 提供的内置标题样式中的大纲级别都是默认设置的，用户可以直接生成目录。当然用户也可以自定义大纲级别，例如分别将标题 1、标题 2 和标题 3 设置成 1 级、2 级和 3 级。设置大纲级别的具体步骤如下。

1 打开本实例的原始文件，将光标定位在一级标题的文本上，切换到【开始】选项卡，单击【样式】组右下角的【对话框启动器】按钮 ⬗，弹出【样式】窗格，在【样式】列表框中选择【标题 1】选项，然后单击鼠标右键，在弹出的快捷菜单中选择【修改】菜单项。

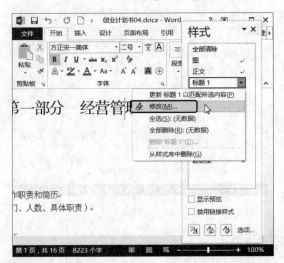

2 弹出【修改样式】对话框，单击 格式(O) 按钮，在弹出的下拉列表中选择【段落】选项。

3 弹出【段落】对话框，切换到【缩进和间距】选项卡，然后在【大纲级别】下拉列表框中选择【1 级】选项。

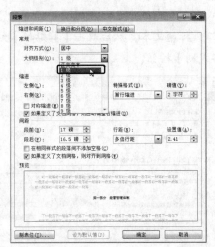

4 单击 确定 按钮，返回【修改样式】对话框，再次单击 确定 按钮，返回 Word 文档，设置效果如下图所示。

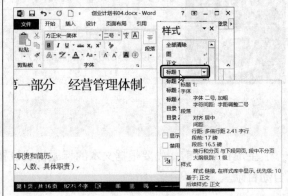

5 使用同样的方法，将"标题2"的大纲级别设置为"2级"。

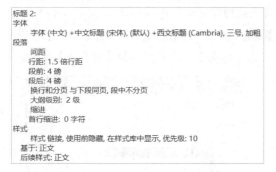

6 使用同样的方法，将"标题3"的大纲级别设置为"3级"。

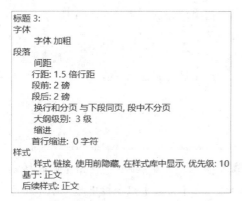

2. 生成目录

大纲级别设置完毕，接下来就可以生成目录了。生成自动目录的具体步骤如下。

1 将光标定位到文档中第一行的行首，切换到【引用】选项卡，单击【目录】组中的【目录】按钮。

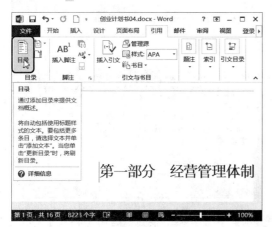

2 弹出【内置】下拉列表，从中选择合适的目录选项即可，例如选择【自动目录1】选项。

3 返回 Word 文档中，在光标所在位置自动生成了一个目录，效果如下图所示。

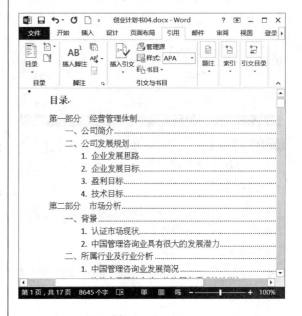

6.2.2　修改目录

如果用户对插入的目录不是很满意，可以修改目录或自定义个性化的目录。

	本小节原始文件和最终效果所在位置如下。
原始文件	原始文件\第 6 章\创业计划书 05.docx
最终效果	最终效果\第 6 章\创业计划书 06.docx

修改目录的具体步骤如下。

1 打开本实例的原始文件，切换到【引用】选项卡，单击【目录】组中的【目录】按钮，在弹出的下拉列表中选择【自定义目录】选项。

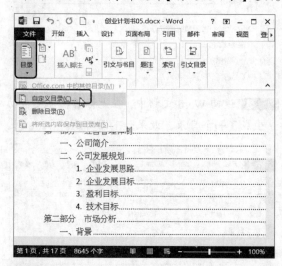

2 弹出【目录】对话框，在【格式】下拉列表中选择【来自模板】选项，在【显示级别】微调框中输入"3"。

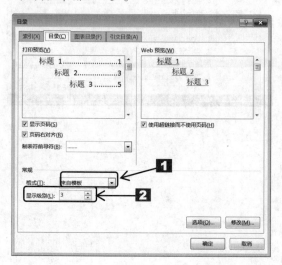

3 单击 修改(M)... 按钮，弹出【样式】对话框，在【样式】列表框中选择【目录 1】选项。

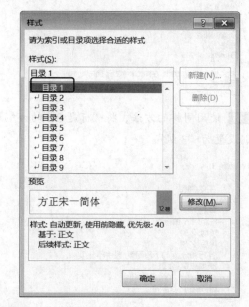

4 单击 修改(M)... 按钮，弹出【修改样式】对话框，在【格式】组合框中的【字体颜色】下拉列表框中选择【紫色】选项，然后单击【加粗】按钮 B。

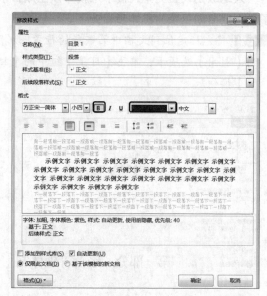

5 单击 确定 按钮，返回【样式】对话框，"目录 1"的预览效果如下图所示。

6 单击 确定 按钮，返回【目录】对话框。

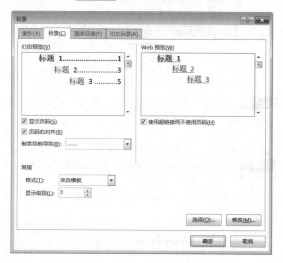

7 单击 确定 按钮，弹出【Microsoft Word】对话框，提示用户"是否替换所选目录"。

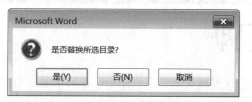

8 单击 是(Y) 按钮，返回 Word 文档中，效果如下图所示。

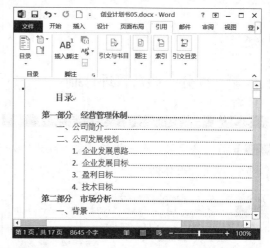

9 另外，用户还可以直接在生成的目录中对目录的字体格式和段落格式进行设置，设置完毕，效果如下图所示。

6.2.3 更新目录

在编辑或修改文档的过程中，如果文档内容或格式发生了变化，则需要更新目录。

本小节原始文件和最终效果所在位置如下。	
原始文件	原始文件\第6章\创业计划书06.docx
最终效果	最终效果\第6章\创业计划书07.docx

更新目录的具体步骤如下。

1 打开本实例的原始文件，文档中第一个一级标题文本为"第一部分 经营管理体制"。

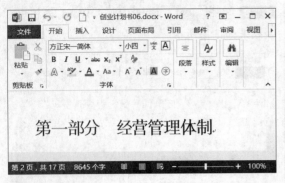

2 将文档中第一个一级标题文本改为"第一部分 公司管理体制"。

3 切换到【引用】选项卡，单击【目录】组中的【更新目录】按钮。

4 弹出【更新目录】对话框，然后选中【更新整个目录】单选钮。

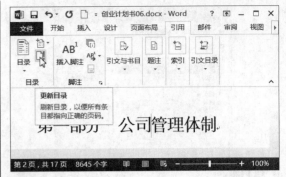

5 单击 确定 按钮，返回 Word 文档中，效果如下图所示。

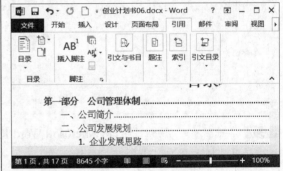

6.3 插入页眉和页脚

Word 2013 文档的页眉或页脚不仅支持文本内容，还可以在其中插入图片，例如在页眉或页脚中插入公司的 LOGO、单位的徽标、个人的标识等图片。

6.3.1 插入分隔符

当文本或图形等内容填满一页时，Word 文档会自动插入一个分页符并开始新的一页。另外，用户还可以根据需要进行强制分页或分节。

本小节原始文件和最终效果所在位置如下。

原始文件	原始文件\第 6 章\创业计划书 07.docx
最终效果	最终效果\第 6 章\创业计划书 08.docx

1. 插入分节符

"分节符"是指为表示节的结尾插入的标记。分节符起着分隔其前面文本格式的作用，如果删除了某个分节符，它前面的文字会合并到后面的节中，并且采用后者的格式设置。在 Word 文档中插入分节符的具体步骤如下。

1 打开本实例的原始文件，将文档拖动到第 2 页，将光标定位在一级标题"第一部分 公司管理体制"的行首。切换到【页面布局】选项卡，单击【页面设置】组中的【插入分页符和分节符】按钮，在弹出的下拉列表中选择【下一页】选项。

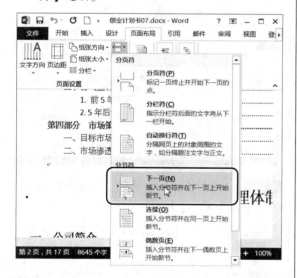

2 此时在文档中插入了一个分节符，光标之后的文本自动切换到了下一页。如果看不到分节符，切换到【开始】选项卡，在【段落】组中单击【显示/隐藏编辑标记】按钮即可。

2. 插入分页符

"分页符"是一种符号，显示在上一页结束以及下一页开始的位置。在 Word 文档中插入分页符的具体步骤如下。

1 将文档拖动到第 13 页，将光标定位在一级标题"第三部分 公司运作"的行首。切换到【页面布局】选项卡，单击【页面设置】组中的【插入分页符和分节符】按钮，在弹出的下拉列表中选择【分页符】选项。

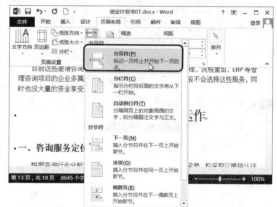

2 此时在文档中插入了一个分页符，光标之后的文本自动切换到了下一页。使用同样的方法，在所有的二级标题前分页即可。

3 将文档拖动到首页，选中文档目录，然后单击鼠标右键，在弹出的快捷菜单中选择【更新域】菜单项。

4 弹出【更新目录】对话框，然后选中【只更新页码】单选钮，单击 确定 按钮即可更新目录页码。

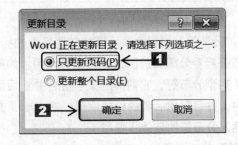

6.3.2 插入页眉和页脚

页眉和页脚常用于显示文档的附加信息，既可以插入文本，也可以插入示意图。

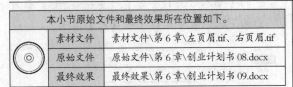

本小节原始文件和最终效果所在位置如下。	
素材文件	素材文件\第6章\左页眉.tif、右页眉.tif
原始文件	原始文件\第6章\创业计划书08.docx
最终效果	最终效果\第6章\创业计划书09.docx

在 Word 2013 文档中可以快速插入设置好的页眉和页脚图片，具体的操作步骤如下。

1 打开本实例的原始文件，在第2节中的第1页的页眉或页脚处双击鼠标左键，此时页眉和页脚处于编辑状态。

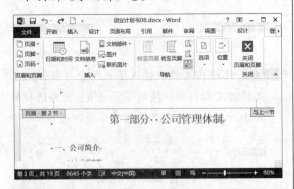

2 在【页眉和页脚工具】工具栏中，切换到【设计】选项卡，在【选项】组中选中【奇偶页不同】复选框，然后在【导航】组中单击【链接到前一条页眉】按钮。

3 切换到【插入】选项卡，在【插图】组中单击【图片】按钮。

4 弹出【插入图片】对话框，从中选择合适的图片，例如选择素材图片"左页眉.tif"。

5 单击 插入(S) 按钮，此时图片插入到了文档中。选中该图片，然后单击鼠标右键，从弹出的快捷菜单中选择【大小和位置】菜单项。

6 弹出【布局】对话框，切换到【大小】选项卡，选中【锁定纵横比】和【相对原始图片大小】复选框，然后在【高度】组合框中的【绝对值】微调框中输入"26 厘米"，在【宽度】组合框中的【绝对值】微调框中输入"19.98 厘米"。

7 切换到【文字环绕】选项卡，在【环绕方式】组合框中选择【衬于文字下方】选项。

8 切换到【位置】选项卡，在【水平】组合框中选中【对齐方式】单选钮，在其右侧的下拉列表框中选择【居中】选项，然后在【相对于】下拉列表框中选择【页面】选项；在【垂直】组合框中选中【对齐方式】单选钮，在其右侧的下拉列表框中选择【居中】选项，然后在【相对于】下拉列表框中选择【页面】选项。

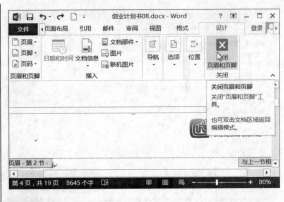

9 单击 确定 按钮，返回 Word 文档中，然后将其移动到合适的位置即可。

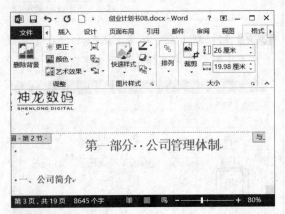

10 使用同样的方法为第 2 节中的偶数页插入页眉和页脚，同样在【选项】组中单击【链接到前一条页眉】按钮。

11 设置完毕，在【页眉和页脚工具】工具栏中切换到【设计】选项卡，在【关闭】组中单击【关闭页眉和页脚】按钮 即可。

12 第 2 节奇数页页眉和页脚的最终效果如下图所示。

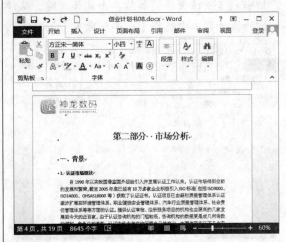

13 第 2 节偶数页页眉和页脚的最终效果如下图所示。

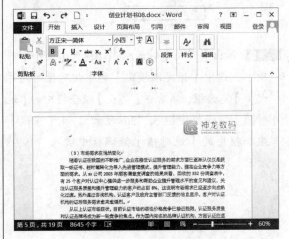

6.3.3　插入页码

为了使 Word 文档便于浏览和打印，用户可以在页脚处插入并编辑页码。

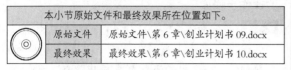

本小节原始文件和最终效果所在位置如下。	
原始文件	原始文件\第 6 章\创业计划书 09.docx
最终效果	最终效果\第 6 章\创业计划书 10.docx

1.　从首页开始插入页码

默认情况下，Word 2013 文档都是从首页开始插入页码的，接下来为目录部分设置罗马数字样式的页码，具体的操作步骤如下。

1 打开本实例的原始文件，将光标定位在首页，切换到【插入】选项卡，单击【页眉和页脚】组中的【页码】按钮，在弹出的下拉列表中选择【设置页码格式】选项。

2 弹出【页码格式】对话框，在【编号格式】下拉列表框中选择【Ⅰ,Ⅱ,Ⅲ…】选项，然后单击 确定 按钮即可。

3 因为设置页眉、页脚时选中了【奇偶页不同】选项，所以此处的奇偶页页码也要分别进行设置。将光标定位在第 1 节中的奇数页中，单击【页眉和页脚】组中的【页码】按钮，在弹出的下拉列表中选择【页面底端】➤【普通数字 2】选项。

4 此时页眉和页脚处于编辑状态，并在第 1 节中的奇数页底部插入了罗马数字样式的页码。

5 将光标定位在第 1 节中的偶数页页脚中，切换到【插入】选项卡，在【页眉和页脚】组中单击【页码】按钮，在弹出的下拉列表中选择【页面底端】➤【普通数字 2】选项。

6 此时在第1节中的偶数页底部插入了罗马数字样式的页码。设置完毕，在【关闭】组中单击【关闭页眉和页脚】按钮 即可。

7 另外，用户还可以对插入的页码进行字体格式设置，设置完毕，第1节中页码的最终效果如下图所示。

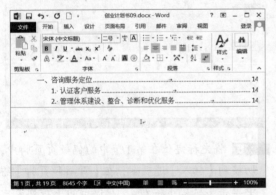

2. 从第 N 页开始插入页码

在 Word 2013 文档中除了可以从首页开始插

入页码以外，还可以使用"分节符"功能从指定的第 N 页开始插入页码。接下来从正文（第 3 页）开始插入普通阿拉伯数字样式的页码，具体的操作步骤如下。

1 将光标定位在第 2 节，切换到【插入】选项卡，单击【页眉和页脚】组中的【页码】按钮 ，在弹出的下拉列表框中选择【设置页码格式】选项。弹出【页码格式】对话框，在【编号格式】下拉列表中选择【1,2,3…】选项，在【页码编号】组合框中选中【起始页码】单选钮，并在右侧的微调框中输入"3"，然后在单击 确定 按钮即可。

2 将光标定位在第 2 节中的奇数页页脚中，单击【页眉和页脚】组中的【页码】按钮 ，在弹出的下拉列表中选择【页面底端】▶【普通数字 2】选项。

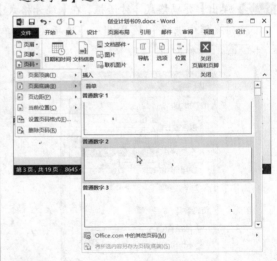

3 此时页眉和页脚处于编辑状态，并在第 2 节中的奇数页底部插入了阿拉伯数字样式的页码。

4 将光标定位在第2节中的偶数页脚中，在【页眉和页脚工具】工具栏中，切换到【插入】选项卡，在【页眉和页脚】组中单击【页码】按钮，在弹出的下拉列表中选择【页面底端】➤【普通数字2】选项。

5 此时，在第2节中的偶数页底部插入了阿拉伯数字样式的页码。设置完毕，在【关闭】组中单击【关闭页眉和页脚】按钮即可。

6 另外，用户还可以对插入的页码进行字体格式设置，设置完毕，第2节中的页眉和页脚以及页码的最终效果如下图所示。

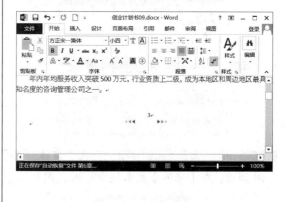

6.4 插入题注、脚注和尾注

在编辑文档的过程中，为了使读者便于阅读和理解文档内容，经常在文档中插入题注、脚注或尾注，用于对文档中的对象进行解释说明。

6.4.1 插入题注

在插入的图形或表格中添加题注，不仅可以满足排版需要，而且便于读者阅读。

本小节原始文件和最终效果所在位置如下。	
原始文件	原始文件\第6章\创业计划书10.docx
最终效果	最终效果\第6章\创业计划书11.docx

插入题注的具体步骤如下。

1 打开本实例的原始文件，选中准备插入题注的图片，切换到【引用】选项卡，单击【题注】组中的【插入题注】按钮。

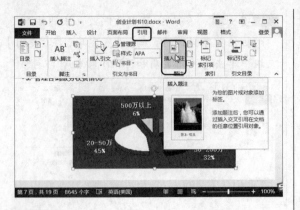

2 弹出【题注】对话框，在【题注】文本框中自动显示"Figure 1"，在【标签】下拉列表框中选择【Figure】选项，在【位置】下拉列表框中自动选择【所选项目下方】选项。

3 单击 新建标签(N)... 按钮，弹出【新建标签】对话框，在【标签】文本框中输入"图"。

4 单击 确定 按钮，返回【题注】对话框，此时在【题注】文本框中自动显示"图 1"，在【标签】下拉列表框中自动选择【图】选项，在【位置】下拉列表框中自动选择【所选项目下方】选项。

5 单击 确定 按钮返回 Word 文档，此时在选中图片的下方自动显示题注"图 1"。

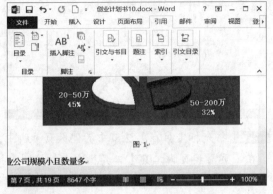

6 选中下一张图片，然后单击鼠标右键，在弹出的快捷菜单中选择【插入题注】菜单项。

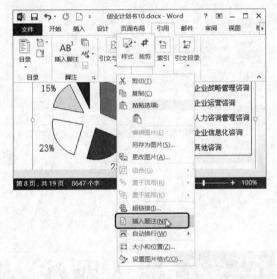

7 弹出【题注】对话框，此时在【题注】文本框中自动显示"图 2"，在【标签】下拉列表框中自动选择【图】选项，在【位置】下拉列表框中自动选择【所选项目下方】选项。

8 单击 <u>确定</u> 按钮，返回 Word 文档，此时在选中图片的下方自动显示题注"图 2"。

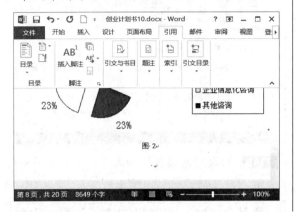

9 使用同样的方法为其他图片添加题注即可。

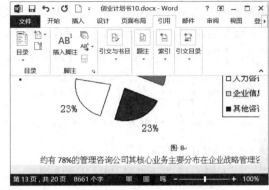

6.4.2 插入脚注和尾注

除了插入题注以外，用户还可以在文档中插入脚注和尾注，对文档中某个内容进行解释、说明或提供参考资料等对象。

本小节原始文件和最终效果所在位置如下。	
原始文件	原始文件\第 6 章\创业计划书 11.docx
最终效果	最终效果\第 6 章\创业计划书 12.docx

1. 插入脚注

插入脚注的具体步骤如下。

1 打开本实例的原始文件，选中要设置段落格式的段落，将光标定位在准备插入脚注的位置，切换到【引用】选项卡，单击【脚注】组中的【插入脚注】按钮。

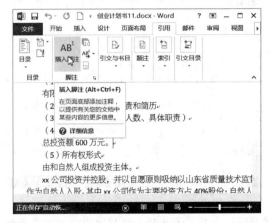

2 此时，在文档的底部出现一个脚注分隔符，在分隔符下方输入脚注内容即可。

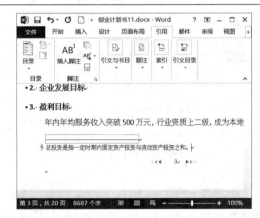

3 将光标移动到插入脚注的标识上，可以查看脚注内容。

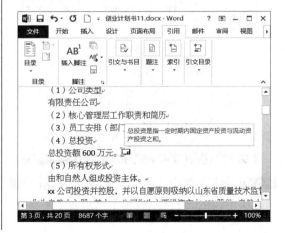

2. 插入尾注

插入尾注的具体步骤如下。

1 打开本实例的原始文件，将光标定位在准备插入尾注的位置，切换到【引用】选项卡，单击【脚注】组中的【插入尾注】按钮。

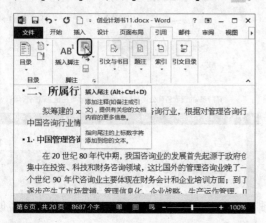

2 此时，在文档的结尾出现一个尾注分隔符，在分隔符下方输入尾注内容即可。

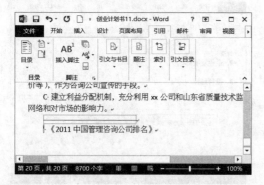

3 将光标移动到插入尾注的标识上，可以查看尾注内容。

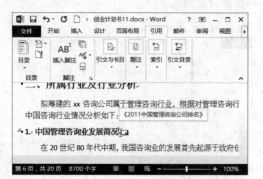

4 如果要删除尾注分隔符，则切换到【视图】选项卡，单击【文档视图】组中的【草稿】按钮 草稿 。

5 切换到草稿视图模式下，效果如下图所示。

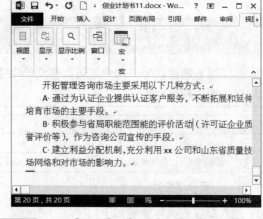

6 按下【Ctrl】+【Alt】+【D】组合键，在文档的下方弹出【尾注】编辑栏，然后在【尾注】下拉列表框中选择【尾注分隔符】选项。

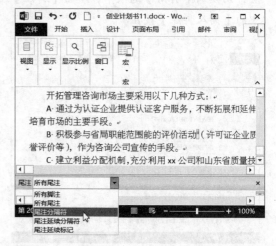

7 此时在【尾注】编辑栏出现了一条直线。

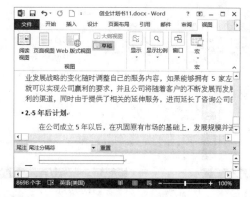

档视图】组中的【页面视图】按钮，切换到【页面视图】模式下，效果如下图所示。

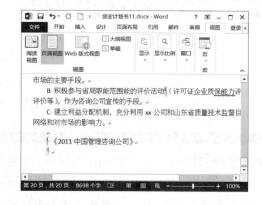

8 选中该直线，按下【Backspace】键即可将其删除。然后切换到【视图】选项卡，单击【文

6.5 设计文档封面

在 Word 2013 文档中，通过插入图片和文本框，用户可以快速地设计文档封面。

6.5.1 自定义封面底图

设计文档封面底图时，用户既可以直接使用系统内置封面，也可以自定义底图。

本小节原始文件和最终效果所在位置如下。	
素材文件	素材文件\第 6 章\封面.tif
原始文件	原始文件\第 6 章\创业计划书 12.docx
最终效果	最终效果\第 6 章\创业计划书 13.docx

在 Word 文档中自定义封面底图的具体步骤如下。

1 打开本实例的原始文件，切换到【插入】选项卡，在【页面】组中单击【封面】按钮。

2 在弹出的【内置】下拉列表中选择【边线型】选项。

3 此时，文档中插入了一个"边线型"的文档封面。

4 使用【Backspace】键删除原有的文本框和形状，得到一个封面的空白页。切换到【插入】选项卡，在【插图】组中单击【图片】按钮。

7 弹出【布局】对话框，切换到【大小】选项卡，撤选【锁定纵横比】复选框，然后在【高度】组合框中的【绝对值】微调框中输入"26 厘米"，在【宽度】组合框中的【绝对值】文本框中输入"20 厘米"。

5 弹出【插入图片】对话框，从中选择要插入的图片素材文件"封面.tif"。

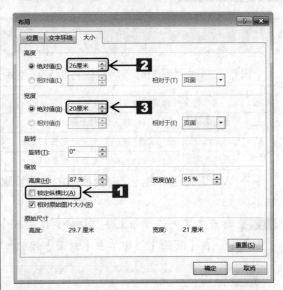

6 单击 插入(S) 按钮，返回 Word 文档中，此时，文档中插入了一个封面底图。选中该图片，然后单击鼠标右键，在弹出的快捷菜单中选择【大小和位置】菜单项。

8 切换到【文字环绕】选项卡，在【环绕方式】组合框中选择【衬于文字下方】选项。

9 切换到【位置】选项卡，在【水平】组合框中选中【对齐方式】单选钮，在其右侧的下拉列表框中选择【居中】选项，然后在【相对于】下拉列表框中选择【页面】选项；在【垂直】组合框中选中【对齐方式】单选钮，在其右侧的下拉列表框中选择【居中】选项，然后在【相对于】下拉列表框中选择【页面】选项。

10 单击 确定 按钮，返回 Word 文档中，设置效果如下图所示。

11 使用同样的方法在 Word 文档中插入一个公司 LOGO，将其设置为"浮于文字上方"，然后设置其大小和位置，设置完毕，效果如下图所示。

6.5.2 设计封面文字

在编辑 Word 文档中经常会使用文本框设计封面文字。

本小节原始文件和最终效果所在位置如下。	
原始文件	原始文件\第 6 章\创业计划书 13.docx
最终效果	最终效果\第 6 章\创业计划书 14.docx

在 Word 文档中使用文本框设计封面文字的具体步骤如下。

1 打开本实例的原始文件，切换到【插入】选项卡，单击【文本】组中的【文本框】按钮，在弹出的【内置】列表框中选择【简单文本框】选项。

2 此时，文档中插入了一个简单文本框，在文本框中输入公司名称"神龙数码科技有限公司"。

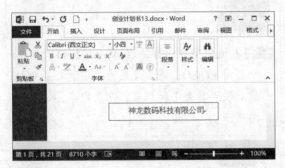

3 选中该文本，切换到【开始】选项卡，在【字体】组中的【字体】下拉列表框中选择【华文中宋】选项，在【字号】下拉列表框中选择【初号】选项，然后单击【加粗】按钮 **B**。

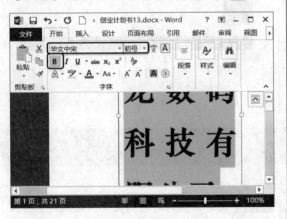

4 单击【字体颜色】按钮 **A** 右侧的下三角按钮 ，在弹出的下拉列表中选择【其他颜色】选项。

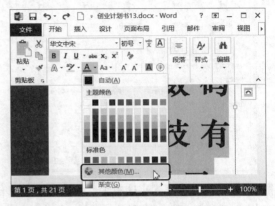

5 弹出【颜色】对话框，切换到【自定义】选项卡，在【颜色模式】下拉列表框中选择【RGB】选项，然后在【红色】微调框中输入"30"，在【绿色】微调框中输入"60"，在【蓝色】微调框中输入"138"。

6 单击 确定 按钮，返回 Word 文档中，设置效果如下图所示。

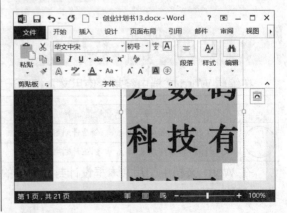

7 选中该文本框，然后将鼠标指针移动到文本框的右下角，此时鼠标指针变成 形状，按住鼠标左键不放，拖动鼠标指针将其调整到合适的大小，释放左键即可。

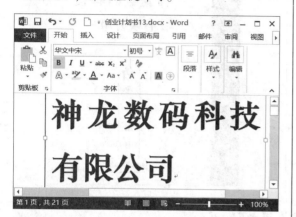

8 将光标定位在文本"有"之前，然后按下空格键，调整文本"有限公司"的位置，调整后的效果如下图所示。

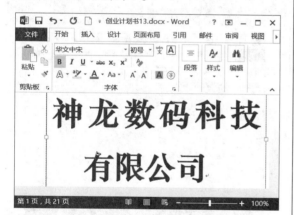

9 选中该文本框，在【绘图工具】工具栏中，切换到【格式】选项卡，在【形状样式】组中单击 形状轮廓 按钮，在弹出的下拉列表中选择【无轮廓】选项。

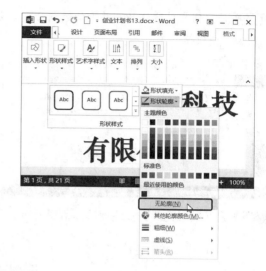

10 使用同样的方法插入并设计一个机密印鉴，效果如下图所示。

11 使用同样的方法插入并设计文档标题"创业计划书"，效果如下图所示。

12 使用同样的方法插入并设计编制日期，效果如下图所示。

13 封面设置完毕，最终效果如右图所示。

高手过招

使用制表符精确排版

对 Word 文档进行排版时，要对不连续的文本列进行整齐排列。除了使用表格外，还可以使用制表符进行快速定位和精确排版。

1 打开 Word 文档，切换到【视图】选项卡，在【显示】组中选中【标尺】复选框。

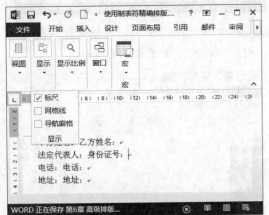

2 将鼠标指针移动到水平标尺上，按住鼠标左键不放，左右移动确定制表符的位置。

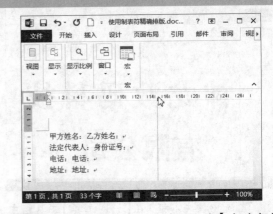

3 释放鼠标左键后，会出现一个【左对齐式制表符】符号"└"。

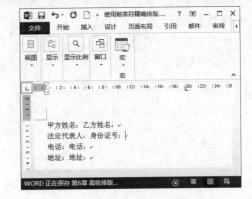

4 将光标定位到文本"乙方"之前，然后按下【Tab】键，此时，光标之后的文本自动与制表符对齐。

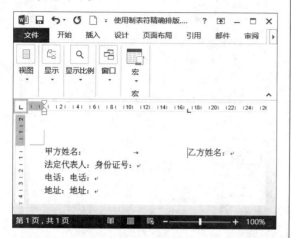

5 使用同样的方法，用制表符定位其他文本，效果如下图所示。

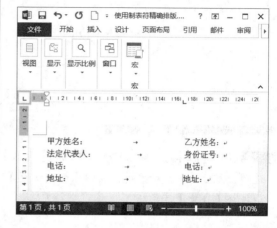

教你删除页眉中的横线

默认情况下，在 Word 文档中插入页眉后会自动在页眉下方添加一条横线。如果用户要删除这条横线，可以采用如下几种方法。

1. 使用【边框】按钮

1 在 Word 文档中的页眉或页脚处双击鼠标左键，使页眉进入可编辑状态。

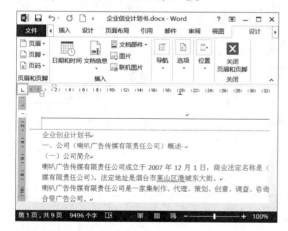

2 选中页眉中的光标（若有文本，则选中页眉中的文本），切换到【开始】选项卡，单击【段落】组中的【边框】按钮的下三角

按钮，在弹出的下拉列表中选择【无框线】选项即可。

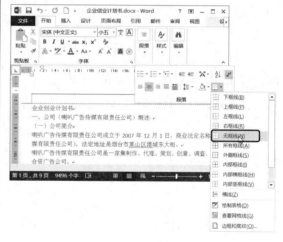

2. 使用【样式】任务窗格

1 在页眉的可编辑状态下，切换到【开始】选项卡，在【样式】组中单击右下角的【对话框启动器】按钮。

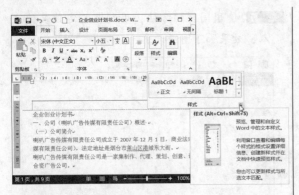

2 弹出【样式】任务窗格，从中选择【页眉】选项，然后单击鼠标右键，在弹出的快捷菜单中选择【修改】菜单项。

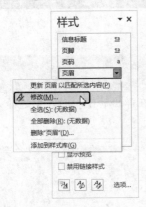

3 弹出【修改样式】对话框，单击 格式(O)▼ 按钮，在弹出的下拉列表中选择【边框】选项。

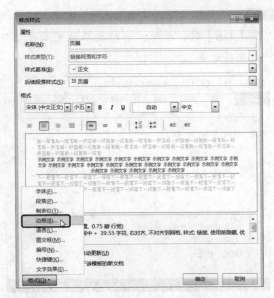

4 弹出【边框和底纹】对话框，切换到【边框】选项卡，在【设置】组合框中选择【无】选项，然后单击 确定 按钮即可。

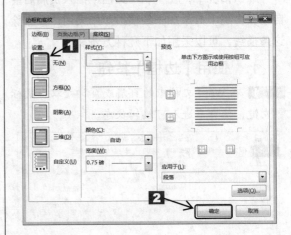

第2篇

Excel 办公应用

Excel 2013 是微软公司推出的一款集电子表格制作、数据处理与分析等功能于一体的软件，目前已广泛地应用于各行各业。本篇主要介绍 Excel 2013 基础入门、编辑和美化工作表、管理数据、Excel 的高级制图、公式与函数的应用等内容。

第 7 章　Excel 2013 基础入门——制作员工信息明细

第 8 章　编辑和美化工作表——制作办公用品领用明细

第 9 章　管理数据——制作车辆使用明细

第 10 章　让图表说话——Excel 的高级制图

第 11 章　数据计算——公式与函数的应用

第7章

Excel 2013 基础入门
——制作员工信息明细

员工信息明细是人力资源管理中的基础表格之一。好的员工信息明细，有利于实现员工基本信息的管理和更新，有利于实现员工工资的调整和发放，以及各类报表的绘制和输出。接下来以制作员工信息明细为例，介绍如何在 Excel 2013 中进行工作簿和工作表的基本操作。

关于本章知识，本书配套教学光盘中有相关的多媒体教学视频，请读者参见光盘中的【Excel 2013 的基本操作\基础入门】。

7.1 工作簿的基本操作

工作簿是 Excel 工作区中一个或多个工作表的集合。Excel 2013 对工作簿的基本操作包括新建、保存、打开、关闭、保护以及共享等。

7.1.1 新建工作簿

用户既可以新建一个空白工作簿，也可以创建一个基于模板的工作簿。

1. 新建空白工作簿

1 通常情况下，每次启动 Excel 2013 后，系统会默认新建一个名称为"工作簿1"的空白工作簿，其默认扩展名为".xlsx"。

2 单击 文件 按钮，在弹出的界面中选择【新建】选项，在右侧的【新建】列表框中选择【空白工作簿】选项即可。

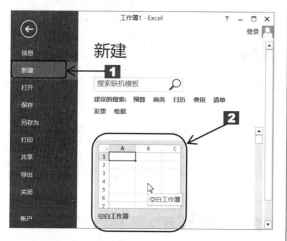

2. 创建基于模板的工作簿

创建基于模板的工作簿的具体步骤如下。

1 单击 文件 按钮，在弹出的界面中选择【新建】选项，用户可以根据需要在【新建】列表框中选择模板，例如选择【家庭每月预算规划】选项。

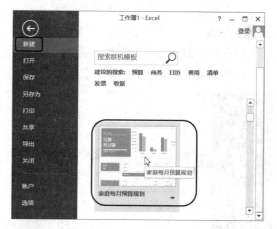

2 单击【创建】按钮，即可创建一个名为"家庭每月预算规划1"的工作簿。

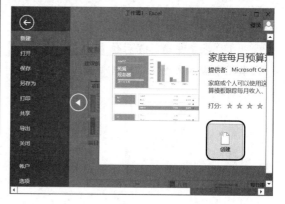

3 如果用户需要使用未安装的模板，可以在【搜索】文本框中输入需要的模板，例如"报表"，然后单击【搜索】按钮，根据需要在已搜索到的模板中选择所需模板，然后单击【创建】按钮即可。

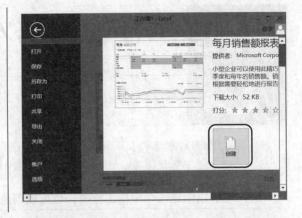

7.1.2 保存工作簿

创建或编辑工作簿后，用户可以将其保存起来，以供日后查阅。保存工作簿可以分为保存新建的工作簿、保存已有的工作簿和自动保存工作簿3种情况。

1. 保存新建的工作簿

保存新建的工作簿的具体步骤如下。

1 新建一个空白工作簿，单击 文件 按钮，在弹出的界面中选择【保存】选项，然后在右侧的界面中选择【计算机】▶【浏览】选项。

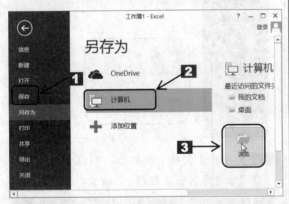

2 弹出【另存为】对话框，在左侧的【保存位置】列表框中选择保存位置，在【文件名】文本框中输入文件名"员工信息表.xlsx"。

3 设置完毕，单击 保存(S) 按钮即可。

2. 保存已有的工作簿

如果用户对已有的工作簿进行了编辑操作，也需要进行保存。对于已存在的工作簿，用户既可以将其保存在原来的位置，也可以将其保存在其他位置。

1 如果用户想将工作簿保存在原来的位置，方法很简单，直接单击【快速访问工具栏】中的【保存】按钮 🔲 即可。

2 如果用户想将工作簿保存到其他位置，可以单击 文件 按钮，在弹出的界面中选择【另存为】选项，然后在右侧的界面中选择【计算机】▶【浏览】选项。

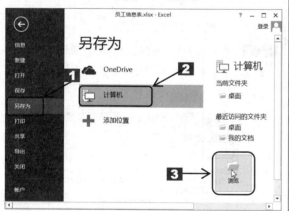

3 弹出【另存为】对话框，从中设置工作簿的保存位置和保存名称。例如，将工作簿的名称更改为"员工信息明细.xlsx"。

4 设置完毕，单击 保存(S) 按钮即可。

3. 自动保存

使用 Excel 2013 提供的自动保存功能，可以在断电或死机的情况下最大限度地减小损失。设置自动保存的具体步骤如下。

1 单击 文件 按钮，在弹出的界面中选择【选项】选项。

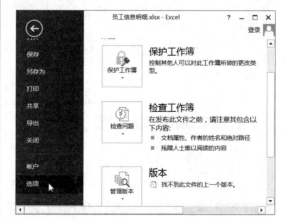

2 弹出【Excel 选项】对话框，切换到【保存】选项卡，在【保存工作簿】组合框中的【将文件保存为此格式】下拉列表框中选择【Excel工作簿(*.xlsx)】选项，然后选中【保存自动恢复信息时间间隔】复选框，并在其右侧的微调框中设置文档自动保存的时间间隔，这里将时间间隔值设置为"10 分钟"。设置完毕，单击 确定 按钮即可，以后系统就会每隔 10 分钟自动将该工作簿保存一次。

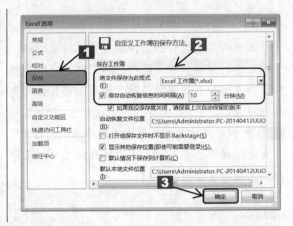

7.1.3 保护和共享工作簿

在日常办公中，为了保护公司机密，用户可以对相关的工作簿设置保护；为了实现数据共享，还可以设置共享工作簿。本小节设置的密码均为"123"。

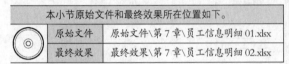

本小节原始文件和最终效果所在位置如下。		
	原始文件	原始文件\第 7 章\员工信息明细 01.xlsx
	最终效果	最终效果\第 7 章\员工信息明细 02.xlsx

1. 保护工作簿

用户既可以对工作簿的结构和窗口进行密码保护，也可以设置工作簿的打开和修改密码。

◎ 保护工作簿的结构和窗口

保护工作簿的结构和窗口的具体步骤如下。

1 打开本实例的原始文件，切换到【审阅】选项卡，单击【更改】组中的 保护工作簿 按钮。

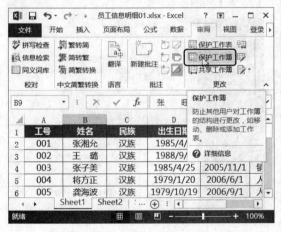

2 弹出【保护结构和窗口】对话框，选中【结构】复选框，然后在【密码】文本框中输入"123"。

3 单击 确定 按钮，弹出【确认密码】对话框，在【重新输入密码】文本框中输入"123"，然后单击 确定 按钮即可。

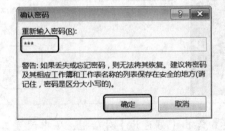

◎ 设置工作簿的打开和修改密码

为工作簿设置打开和修改密码的具体步骤如下。

1 单击 文件 按钮，在弹出的界面中选择【另存为】选项，然后在右侧的界面中选择【计算机】➤【浏览】选项。

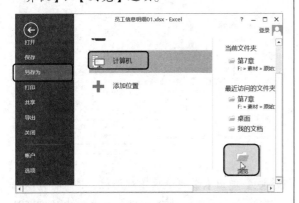

2 弹出【另存为】对话框，从中选择合适的保存位置，然后单击 工具(L) 按钮，在弹出的下拉列表中选择【常规选项】选项。

3 弹出【常规选项】对话框，在【打开权限密码】和【修改权限密码】文本框中均输入"123"，然后选中【建议只读】复选框。

4 单击 确定 按钮，弹出【确认密码】对话框，在【重新输入密码】文本框中输入"123"。

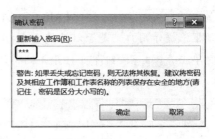

5 单击 确定 按钮，弹出【确认密码】对话框，在【重新输入修改权限密码】文本框中输入"123"。

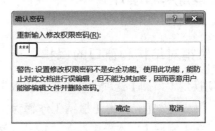

6 单击 确定 按钮，返回【另存为】对话框，然后单击 保存(S) 按钮，弹出【确认另存为】对话框，单击 是(Y) 按钮即可。

7 当用户再次打开该工作簿时，系统便会自动弹出【密码】对话框，要求用户输入打开文件所需的密码，这里在【密码】文本框中输入"123"。

8 单击 确定 按钮，弹出【密码】对话框，要求用户输入修改密码，这里在【密码】文本框中输入"123"。

9 单击 确定 按钮，弹出【Microsoft Excel】对话框，提示用户"是否以只读方式打开"，此时单击 否(N) 按钮即可打开并编辑该工作簿。

2. 撤销保护工作簿

如果用户不需要对工作簿进行保护，可以予以撤销。

○ 撤销对结构和窗口的保护

切换到【审阅】选项卡，单击【更改】组中的 保护工作簿 按钮，弹出【撤销工作簿保护】对话框，在【密码】文本框中输入"123"，然后单击 确定 按钮即可。

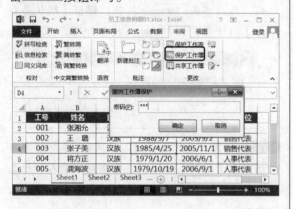

○ 撤销对整个工作簿的保护

撤销对整个工作簿的保护的具体步骤如下。

1 单击 文件 按钮，在弹出的界面中选择【另存为】选项，弹出【另存为】对话框，从中选择合适的保存位置，然后单击 工具(L) ▼ 按钮，在弹出的下拉列表中选择【常规选项】选项。

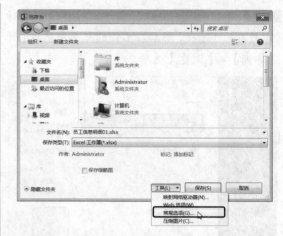

2 弹出【常规选项】对话框，将【打开权限密码】和【修改权限密码】文本框中的密码删除，然后撤选【建议只读】复选框。

3 单击 确定 按钮，返回【另存为】对话框，单击 保存(S) 按钮，弹出【确认另存为】对话框，单击 是(Y) 按钮。

3. 设置共享工作簿

当工作簿的信息量较大时，可以通过共享工作簿实现多个用户对信息的同步录入或编辑。

1 切换到【审阅】选项卡，单击【更改】组中的 共享工作簿 按钮。

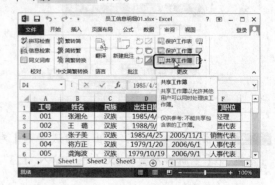

2 弹出【共享工作簿】对话框，切换到【编辑】选项卡，选中【允许多用户同时编辑，同时允许工作簿合并】复选框。

3 单击 确定 按钮，弹出【Microsoft Excel】对话框。

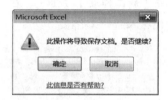

4 单击 确定 按钮，即可共享当前工作簿。

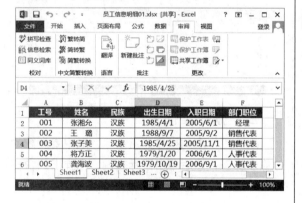

5 取消共享工作簿的方法也很简单，按照前面介绍的方法，打开【共享工作簿】对话框，切换到【编辑】选项卡，撤选【允许多用户同时编辑，同时允许工作簿合并】复选框。

6 设置完毕，单击 确定 按钮，弹出【Microsoft Excel】对话框。

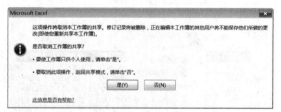

7 此时，单击 是(Y) 按钮即可取消工作簿的共享。

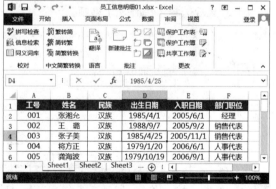

7.2 工作表的基本操作

工作表是 Excel 的基本单位，用户可以对其进行插入或删除、隐藏或显示、移动或复制、重命名、设置工作表标签颜色以及保护工作表等基本操作。

7.2.1 插入和删除工作表

工作表是工作簿的组成部分，默认每个新工作簿中包含 1 个工作表，为"Sheet1"。用户可以根据工作需要插入或删除工作表。

本小节原始文件和最终效果所在位置如下。	
原始文件	原始文件\第 7 章\员工信息明细 02.xlsx
最终效果	最终效果\第 7 章\员工信息明细 03.xlsx

1. 插入工作表

在工作簿中插入工作表的具体步骤如下。

1 打开本实例的原始文件，在工作表标签"Sheet1"上单击鼠标右键，然后从弹出的快捷菜单中选择【插入】菜单项。

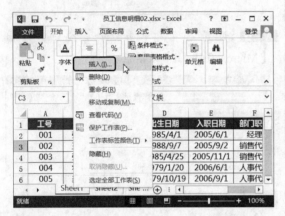

2 弹出【插入】对话框，切换到【常用】选项卡，然后选择【工作表】选项。

3 单击 确定 按钮，即可在工作表"Sheet1"的左侧插入一个新的工作表"Sheet4"。

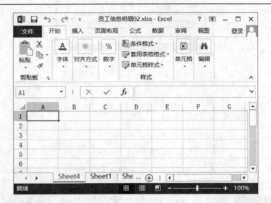

4 除此之外，用户还可以在工作表列表区的右侧单击【新工作表】按钮⊕，在工作表列表区的右侧插入新的工作表。

2. 删除工作表

删除工作表的操作非常简单，选中要删除的工作表标签，然后单击鼠标右键，在弹出的快捷菜单中选择【删除】菜单项即可。

7.2.2　隐藏和显示工作表

为了防止他人查看工作表中的数据，用户可以将工作表隐藏起来，当需要时再将其显示出来。

本小节原始文件和最终效果所在位置如下。		
原始文件	原始文件\第7章\员工信息明细03.xlsx	
最终效果	最终效果\第7章\员工信息明细04.xlsx	

1.　隐藏工作表

隐藏工作表的具体步骤如下。

1 打开本实例的原始文件，选中要隐藏的工作表标签"Sheet1"，然后单击鼠标右键，在弹出的快捷菜单中选择【隐藏】菜单项。

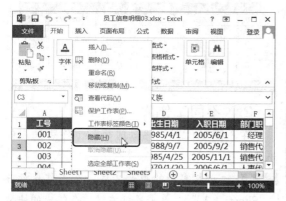

2 此时工作表"Sheet1"就被隐藏了起来。

2.　显示工作表

当用户想查看某个隐藏的工作表时，首先需要将它显示出来，具体的操作步骤如下。

1 在任意一个工作表标签上单击鼠标右键，在弹出的快捷菜单中选择【取消隐藏】菜单项。

2 弹出【取消隐藏】对话框，在【取消隐藏工作表】列表框中选择要显示的隐藏工作表"Sheet1"。

3 选择完毕，单击 确定 按钮，即可将隐藏的工作表"Sheet1"显示出来。

7.2.3 移动或复制工作表

移动或复制工作表是日常办公中常用的操作。用户既可以在同一工作簿中移动或复制工作表，也可以在不同工作簿中移动或复制工作表。

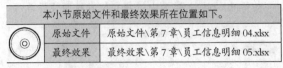

本小节原始文件和最终效果所在位置如下。	
原始文件	原始文件\第7章\员工信息明细 04.xlsx
最终效果	最终效果\第7章\员工信息明细 05.xlsx

1. 同一工作簿

在同一工作簿中移动或复制工作表的具体步骤如下。

1 打开本实例的原始文件，在工作表标签"Sheet1"上单击鼠标右键，在弹出的快捷菜单中选择【移动或复制】菜单项。

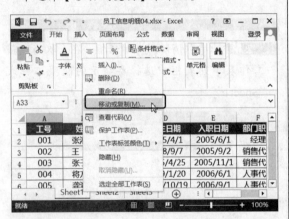

2 弹出【移动或复制工作表】对话框，在【将选定工作表移至工作簿】下拉列表中默认选择当前工作簿【员工信息明细 04.xlsx】选项，在【下列选定工作表之前】列表框中选择【移至最后】选项，然后选中【建立副本】复选框。

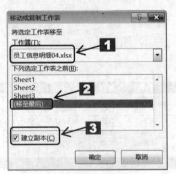

3 单击 确定 按钮，此时工作表"Sheet1"就被复制到了最后，并建立了副本"Sheet1（2）"。

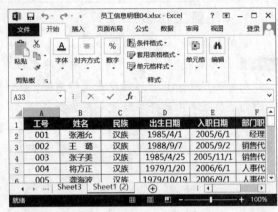

2. 不同工作簿

在不同工作簿中移动或复制工作表的具体步骤如下。

1 打开本实例的原始文件，在工作表标签"Sheet1（2）"上单击鼠标右键，在弹出的快捷菜单中选择【移动或复制】菜单项。

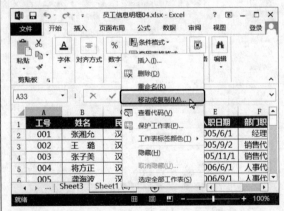

2 弹出【移动或复制工作表】对话框，在【将选定工作表移至工作簿】下拉列表框中选择【员工信息管理.xlsx】选项，然后在【下列选定工作表之前】列表框中选择【员工资料表】选项。

3 单击 **确定** 按钮，此时，工作簿"员工信息明细04"中的工作表"Sheet1（2）"就被移动到了工作簿"员工信息管理"中的工作表"员工资料表"之前。

7.2.4 重命名工作表

默认情况下，工作簿中的工作表名称为 Sheet1、Sheet2 等。在日常办公中，用户可以根据实际需要为工作表重新命名。

本小节原始文件和最终效果所在位置如下。		
原始文件	原始文件\第7章\员工信息明细05.xlsx	
最终效果	最终效果\第7章\员工信息明细06.xlsx	

为工作表重命名的具体步骤如下。

1 打开本实例的原始文件，在工作表标签"Sheet1"上单击鼠标右键，在弹出的快捷菜单中选择【重命名】菜单项。

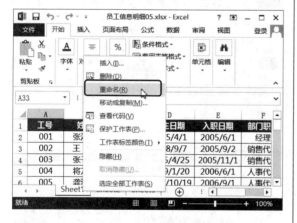

2 此时工作表标签"Sheet1"呈高亮显示，工作表名称处于可编辑状态。

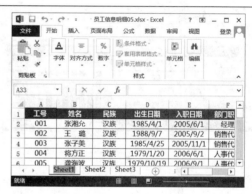

3 输入合适的工作表名称，然后按下【Enter】键，效果如下图所示。

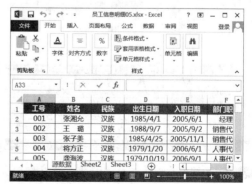

4 另外，用户还可以在工作表标签上双击鼠标左键，快速地为工作表重命名。

7.2.5 设置工作表标签颜色

当一个工作簿中有多个工作表时，为了提高观感效果，同时也为了方便对工作表的快速浏览，用户可以将工作表标签设置成不同的颜色。

本小节原始文件和最终效果所在位置如下。	
原始文件	原始文件\第 7 章\员工信息明细 06.xlsx
最终效果	最终效果\第 7 章\员工信息明细 07.xlsx

设置工作表标签颜色的具体步骤如下。

1 打开本实例的原始文件，在工作表标签"源数据"上单击鼠标右键，在弹出的快捷菜单中选择【工作表标签颜色】菜单项。在弹出的级联菜单中列出了各种标准颜色，从中选择自己喜欢的颜色即可，例如选择【红色】选项。

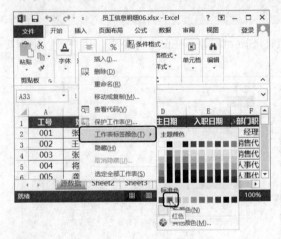

2 设置效果如下图所示。

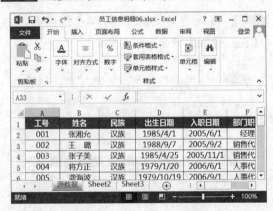

3 如果用户对【工作表标签颜色】级联菜单中的颜色不满意，还可以进行自定义操作。从【工作表标签颜色】级联菜单中选择【其他颜色】选项。

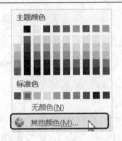

4 弹出【颜色】对话框，切换到【自定义】选项卡，从颜色面板中选择自己喜欢的颜色，设置完毕，单击 确定 按钮即可。

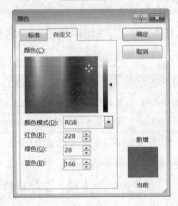

5 为各工作表设置标签颜色的最终效果如下图所示。

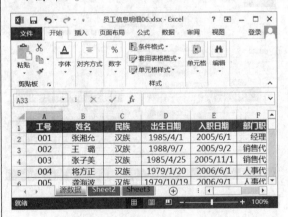

7.2.6 保护工作表

为了防止他人随意更改工作表，用户也可以为工作表设置保护。

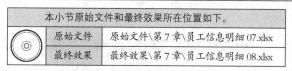

	原始文件	原始文件\第 7 章\员工信息明细 07.xlsx
	最终效果	最终效果\第 7 章\员工信息明细 08.xlsx

本小节原始文件和最终效果所在位置如下。

1. 保护工作表

保护工作表的具体操作步骤如下。

1 打开本实例的原始文件，在工作表"源数据"中，切换到【审阅】选项卡，单击【更改】组中的 保护工作表 按钮。

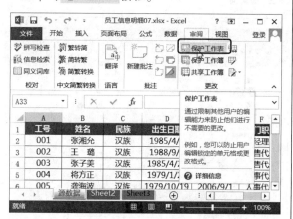

2 弹出【保护工作表】对话框，选中【保护工作表及锁定的单元格内容】复选框，在【取消工作表保护时使用的密码】文本框中输入"123"，然后在【允许此工作表的所有用户进行】列表框中选择【选定锁定单元格】和【选定未锁定的单元格】选项。

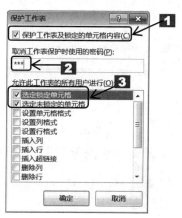

3 单击 确定 按钮，弹出【确认密码】对话框，在【重新输入密码】文本框中输入"123"。

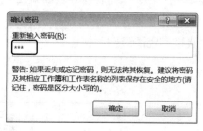

4 设置完毕，单击 确定 按钮即可。此时，如果要修改某个单元格中的内容，则会弹出【Microsoft Excel】对话框，直接单击 确定 按钮即可。

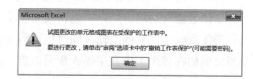

2. 撤销工作表的保护

撤销工作表的保护的具体步骤如下。

1 在工作表"源数据"中，切换到【审阅】选项卡，单击【更改】组中的 撤消工作表保护 按钮。

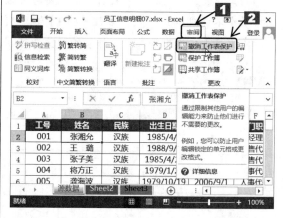

2 弹出【撤消工作表保护】对话框，在【密码】文本框中输入"123"。

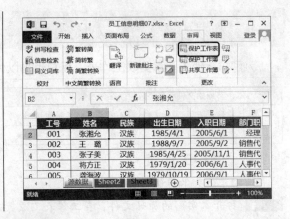

3 单击 确定 按钮即可撤销对工作表的保护，此时【更改】组中的撤消工作表保护 按钮则会变成保护工作表 按钮。

高手过招

不可不用的工作表组

Excel 2013 具有鲜为人知的快速编辑功能，利用"工作表组"功能，用户在编辑某一个工作表时，工作表组中的其他工作表同时也得到了相应编辑，例如在多个工作表中输入相同内容、设置相同格式、应用公式和函数等。

1 打开本实例的素材文件"商品销售日报表.xlsx"，切换到工作表"7月1日"，按下【Shift】键，然后单击工作表标签"7月3日"，随即选中了"7月1日"到"7月3日"3个相邻的工作表，组成了工作表组。如果要同时选中多个不相邻的工作表，按住【Ctrl】键，然后依次单击要选中的每个工作表的标签即可。

3 单击其中的任意一个工作表标签即可退出工作表组状态，此时，工作表"7月2日"和"7月3日"同时输入了与工作表"7月1日"中内容和格式相同的文本。

2 在工作表组状态下，切换到工作表"7月1日"，输入相应的文本，然后进行相应的格式设置，效果如下图所示。

4 在 3 个工作表中分别输入当日的销售数量。

5 使用之前介绍的方法，把 3 个工作表重新组成工作表组，切换到工作表"7月1日"，选中单元格 D4，输入公式"=B4*C4"，然后按下【Enter】键，并将该公式填充至本列的其他单元格中。

6 选中单元格 B8，切换到【开始】选项卡，在【编辑】组中单击 Σ 自动求和 按钮的下三角按钮，在弹出的下拉列表中选择【求和】选项。

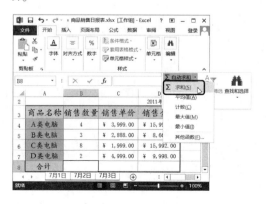

7 此时单元格 B8 中自动出现求和公式。

8 按下【Enter】键即可得到计算结果，使用同样的方法计算销售金额即可。

9 单击其中的任意一个工作表标签退出工作表组状态，此时，工作表"7月2日"和"7月3日"中同时应用了与工作表"7月1日"中相同的函数和公式。

回车键的粘贴功能

【Enter】键也有粘贴功能，当复制的区域还有闪动的虚线框标记时，选中其他的任意一个单元格，然后按下【Enter】键可以实现粘贴功能。使用【Enter】键粘贴文本时，只能粘贴一次，粘贴后闪动的虚线框标记自动消失。

1 选中要复制的单元格文本，然后按下【Ctrl】+【C】组合键，此时单元格的周围出现一个虚线框，表示该文本处于复制状态。

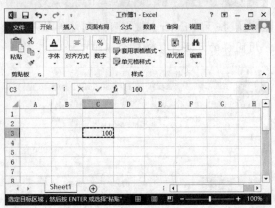

2 选中其他的任意一个单元格，然后按下【Enter】键。此时复制的文本就粘贴在了选中的单元格中，虚线框自动消失。

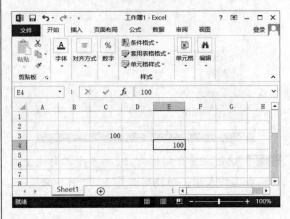

第8章

编辑和美化工作表
——制作办公用品领用明细

办公用品管理是企业日常办公中的一项基本工作。科学、合理地管理和使用办公用品，有利于实现办公资源的合理配置，节约成本，提高办公效率。接下来以制作办公用品领用明细为例，介绍如何在 Excel 2013 中编辑和美化工作表，实现办公用品的有效管理。

光盘链接

关于本章知识，本书配套教学光盘中有相关的多媒体教学视频，请读者参见光盘中的【Excel 2013 的基本操作\编辑和美化工作表】。

 **编辑数据**

创建工作表后的第一步就是向工作表中输入各种数据。工作表中常用的数据类型包括文本型数据、货币型数据、日期型数据等。

8.1.1 输入文本型数据

文本型数据是最常用的数据类型之一，是指字符或者数值和字符的组合。

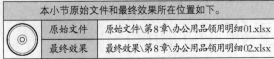

本小节原始文件和最终效果所在位置如下。		
原始文件	原始文件\第8章\办公用品领用明细01.xlsx	
最终效果	最终效果\第8章\办公用品领用明细02.xlsx	

输入文本型数据的具体步骤如下。

1 打开本实例的原始文件，选中要输入文本的单元格 A1，然后输入"日期"，输入完毕按下【Enter】键即可。

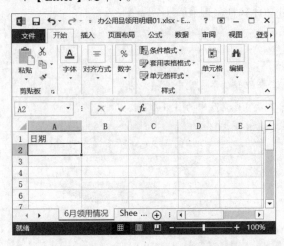

2 使用同样的方法输入其他的文本型数据。

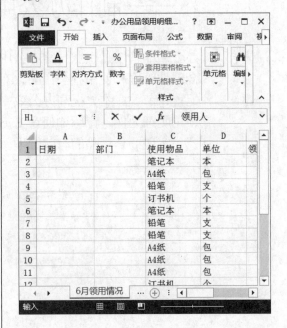

8.1.2 输入常规数字

Excel 2013 默认状态下的单元格格式为"常规"，此时输入的数字没有特定格式。

本小节原始文件和最终效果所在位置如下。		
原始文件	原始文件\第8章\办公用品领用明细02.xlsx	
最终效果	最终效果\第8章\办公用品领用明细03.xlsx	

打开本实例的原始文件，在"领用数量"列中输入相应的数字，效果如右图所示。

使用物品	单位	领用数量	购入单价	金额
笔记本	本	10		
A4纸	包	2		
铅笔	支	20		
订书机	个	3		
笔记本	本	10		
铅笔	支	10		
铅笔	支	20		
A4纸	包	5		
A4纸	包	3		
A4纸	包	1		

8.1.3 输入货币型数据

货币型数据用于表示一般货币格式。如要输入货币型数据，首先要输入常规数字，然后设置单元格格式即可。

本小节原始文件和最终效果所在位置如下。	
原始文件	原始文件\第8章\办公用品领用明细03.xlsx
最终效果	最终效果\第8章\办公用品领用明细04.xlsx

输入货币型数据的具体步骤如下。

1 打开本实例的原始文件，在"购入单价"列中输入相应的常规数字。

使用物品	单位	领用数量	购入单价	金额	领用人
笔记本	本	10	9		张三
A4纸	包	2	25		李四
铅笔	支	20	1.5		李四
订书机	个	3	20		王五
笔记本	本	10	9		王五
铅笔	支	10	1.5		李四
铅笔	支	20	1.5		张三
A4纸	包	5	25		李四
A4纸	包	3	25		李四
A4纸	包	1	25		张三
订书机	个	2	20		王五
铅笔	支	10	1.5		李四
A4纸	包	2	25		赵六
笔记本	本	5	9		赵六
笔记本	本	12	9		张三
铅笔	支	10	1.5		王五

2 选中单元格区域 F2:F17，切换到【开始】选项卡，单击【数字】组中的【对话框启动器】按钮 。

3 弹出【设置单元格格式】对话框，切换到【数字】选项卡，在【分类】列表框中选择【货币】选项。

4 设置完毕，单击 确定 按钮即可。

8.1.4 输入日期型数据

日期型数据是工作表中经常使用的一种数据类型。

本小节原始文件和最终效果所在位置如下。	
原始文件	原始文件\第8章\办公用品领用明细04.xlsx
最终效果	最终效果\第8章\办公用品领用明细05.xlsx

在单元格中输入日期的具体步骤如下。

1 打开本实例的原始文件，选中单元格A2，输入"2012-6-2"，中间用"-"隔开。

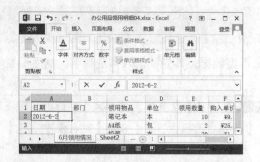

2 按下【Enter】键，日期变成"2012/6/2"。

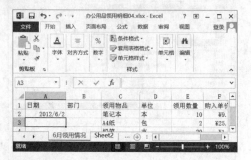

3 使用同样的方法，输入其他日期即可。

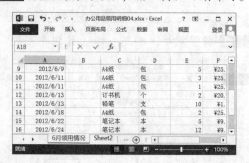

4 如果用户对日期格式不满意，可以进行自定义。选中单元格区域 A2:A17，切换到【开始】选项卡，单击【数字】组中的【对话框启动器】

按钮 █，弹出【设置单元格格式】对话框，切换到【数字】选项卡，在【分类】列表框中选择【日期】选项，然后在右侧的【类型】列表框中选择【*2012 年 3 月 14 日】选项。

5 设置完毕，单击 █确定█ 按钮，效果如下图所示。

8.1.5 填充数据

在 Excel 表格中填写数据时，经常会遇到一些在内容上相同，或者在结构上有规律的数据，对这些数据用户可以采用填充功能，进行快速编辑。

本小节原始文件和最终效果所在位置如下。	
原始文件	原始文件\第8章\办公用品领用明细05.xlsx
最终效果	最终效果\第8章\办公用品领用明细06.xlsx

1. 在连续单元格中填充数据

如果用户要在连续的单元格中输入相同的数据，可以直接使用"填充柄"进行快速编辑，具体的操作步骤如下。

1 打开本实例的原始文件，在单元格 B3 中输入"办公室"，然后选中该单元格，将鼠标指针移至单元格的右下角，此时出现一个填充柄 ╋。

2 按住鼠标左键不放,将填充柄+向下拖曳到单元格 B4。

3 释放鼠标左键,此时,选中的单元格 B4 填充了与单元格 B3 相同的数据。

4 使用同样的方法,在其他的连续单元格中填充相同数据即可。

	A	B	C	D
13	2012年6月13日		铅笔	支
14	2012年6月18日	销售部	A4纸	包
15	2012年6月22日	销售部	笔记本	本
16	2012年6月24日		记本	本

2. 在不连续单元格中填充数据

在编辑工作表的过程中,经常会在多个不连续的单元格中输入相同的文本,此时使用【Ctrl】+【Enter】组合键可以快速完成这项工作。

1 按下【Ctrl】键的同时选中多个不连续的单元格,然后在编辑框中输入"财务科"。

B16 ✕ ✓ *fx* 财务科

	A	B	C	D	E
2	2012年6月2日		笔记本	本	10
3	2012年6月4日	办公室	A4纸	包	2
4	2012年6月6日		铅笔	支	20
5	2012年6月6日		订书机	个	3
6	2012年6月9日		笔记本	本	10
7	2012年6月9日		铅笔	支	10
8	2012年6月9日		铅笔	支	20
9	2012年6月9日		A4纸	包	5
10	2012年6月11日		A4纸	包	3
11	2012年6月11日		A4纸	包	1
12	2012年6月13日		订书机	个	2
13	2012年6月13日		铅笔	支	10
14	2012年6月18日	销售部	A4纸	包	2
15	2012年6月22日	销售部	笔记本	本	5
16	2012年6月24日	财务科	笔记本	本	12
17	2012年6月24日		铅笔	支	10

2 按下【Ctrl】+【Enter】组合键,效果如下图所示。

	A	B	C	D	E
2	2012年6月2日	财务科	笔记本	本	10
3	2012年6月4日	办公室	A4纸	包	2
4	2012年6月6日		铅笔	支	20
5	2012年6月6日		订书机	个	3
6	2012年6月9日		笔记本	本	10
7	2012年6月9日		铅笔	支	10
8	2012年6月9日	财务科	铅笔	支	20
9	2012年6月9日		A4纸	包	5
10	2012年6月11日		A4纸	包	3
11	2012年6月11日	财务科	A4纸	包	1
12	2012年6月13日		订书机	个	2
13	2012年6月13日		铅笔	支	10
14	2012年6月18日	销售部	A4纸	包	2
15	2012年6月22日	销售部	笔记本	本	5
16	2012年6月24日	财务科	笔记本	本	12
17	2012年6月24日		铅笔	支	10

3 使用同样的方法,在其他的不连续单元格中填充相同数据即可。

	A	B	C	D	E
1	日期	部门	领用物品	单位	领用数量	购入
2	2012年6月2日	财务科	笔记本	本	10
3	2012年6月4日	办公室	A4纸	包	2
4	2012年6月6日	办公室	铅笔	支	20
5	2012年6月6日	企划部	订书机	个	3
6	2012年6月9日	企划部	笔记本	本	10
7	2012年6月9日	办公室	铅笔	支	10
8	2012年6月9日	财务科	铅笔	支	20
9	2012年6月9日	办公室	A4纸	包	5
10	2012年6月11日	办公室	A4纸	包	3
11	2012年6月11日	财务科	A4纸	包	1
12	2012年6月13日	企划部	订书机	个	2
13	2012年6月13日	办公室	铅笔	支	10
14	2012年6月18日	销售部	A4纸	包	2
15	2012年6月22日	销售部	笔记本	本	5
16	2012年6月24日	财务科	笔记本	本	12
17	2012年6月24日	企划部	铅笔	支	10

8.1.6 数据计算

在编辑表格的过程中，经常会遇到一些数据计算，如求和、求乘积、求平均值等。

本小节原始文件和最终效果所在位置如下。	
原始文件	原始文件\第8章\办公用品领用明细06.xlsx
最终效果	最终效果\第8章\办公用品领用明细07.xlsx

在表格中进行数据计算的具体步骤如下。

1 打开本实例的原始文件，在单元格 G2 中输入公式"=E2*F2"。

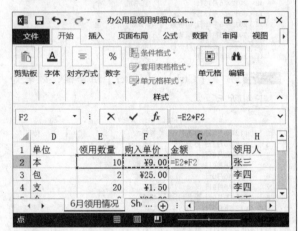

2 按下【Enter】键，此时即可将"金额"计算出来。

3 选中该单元格 G2，将鼠标指针移至单元格的右下角，此时出现一个填充柄 ＋ 。

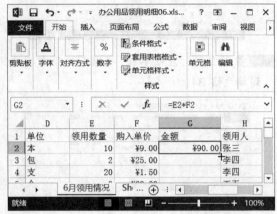

4 双击填充柄 ＋ ，此时即可将本列中的所有数据的"金额"计算出来。

8.2 美化工作表

数据编辑完毕，接下来用户可以通过设置字体格式、设置对齐方式、调整行高和列宽、添加边框和底纹等方式设置单元格格式，从而美化工作表。

8.2.1 设置字体格式

在编辑工作表的过程中，用户可以通过设置字体格式的方式突出显示某些单元格。

本小节原始文件和最终效果所在位置如下。		
	原始文件	原始文件\第8章\办公用品领用明细07.xlsx
	最终效果	最终效果\第8章\办公用品领用明细08.xlsx

设置字体格式的具体步骤如下。

1 打开本实例的原始文件，选中单元格区域A1:H1，切换到【开始】选项卡，在【字体】组中的【字体】下拉列表框中选择【微软雅黑】选项。

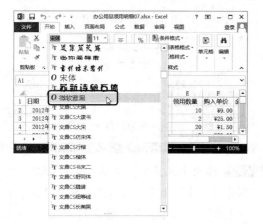

2 在【字体】组中的【字号】下拉列表框中选择【12】选项。

3 选中单元格区域A2:H17，切换到【开始】选项卡，单击【字体】组中的【对话框启动器】按钮 。

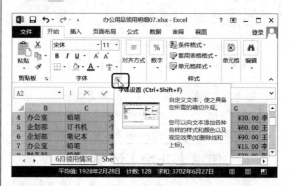

4 弹出【设置单元格格式】对话框，切换到【字体】选项卡，在【字体】列表框中选择【微软雅黑】选项，在【字形】列表框中选择【常规】选项，在【字号】列表框中选择【11】选项。

5 单击 确定 按钮返回工作表中，字体设置完毕，效果如下图所示。

	A	B	C	D	E	F	G	H
1	日期	部门	领用物品	单位	领用数量	购入单价	金额	领用人
2	2012年6月2日	财务科	笔记本	本	10	¥9.00	¥90.00	张三
3	2012年6月4日	办公室	A4纸	包	2	¥25.00	¥50.00	李四
4	2012年6月6日	办公室	铅笔	支	20	¥1.50	¥30.00	李四
5	2012年6月6日	企划部	订书机	个	3	¥20.00	¥60.00	王五
6	2012年6月9日	企划部	笔记本	本	10	¥9.00	¥90.00	王五
7	2012年6月9日	办公室	铅笔	支	10	¥1.50	¥15.00	李四
8	2012年6月9日	财务科	铅笔	支	20	¥1.50	¥30.00	张三
9	2012年6月9日	办公室	A4纸	包	5	¥25.00	¥125.00	李四
10	2012年6月11日	办公室	A4纸	包	3	¥25.00	¥75.00	李四
11	2012年6月11日	财务科	A4纸	包	1	¥25.00	¥25.00	张三
12	2012年6月13日	企划部	订书机	个	2	¥20.00	¥40.00	王五
13	2012年6月13日	办公室	铅笔	支	10	¥1.50	¥15.00	李四
14	2012年6月18日	销售部	A4纸	包	2	¥25.00	¥50.00	赵六
15	2012年6月22日	销售部	笔记本	本	5	¥9.00	¥45.00	赵六
16	2012年6月24日	财务科	笔记本	本	12	¥9.00	¥108.00	张三
17	2012年6月24日	企划部	铅笔	支	10	¥1.50	¥15.00	王五

8.2.2 设置对齐方式

在 Excel 2013 中，单元格的对齐方式包括文本左对齐、居中、文本右对齐、顶端对齐、垂直居中、底端对齐等多种方式，用户可以通过【开始】选项卡或【设置单元格格式】对话框进行设置。

本小节原始文件和最终效果所在位置如下。		
	原始文件	原始文件\第8章\办公用品领用明细08.xlsx
	最终效果	最终效果\第8章\办公用品领用明细09.xlsx

1. 使用【开始】选项卡

打开本实例的原始文件，选中单元格区域 A1:H17，切换到【开始】选项卡，在【对齐方式】组中单击【垂直居中】按钮 和【居中】按钮 。

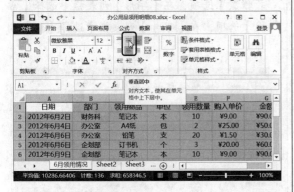

2. 使用【设置单元格格式】对话框

使用【设置单元格格式】对话框设置对齐方式的具体步骤如下。

1 选中单元格区域 A2:A17，切换到【开始】选项卡，单击【字体】组中的【对话框启动器】按钮 。

2 弹出【设置单元格格式】对话框，切换到【对齐】选项卡，然后在【水平对齐】下拉列表框中选择【靠左（缩进）】选项。

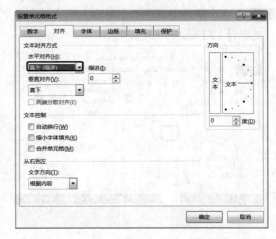

3 单击 确定 按钮返回工作表中，对齐方式设置完毕，效果如右图所示。

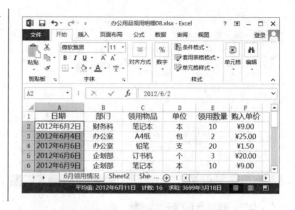

8.2.3 调整行高和列宽

为了使工作表看起来更加美观，用户可以通过【开始】选项卡或使用鼠标左键来调整行高和列宽。

本小节原始文件和最终效果所在位置如下。		
	原始文件	原始文件\第8章\办公用品领用明细09.xlsx
	最终效果	最终效果\第8章\办公用品领用明细10.xlsx

1. 使用【开始】选项卡

使用【开始】选项卡调整行高的具体步骤如下。

1 打开本实例的原始文件，单击行标签按钮 1 ，选中工作表中的第1行，切换到【开始】选项卡，在【单元格】组中单击【格式】按钮 格式。

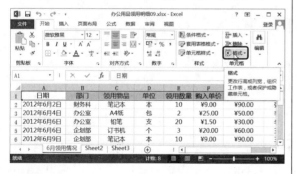

2 在弹出的下拉列表中选择【行高】选项。

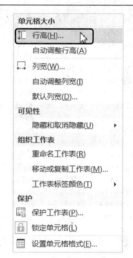

3 弹出【行高】对话框，在【行高】文本框中输入"20"。

4 单击 确定 按钮返回工作表中，行高的设置效果如下图所示。

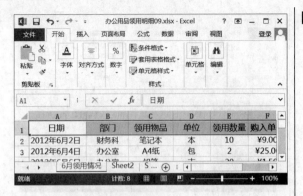

3 释放鼠标左键,列宽的调整效果如下图所示。

	A	B	C	D
1	日期	部门	领用物品	单位
2	2012年6月2日	财务科	笔记本	本
3	2012年6月4日	办公室	A4纸	包
4	2012年6月6日	办公室	铅笔	支
5	2012年6月6日	企划部	订书机	个
6	2012年6月9日	企划部	笔记本	本
7	2012年6月9日	办公室	铅笔	支
8	2012年6月9日	财务科	铅笔	支
9	2012年6月9日	办公室	A4纸	包
10	2012年6月11日	办公室	A4纸	包
11	2012年6月11日	财务科	A4纸	包
12	2012年6月13日	企划部	订书机	个
13	2012年6月13日	办公室	铅笔	支
14	2012年6月18日	销售部	A4纸	包
15	2012年6月22日	销售部	笔记本	本
16	2012年6月24日	财务科	笔记本	本
17	2012年6月24日	企划部	铅笔	支

4 使用同样的方法调整其他列的列宽和行高即可,调整完毕,效果如下图所示。

	A	B	C	D	E	F	G	H
1	日期	部门	领用物品	单位	领用数量	购入单价	金额	领用人
2	2012年6月2日	财务科	笔记本	本	10	¥9.00	¥90.00	张三
3	2012年6月4日	办公室	A4纸	包	2	¥25.00	¥50.00	李四
4	2012年6月6日	办公室	铅笔	支	20	¥1.50	¥30.00	李四
5	2012年6月6日	企划部	订书机	个	3	¥20.00	¥60.00	王五
6	2012年6月9日	企划部	笔记本	本	10	¥9.00	¥90.00	王五
7	2012年6月9日	办公室	铅笔	支	10	¥1.50	¥15.00	李四
8	2012年6月9日	财务科	铅笔	支	20	¥1.50	¥30.00	张三
9	2012年6月9日	办公室	A4纸	包	5	¥25.00	¥125.00	李四
10	2012年6月11日	办公室	A4纸	包	3	¥25.00	¥75.00	李四
11	2012年6月11日	财务科	A4纸	包	1	¥25.00	¥25.00	张三
12	2012年6月13日	企划部	订书机	个	2	¥20.00	¥40.00	王五
13	2012年6月13日	办公室	铅笔	支	10	¥1.50	¥15.00	李四
14	2012年6月18日	销售部	A4纸	包	2	¥25.00	¥50.00	赵六
15	2012年6月22日	销售部	笔记本	本	5	¥9.00	¥45.00	赵六
16	2012年6月24日	财务科	笔记本	本	12	¥9.00	¥108.00	张三
17	2012年6月24日	企划部	铅笔	支	10	¥1.50	¥15.00	王五

2. 使用鼠标左键

使用鼠标左键调整列宽的具体步骤如下。

1 将鼠标指针放在要调整列宽的列标记右侧的分隔线上,此时鼠标指针变成左右双向箭头。

	A	B	C	D
1	日期	部门	领用物品	单位
2	2012年6月2日	财务科	笔记本	本
3	2012年6月4日	办公室	A4纸	包
4	2012年6月6日	办公室	铅笔	支
5	2012年6月6日	企划部	订书机	个
6	2012年6月9日	企划部	笔记本	本
7	2012年6月9日	办公室	铅笔	支
8	2012年6月9日	财务科	铅笔	支
9	2012年6月9日	办公室	A4纸	包
10	##########	办公室	A4纸	包
11	##########	财务科	A4纸	包
12	##########	企划部	订书机	个
13	##########	办公室	铅笔	支
14	##########	销售部	A4纸	包
15	##########	销售部	笔记本	本
16	##########	财务科	笔记本	本
17	##########	企划部	铅笔	支

2 按住鼠标左键,此时可以拖动调整列宽,并在上方显示宽度值。

宽度: 14.44 (137 像素)

	A	B	C	D
1	日期	部门	领用物品	单位
2	2012年6月2日	财务科	笔记本	本
3	2012年6月4日	办公室	A4纸	包
4	2012年6月6日	办公室	铅笔	支
5	2012年6月6日	企划部	订书机	个
6	2012年6月9日	企划部	笔记本	本
7	2012年6月9日	办公室	铅笔	支
8	2012年6月9日	财务科	铅笔	支
9	2012年6月9日	办公室	A4纸	包
10	##########	办公室	A4纸	包
11	##########	财务科	A4纸	包
12	##########	企划部	订书机	个
13	##########	办公室	铅笔	支
14	##########	销售部	A4纸	包
15	##########	销售部	笔记本	本
16	##########	财务科	笔记本	本
17	##########	企划部	铅笔	支

8.2.4　添加边框和背景色

为了使工作表看起来更加直观，可以为单元格或单元格区域添加边框和背景色。

本小节原始文件和最终效果所在位置如下。		
	原始文件	原始文件\第8章\办公用品领用明细10.xlsx
	最终效果	最终效果\第8章\办公用品领用明细11.xlsx

1.　添加边框

添加边框的具体步骤如下。

1 选中单元格区域 A1:H17，然后单击鼠标右键，在弹出的快捷菜单中选择【设置单元格格式】菜单项。

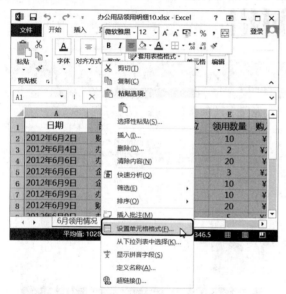

2 弹出【设置单元格格式】对话框，切换到【边框】选项卡，在【样式】组合框中选择【细直线】选项，然后在右侧的【预置】组合框中单击【外边框】按钮和【内部】按钮。

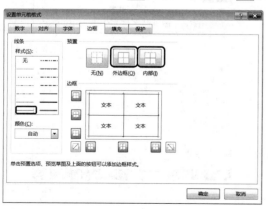

3 设置完毕，单击 确定 按钮返回工作表中，添加边框后的效果如下图所示。

	日期	部门	领用物品	单位	领用数量	购入单价	金额	领用人
1	日期	部门	领用物品	单位	领用数量	购入单价	金额	领用人
2	2012年6月2日	财务科	笔记本	本	10	¥9.00	¥90.00	张三
3	2012年6月4日	办公室	A4纸	包	2	¥25.00	¥50.00	李四
4	2012年6月6日	办公室	铅笔	支	20	¥1.50	¥30.00	李四
5	2012年6月6日	企划部	订书机	个	3	¥20.00	¥60.00	王五
6	2012年6月9日	企划部	笔记本	本	10	¥9.00	¥90.00	王五
7	2012年6月9日	办公室	铅笔	支	10	¥1.50	¥15.00	李四
8	2012年6月9日	财务科	铅笔	支	20	¥1.50	¥30.00	张三
9	2012年6月9日	销售部	笔记本	包	5	¥25.00	¥125.00	李四
10	2012年6月11日	办公室	A4纸	包	3	¥25.00	¥75.00	李四
11	2012年6月11日	财务科	A4纸	包	1	¥25.00	¥25.00	张三
12	2012年6月13日	企划部	订书机	个	2	¥20.00	¥40.00	王五
13	2012年6月13日	办公室	铅笔	支	10	¥1.50	¥15.00	李四
14	2012年6月18日	销售部	A4纸	包	2	¥25.00	¥50.00	赵六
15	2012年6月22日	销售部	笔记本	本	5	¥9.00	¥45.00	赵六
16	2012年6月24日	财务科	笔记本	本	12	¥9.00	¥108.00	张三
17	2012年6月24日	企划部	铅笔	支	10	¥1.50	¥15.00	王五

2.　添加背景色

添加背景色的具体步骤如下。

1 选中单元格区域 A1:H1，切换到【开始】选项卡，在【字体】组中单击【填充颜色】按钮右侧的下三角按钮，在弹出的下拉列表中选择【水绿色,着色5】选项。

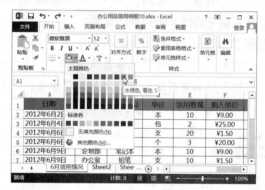

2 为了突出显示文字，在【字体】组中单击【字体颜色】按钮右侧的下三角按钮，在弹出的下拉列表中选择【白色,背景1】选项。

3 设置完毕，"办公用品领用明细"的最终效果如下图所示。

	A	B	C	D	E	F	G	H
1	日期	部门	领用物品	单位	领用数量	购入单价	金额	领用人
2	2012年6月2日	财务科	笔记本	本	10	¥9.00	¥90.00	张三
3	2012年6月4日	办公室	A4纸	包	2	¥25.00	¥50.00	李四
4	2012年6月6日	办公室	铅笔	支	20	¥1.50	¥30.00	李四
5	2012年6月6日	企划部	订书机	个	3	¥20.00	¥60.00	王五
6	2012年6月9日	企划部	笔记本	本	10	¥9.00	¥90.00	王五
7	2012年6月9日	办公室	铅笔	支	10	¥1.50	¥15.00	李四
8	2012年6月9日	财务科	铅笔	支	20	¥1.50	¥30.00	张三
9	2012年6月9日	办公室	A4纸	包	5	¥25.00	¥125.00	李四
10	2012年6月11日	办公室	A4纸	包	3	¥25.00	¥75.00	李四
11	2012年6月11日	财务科	A4纸	包	1	¥25.00	¥25.00	张三
12	2012年6月13日	企划部	订书机	个	2	¥20.00	¥40.00	王五
13	2012年6月13日	办公室	铅笔	支	10	¥1.50	¥15.00	李四
14	2012年6月18日	销售部	A4纸	包	2	¥25.00	¥50.00	赵六
15	2012年6月22日	销售部	笔记本	本	5	¥9.00	¥45.00	赵六
16	2012年6月24日	财务科	笔记本	本	12	¥9.00	¥108.00	张三
17	2012年6月24日	企划部	铅笔	支	10	¥1.50	¥15.00	王五

高手过招

填充柄巧应用

在工作表中拖曳填充柄不仅可以填充相同数据，还可以快速填充序列，例如 1、2、3……星期一、星期二、星期三……对这些数据用户可以采用填充功能，进行快速编辑。

1 在单元格 A1 中输入"1"，在单元格 A2 中输入"2"，选中单元格区域 A1:A2，将鼠标指针移动到该区域的右下角，当鼠标指针变成 ✛ 形状时，向下拖曳鼠标指针。

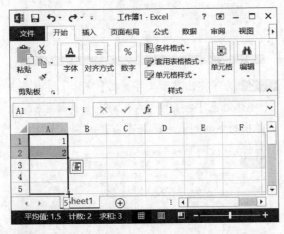

2 拖动到合适的位置后释放鼠标左键即可，此时，选中的区域就自动填充了一个步长为"1"的等差数列。

3 使用同样的方法，使用填充柄还可以添加连续的时间序列。

教你绘制斜线表头

在日常办公中经常会用到斜线表头，绘制斜线表头的具体操作步骤如下。

1 选中单元格 A1，将其调整到合适的大小，然后切换到【开始】选项卡，单击【对齐方式】组中的【对话框启动器】按钮 。

2 弹出【设置单元格格式】对话框，切换到【对齐】选项卡，在【垂直对齐】下拉列表框中选择【靠上】选项，然后在【文本控制】组合框中选中【自动换行】复选框。

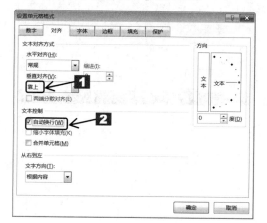

3 切换到【边框】选项卡，在【预置】组合框中单击【外边框】按钮 ，然后在【边框】组合框中单击【右斜线】按钮 。

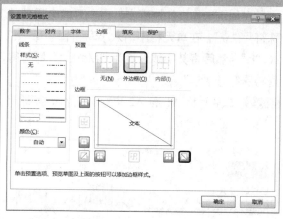

4 单击 确定 按钮，返回工作表中，此时在单元格 A1 中出现了一个斜线表头。

5 在单元格 A1 中输入文本"项目月份"，将光标定位在文本"项"之前，按下空格键将文本"月份"调整到下一行，然后单击其他任意一个单元格，设置效果如下图所示。

快速插入 "√"

在编辑工作表的过程中，用户可能会用到特殊符号 "√"。在单元格中输入小写拼音字母 "a" 或 "b"，然后将其字体设置为 "Marlett" 即可得到特殊符号 "√"。

1 在单元格 A1 和 A2 中分别输入小写字母 "a" 和 "b"。

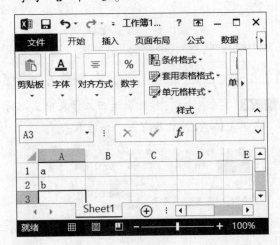

2 选中单元格 A1 和 A2，切换到【常用】选项卡，然后从【字体】下拉列表框中选择【Marlett】选项。

3 此时小写拼音字母 "a" 和 "b" 就变成了特殊符号 "√"。

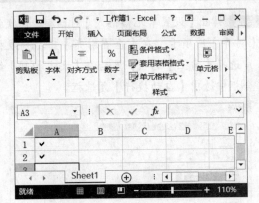

第9章

管理数据
——制作车辆使用明细

车辆管理是企业日常管理中的一项重要工作。完善的车辆管理制度，有利于各种车辆更合理、有效地被使用，最大限度地节约成本，最真实地反映车辆的实际情况。接下来使用 Excel 2013 提供的排序、筛选以及分类汇总等功能，介绍车辆使用数据的管理与分析。

关于本章知识，本书配套教学光盘中有相关的多媒体教学视频，请读者参见光盘中的【Excel 2013 的基本操作\管理数据】。

9.1 数据的排序

为了方便查看表格中的数据，用户可以按照一定的顺序对工作表中的数据进行重新排序。数据排序主要包括简单排序、复杂排序和自定义排序 3 种，用户可以根据需要选择。

9.1.1 简单排序

所谓简单排序就是设置单一条件进行排序。

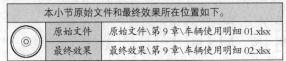

本小节原始文件和最终效果所在位置如下。	
原始文件	原始文件\第 9 章\车辆使用明细 01.xlsx
最终效果	最终效果\第 9 章\车辆使用明细 02.xlsx

按照"所在部门"的拼音首字母，对工作表中的车辆使用的明细数据进行升序排列，具体步骤如下。

1 打开本实例的原始文件，将光标定位在数据区域的任意一个单元格中，切换到【数据】选项卡，单击【排序和筛选】组中的【排序】按钮。

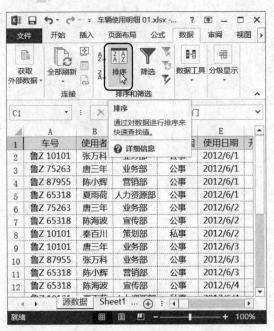

2 弹出【排序】对话框，在【主要关键字】下拉列表框中选择【所在部门】选项，在【排序依据】下拉列表框中选择【数值】选项，在【次序】下拉列表框中选择【升序】选项。

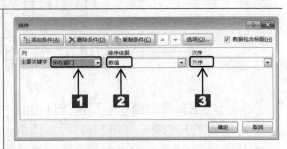

3 单击 确定 按钮，返回工作表中，此时表格中的数据根据 C 列中"所在部门"的拼音首字母进行升序排列。

	A	B	C	D
1	车号	使用者	所在部门	使用原因
2	鲁Z 10101	秦百川	策划部	私事
3	鲁Z 10101	秦百川	策划部	私事
4	鲁Z 65318	夏雨荷	人力资源部	公事
5	鲁Z 10101	夏雨荷	人力资源部	私事
6	鲁Z 75263	夏雨荷	人力资源部	私事
7	鲁Z 65318	陈海波	宣传部	公事
8	鲁Z 65318	陈海波	宣传部	公事
9	鲁Z 65318	陈海波	宣传部	公事
10	鲁Z 90806	赵六	宣传部	公事
11	鲁Z 87955	赵六	宣传部	公事
12	鲁Z 75263	陈冬冬	宣传部	公事
13	鲁Z 10101	陈海波	宣传部	公事
14	鲁Z 10101	张万科	业务部	公事
15	鲁Z 75263	唐三年	业务部	公事
16	鲁Z 75263	唐三年	业务部	公事
17	鲁Z 10101	唐三年	业务部	公事
18	鲁Z 87955	张万科	业务部	公事
19	鲁Z 90806	唐三年	业务部	公事
20	鲁Z 87955	张万科	业务部	公事
21	鲁Z 87955	陈小辉	营销部	公事
22	鲁Z 65318	陈小辉	营销部	公事
23	鲁Z 90806	陈小辉	营销部	公事

9.1.2　复杂排序

如果在排序字段里出现相同的内容，会保持着它们的原始次序。如果用户还要对这些相同内容按照一定条件进行排序，就用到了多个关键字的复杂排序。

本小节原始文件和最终效果所在位置如下。	
原始文件	原始文件\第 9 章\车辆使用明细 02.xlsx
最终效果	最终效果\第 9 章\车辆使用明细 03.xlsx

对工作表中的数据进行复杂排序的具体步骤如下。

1 打开本实例的原始文件，将光标定位在数据区域的任意一个单元格中，切换到【数据】选项卡，单击【排序和筛选】组中的【排序】按钮。

2 弹出【排序】对话框，显示前一小节中按照"所在部门"的拼音首字母对数据进行的升序排列设置。

3 单击 添加条件(A) 按钮，此时即可添加一组新的排序条件，在【次要关键字】下拉列表框中选择【使用日期】选项，在【排序依据】下拉列表框中选择【数值】选项，在【次序】下拉列表框中选择【降序】选项。

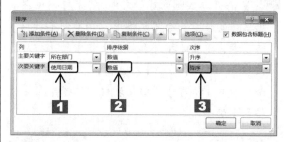

4 单击 确定 按钮，返回工作表中，此时表格中的数据在根据 C 列中"所在部门"的拼音首字母进行升序排列的基础上，按照"使用日期"的数值进行了降序排列，排序效果如下图所示。

	A	B	C	D	E
1	车号	使用者	所在部门	使用原因	使用日期
2	鲁Z 10101	秦百川	策划部	私事	2012/6/6
3	鲁Z 10101	秦百川	策划部	私事	2012/6/2
4	鲁Z 75263	夏雨荷	人力资源部	公事	2012/6/7
5	鲁Z 10101	夏雨荷	人力资源部	私事	2012/6/4
6	鲁Z 65318	夏雨荷	人力资源部	公事	2012/6/1
7	鲁Z 10101	陈海波	宣传部	公事	2012/6/7
8	鲁Z 65318	陈海波	宣传部	公事	2012/6/6
9	鲁Z 90806	赵六	宣传部	公事	2012/6/6
10	鲁Z 87955	赵六	宣传部	公事	2012/6/5
11	鲁Z 75263	陈冬冬	宣传部	公事	2012/6/4
12	鲁Z 65318	陈海波	宣传部	公事	2012/6/4
13	鲁Z 65318	陈海波	宣传部	公事	2012/6/2
14	鲁Z 87955	张万科	业务部	公事	2012/6/7
15	鲁Z 90806	唐三年	业务部	公事	2012/6/5
16	鲁Z 10101	唐三年	业务部	公事	2012/6/3
17	鲁Z 87955	张万科	业务部	公事	2012/6/3
18	鲁Z 75263	唐三年	业务部	公事	2012/6/2
19	鲁Z 10101	张万科	业务部	公事	2012/6/1
20	鲁Z 75263	唐三年	业务部	公事	2012/6/1
21	鲁Z 90806	陈小辉	营销部	公事	2012/6/7
22	鲁Z 65318	陈小辉	营销部	公事	2012/6/3
23	鲁Z 87955	陈小辉	营销部	公事	2012/6/1

9.1.3 自定义排序

数据的排序方式除了按照数字大小和拼音字母顺序外，还会涉及一些特殊的顺序，如"部门名称"、"职务"、"学历"等，此时就用到了自定义排序。

	本小节原始文件和最终效果所在位置如下。
原始文件	原始文件\第9章\车辆使用明细03.xlsx
最终效果	最终效果\第9章\车辆使用明细04.xlsx

对工作表中的数据进行自定义排序的具体步骤如下。

1 打开本实例的原始文件，将光标定位在数据区域的任意一个单元格中，切换到【数据】选项卡，单击【排序和筛选】组中的【排序】按钮，弹出【排序】对话框，在第1个排序条件中的【次序】下拉列表框中选择【自定义序列】选项。

2 弹出【自定义序列】对话框，在【自定义序列】列表框中选择【新序列】选项，在【输入序列】文本框中输入"业务部,营销部,策划部,宣传部,人力资源部"，中间用英文半角状态下的逗号隔开。

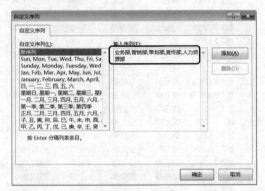

3 单击 添加(A) 按钮，此时新定义的序列"业务部,营销部,策划部,宣传部,人力资源部"就添加在了【自定义序列】列表框中。

4 单击 确定 按钮，返回【排序】对话框，此时，第一个排序条件中的【次序】下拉列表框自动选择【业务部,营销部,策划部,宣传部,人力资源部】选项。

5 单击 确定 按钮，返回工作表，排序效果如下图所示。

	A	B	C	D	E
1	车号	使用者	所在部门	使用原因	使用日期
2	鲁Z 87955	张万科	业务部	公事	2012/6/7
3	鲁Z 90806	唐三年	业务部	公事	2012/6/5
4	鲁Z 10101	唐三年	业务部	公事	2012/6/3
5	鲁Z 87955	张万科	业务部	公事	2012/6/3
6	鲁Z 75263	唐三年	业务部	公事	2012/6/2
7	鲁Z 10101	张万科	业务部	公事	2012/6/1
8	鲁Z 75263	唐三年	业务部	公事	2012/6/1
9	鲁Z 90806	陈小辉	营销部	公事	2012/6/7
10	鲁Z 65318	陈小辉	营销部	公事	2012/6/3
11	鲁Z 87955	陈小辉	营销部	公事	2012/6/1
12	鲁Z 10101	秦百川	策划部	私事	2012/6/6
13	鲁Z 10101	秦百川	策划部	私事	2012/6/2
14	鲁Z 10101	陈海波	宣传部	公事	2012/6/7
15	鲁Z 65318	陈海波	宣传部	公事	2012/6/6
16	鲁Z 75263	陈冬冬	宣传部	公事	2012/6/6
17	鲁Z 87955	赵六	宣传部	公事	2012/6/6
18	鲁Z 90806	赵六	宣传部	公事	2012/6/4
19	鲁Z 65318	陈海波	宣传部	公事	2012/6/4
20	鲁Z 65318	陈海波	宣传部	公事	2012/6/3
21	鲁Z 75263	夏雨荷	人力资源部	私事	2012/6/7
22	鲁Z 10101	夏雨荷	人力资源部	私事	2012/6/7
23	鲁Z 65318	夏雨荷	人力资源部	公事	2012/6/1

9.2 数据的筛选

Excel 2013 中提供了 3 种数据的筛选操作，即"自动筛选"、"自定义筛选"和"高级筛选"。用户可以根据需要筛选关于"车辆使用情况"的明细数据。

9.2.1 自动筛选

"自动筛选"一般用于简单的条件筛选，筛选时将不满足条件的数据暂时隐藏起来，只显示符合条件的数据。

本小节原始文件和最终效果所在位置如下。	
原始文件	原始文件\第 9 章\车辆使用明细 04.xlsx
最终效果	最终效果\第 9 章\车辆使用明细 05.xlsx

1. 指定数据的筛选

接下来筛选"所在部门"为"策划部"和"人力资源部"的车辆使用明细数据，具体的操作步骤如下。

1 打开本实例的原始文件，将光标定位在数据区域的任意一个单元格中，切换到【数据】选项卡，单击【排序和筛选】组中的【筛选】按钮，此时工作表进入筛选状态，各标题字段的右侧出现一个下拉按钮。

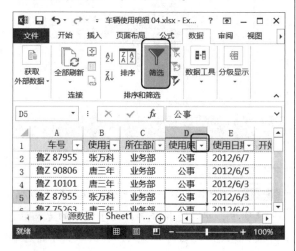

2 单击标题字段【所在部门】右侧的下拉按钮，在弹出的筛选列表中撤选【宣传部】、【业务部】和【营销部】复选框。

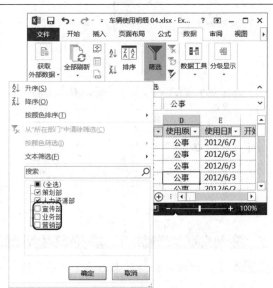

3 单击 确定 按钮，返回工作表，此时所在部门为"策划部"和"人力资源部"的车辆使用明细数据的筛选结果如下图所示。

2. 指定条件的筛选

接下来筛选"车辆消耗费"排在前 10 位的车辆使用明细数据，具体的操作步骤如下。

1 切换到【数据】选项卡，单击【排序和筛选】组中的【筛选】按钮，撤销之前的筛选，再次单击【排序和筛选】组中的【筛选】按钮，重新进入筛选状态，然后单击标题字段【车辆消耗费】右侧的下拉按钮。

2 在弹出的下拉列表中选择【数字筛选】▶【前10项】选项。

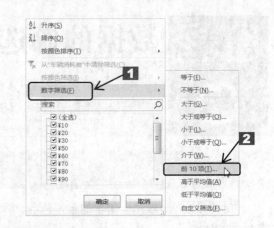

3 弹出【自动筛选前10个】对话框，然后将显示条件设置为"最大 10 项"。

4 单击 确定 按钮返回工作表中，"车辆消耗费"排在前 10 位的车辆使用明细数据的筛选结果如下图所示。

	F	G	H	I	J
1	开始使用时	目的地	交车时	车辆消耗	报销
2	9:20	省外区县	21:00	¥320	¥320
3	9:00	市外区县	18:00	¥90	¥90
7	8:00	市外区县	15:00	¥80	¥80
8	8:00	市外区县	21:00	¥130	¥130
9	8:00	市外区县	20:00	¥120	¥120
10	7:50	市外区县	21:00	¥100	¥100
12	8:00	省外区县	20:00	¥220	¥0
16	8:00	市外区县	17:30	¥90	¥90
18	10:00	省外区县	12:30	¥170	¥170
22	13:00	市外区县	21:00	¥80	¥0

9.2.2 自定义筛选

在对表格数据进行自动筛选时，用户可以设置多个筛选条件。

本小节原始文件和最终效果所在位置如下。	
原始文件	原始文件\第 9 章\车辆使用明细 05.xlsx
最终效果	最终效果\第 9 章\车辆使用明细 06.xlsx

接下来自定义筛选"车辆消耗费"在"100"和"300"之间的车辆使用明细数据，具体的操作步骤如下。

1 打开本实例的原始文件，切换到【数据】选项卡，单击【排序和筛选】组中的【筛选】按钮，撤销之前的筛选，再次单击【排序和筛选】组中的【筛选】按钮，重新进入筛选状态，然后单击标题字段【车辆消耗费】右侧的下拉按钮。

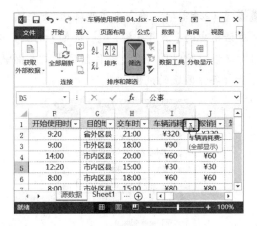

2 在弹出的下拉列表中选择【数字筛选】▶
【自定义筛选】选项。

3 弹出【自定义自动筛选方式】对话框，
然后将显示条件设置为"车辆消耗费大于 100
与小于 300"。

4 单击 确定 按钮，返回工作表中，筛选
效果如下图所示。

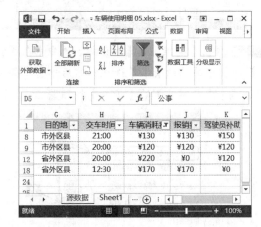

9.2.3 高级筛选

高级筛选一般用于条件较复杂的筛选操作，其筛选的结果可以显示在原数据表格中，不符合条
件的记录被隐藏起来；也可以在新的位置显示筛选结果，不符合条件的记录同时保留在数据表中而
不会被隐藏起来，这样会更加便于进行数据比对。

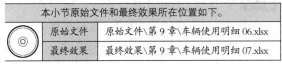

	本小节原始文件和最终效果所在位置如下。
原始文件	原始文件\第 9 章\车辆使用明细 06.xlsx
最终效果	最终效果\第 9 章\车辆使用明细 07.xlsx

对数据进行高级筛选的具体步骤如下。

1 打开本实例的原始文件，切换到【数据】
选项卡，单击【排序和筛选】组中的【筛选】
按钮，撤销之前的筛选，然后在不包含数据
的区域内输入一个筛选条件，例如在单元格
I24 中输入"车辆消耗费"，在单元格 I25 中输
入">100"。

2 将光标定位在数据区域的任意一个单元格中，单击【排序和筛选】组中的【高级】按钮。

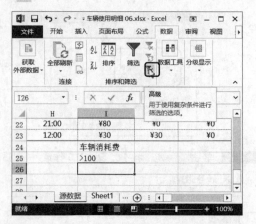

3 弹出【高级筛选】对话框，选中【在原有区域显示筛选结果】单选钮，然后单击【条件区域】文本框右侧的【折叠】按钮。

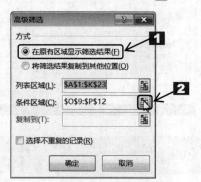

4 弹出【高级筛选-条件区域】对话框，然后在工作表中选择条件区域 I24:I25。

5 选择完毕，单击【高级筛选-条件区域】对话框中的【展开】按钮，返回【高级筛选】对话框，此时即可在【条件区域】文本框中显示出条件区域的范围。

6 单击 确定 按钮返回工作表中，筛选效果如下图所示。

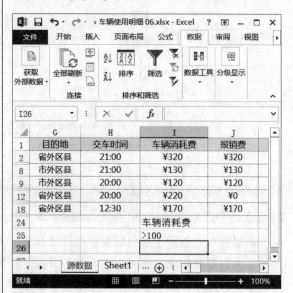

7 切换到【数据】选项卡，单击【排序和筛选】组中的【筛选】按钮，撤销之前的筛选，然后在不包含数据的区域内输入多个筛选条件，例如将筛选条件设置为"车辆消耗费>100，且目的地为省外区县"。

8 将光标定位在数据区域的任意一个单元格中，单击【排序和筛选】组中的【高级】按钮。

9 弹出【高级筛选】对话框，选中【在原有区域显示筛选结果】单选钮，然后单击【条件区域】文本框右侧的【折叠】按钮。

10 弹出【高级筛选-条件区域】对话框，然后在工作表中选择条件区域 H24:I25。

11 选择完毕，单击【高级筛选-条件区域】对话框中的【展开】按钮，返回【高级筛选】对话框，此时即可在【条件区域】文本框中显示出条件区域的范围。

12 单击 **确定** 按钮，返回工作表中，筛选效果如下图所示。

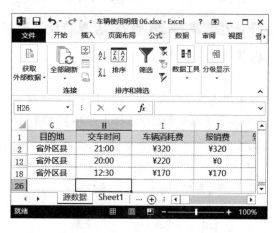

数据的分类汇总

分类汇总是按某一字段的内容进行分类，并对每一类统计出相应的结果数据。用户可以根据需要汇总关于"车辆使用情况"的明细数据，统计和分析每台车辆的使用情况、各部门的用车情况以及车辆运行里程和油耗等。

9.3.1 创建分类汇总

创建分类汇总之前，首先要对工作表中的数据进行排序。

本小节原始文件和最终效果所在位置如下。	
原始文件	原始文件\第9章\车辆使用明细 07.xlsx
最终效果	最终效果\第9章\车辆使用明细 08.xlsx

创建分类汇总的具体步骤如下。

1 打开本实例的原始文件，将光标定位在数据区域的任意一个单元格中，切换到【数据】选项卡，单击【排序和筛选】组中的【排序】按钮。

2 弹出【排序】对话框，在【主要关键字】下拉列表框中选择【所在部门】选项，在【排序依据】下拉列表框中选择【数值】选项，在【次序】下拉列表框中选择【升序】选项。

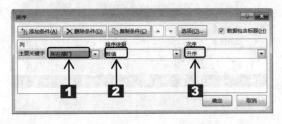

3 单击 确定 按钮，返回工作表中，此时表格中的数据即可根据 C 列中"所在部门"的拼音首字母进行升序排列。

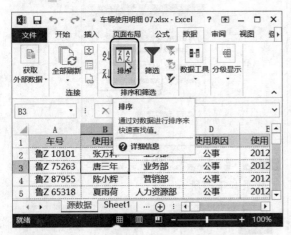

4 切换到【数据】选项卡，单击【分级显示】组中的 分类汇总 按钮。

5 弹出【分类汇总】对话框，在【分类字段】下拉列表框中选择【所在部门】选项，在【汇总方式】下拉列表框中选择【求和】选项，在【选定汇总项】列表框中选中【车辆消耗费】复选框，然后选中【替换当前分类汇总】和【汇总结果显示在数据下方】复选框。

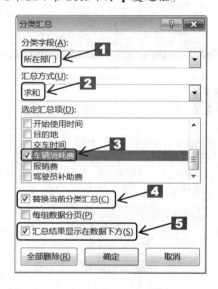

6 单击 **确定** 按钮，返回工作表中，汇总效果如下图所示。

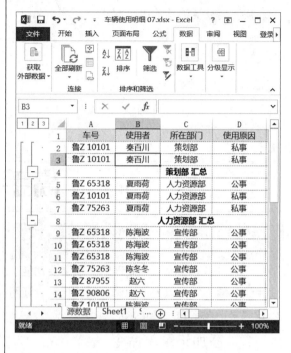

9.3.2 删除分类汇总

如果用户不再需要将工作表中的数据以分类汇总的方式显示，则可将刚刚创建的分类汇总删除。

本小节原始文件和最终效果所在位置如下。	
原始文件	原始文件\第 9 章\车辆使用明细 08.xlsx
最终效果	最终效果\第 9 章\车辆使用明细 09.xlsx

删除分类汇总的具体步骤如下。

1 打开本实例的原始文件，切换到【数据】选项卡，单击【分级显示】组中的 分类汇总 按钮。

2 弹出【分类汇总】对话框。

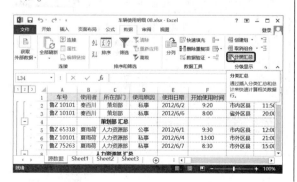

3 直接单击 全部删除(R) 按钮，返回工作表中，此时即可将所创建的分类汇总全部删除，工作表恢复到分类汇总前的状态。

高手过招

巧用记录单

记录单是 Excel 数据处理的一项重要功能，使用该功能不仅可以方便地添加新的记录，还可以在表单中搜索特定的记录。

1. 添加记录单命令

将【记录单】按钮 添加到【快速访问工具栏】中。

1 打开本实例的素材文件"新员工培训成绩统计表"，在表格窗口中单击 文件 按钮，在弹出的界面中选择【选项】选项。

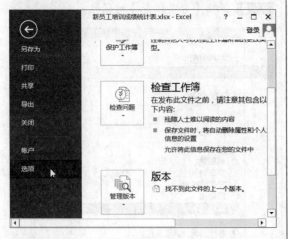

2 弹出【Excel 选项】对话框，切换到【快速访问工具栏】选项卡，在【从下列位置选择命令】下拉列表框中选择【不在功能区中的命令】选项，然后在下方的列表框中选择【记录

单】选项。

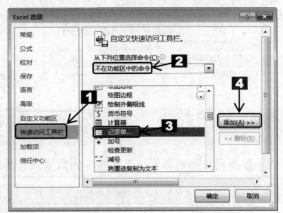

3 单击 添加(A) >> 按钮，此时，【记录单】命令就添加在右侧的【自定义快速访问工具栏】列表框中了，设置完毕，单击 确定 按钮返回工作表中即可。

2. 添加新记录

添加新记录的具体步骤如下。

1 在表格窗口中单击【快速访问工具栏】中的【记录单】按钮 ▤。

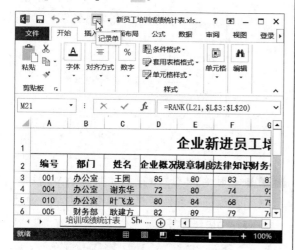

2 弹出【培训成绩统计表】对话框，然后单击 新建(W) 按钮。

3 弹出【培训成绩统计表】对话框，然后输入新记录的具体内容。

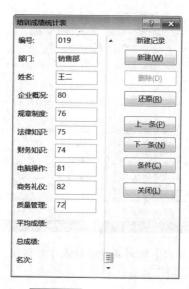

4 单击 关闭(L) 按钮，返回工作表中，此时，新记录就添加在工作表区域中的最后一行了。

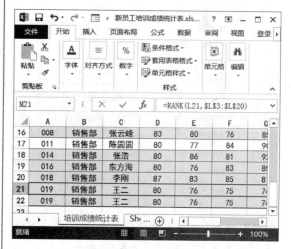

3. 查询记录

查询记录的具体步骤如下。

1 在表格窗口中单击【快速访问工具栏】中的【记录单】按钮 ▤。

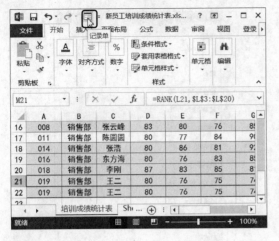

2 弹出【培训成绩统计表】对话框，然后单击 条件(C) 按钮。

3 弹出【培训成绩统计表】对话框，然后在【姓名】文本框中输入"李刚"。

4 此时单击 上一条(P) 按钮和 下一条(N) 按钮，即可查看符合条件的记录，查看完毕，单击 关闭(L) 按钮即可。

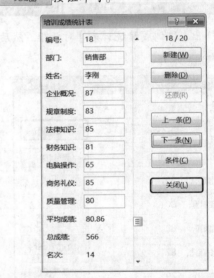

输入星期几有新招

在编辑工作表的过程中，经常在使用日期的同时用到"星期几"，通过更改 Excel 的单元格格式，用户可以快速地将日期转化为星期几。

1 在单元格 A1 中输入"2012-6-1"，然后按下【Enter】键。

2 选中单元格 B1，输入公式 "=A1"。

3 按下【Enter】键，然后选中单元格 B1，切换到【开始】选项卡，单击【数字】组中的【对话框启动器】按钮 。

4 弹出【设置单元格格式】对话框，切换到【数字】选项卡，在【分类】列表框中选择【日期】选项，在【类型】列表框中选择【星期三】选项。

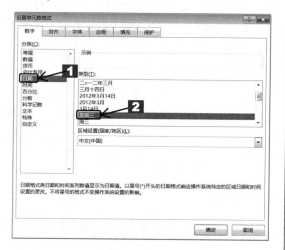

5 单击 确定 按钮，返回工作表中，此时单元格 B1 中的数据显示为 "星期五"。

6 选中单元格 A1，将鼠标指针移动到该单元格的右下角，此时鼠标指针变成 ╋ 形状，按住鼠标左键向下拖动，将日期填充至 "2012/6/30"，释放鼠标左键即可。

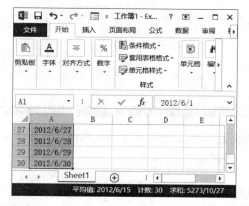

7 使用同样的方法，选中单元格 B1，将鼠标指针移动到该单元格的右下角，此时鼠标指针变成 ╋ 形状，按住鼠标左键向下拖动，将所有日期全部转化为星期几，释放鼠标左键，效果如下图所示。

分分合合随你意

合并或拆分单元格是日常办公中常用的基本操作。使用该功能，可以轻松实现单元格的分分合合。

1 打开本实例的素材文件"辞职申请表"，选中单元格区域 B6:E6，切换到【开始】选项卡，在【对齐方式】组中单击【合并后居中】按钮田·右侧的下三角按钮·，在弹出的下拉列表中选择【合并单元格】选项。

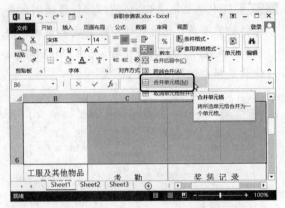

2 此时，即可将选中的单元格区域合并成一个单元格。

3 如果用要取消单元格合并，在【对齐方式】组中单击【合并后居中】按钮田·右侧的下三角按钮·，在弹出的下拉列表中选择【取消单元格合并】选项。

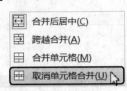

4 此时，即可将选中的单元格区域合并成一个单元格。

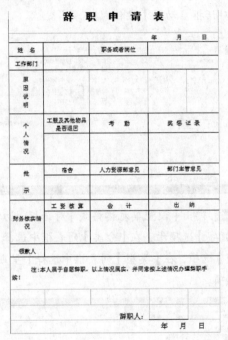

第10章

让图表说话
——Excel 的高级制图

文不如表，表不如图，的确如此。Excel 具有许多高级的制图功能，可以直观地将工作表中的数据用图形表示出来，使其更具说服力。在日常办公中，可以使用图表表现数据间的某种相对关系，例如，数量关系、趋势关系、比例分配关系等。接下来将结合常用的办公实例，讲解在 Excel 2013 中图表的高级应用。

光盘链接

关于本章知识，本书配套教学光盘中有相关的多媒体教学视频，请读者参见光盘中的【Excel 2013 的基本操作\高级制图】。

10.1 常用图表

Excel 2013 自带有各种各样的图表，如柱形图、折线图、饼图、条形图、面积图、散点图等。通常情况下，使用柱形图来比较数据间的数量关系；使用直线图来反映数据间的趋势关系；使用饼图来表示数据间的分配关系。

10.1.1 创建图表

在 Excel 2013 中创建图表的方法非常简单，因为系统自带了很多图表类型，用户只需根据实际需要进行选择即可。创建了图表后，用户还可以设置图表布局，主要包括调整图表大小和位置，更改图表类型，设计图表布局和设计图表样式。

本小节原始文件和最终效果所在位置如下。

◎	原始文件	原始文件\第 10 章\销售数据分析 01.xlsx
	最终效果	最终效果\第 10 章\销售数据分析 02.xlsx

1. 插入图表

插入图表的具体步骤如下。

1 打开本实例的原始文件，选中单元格区域 A1:B13，切换到【插入】选项卡，单击【图表】组中的【柱形图】按钮 ▊▾，在弹出的下拉列表中选择【簇状柱形图】选项。

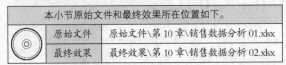

2 此时即可在工作表中插入一个簇状柱形图。

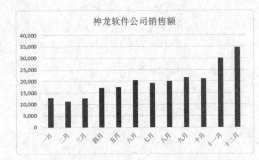

2. 调整图表大小和位置

为了使图表显示在工作表中的合适位置，用户可以对其大小和位置进行调整，具体的操作步骤如下。

1 选中要调整大小的图表，此时图表区的四周会出现 8 个控制点，将鼠标指针移动到图表的右下角，此时鼠标指针变成 ⤡ 形状，按住鼠标左键向左上或右下拖动。

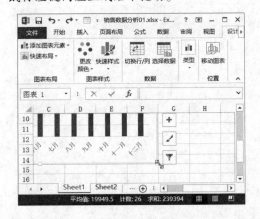

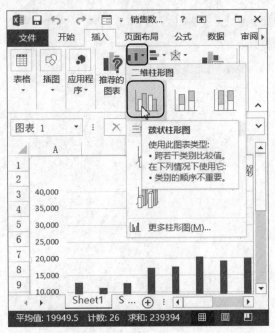

2 拖动到合适的位置后释放鼠标左键即可。

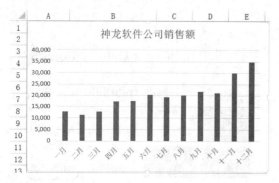

3 将鼠标指针移动到要调整位置的图表上，此时鼠标指针变成 形状，按住鼠标左键不放进行拖动。

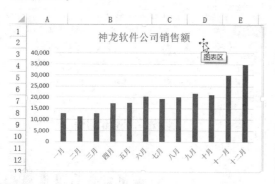

4 拖动到合适的位置后释放鼠标左键即可。

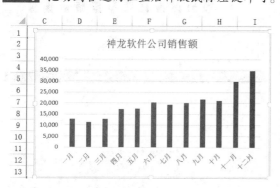

3. 更改图表类型

如果用户对创建的图表不满意，还可以更改图表类型。更改图表类型的具体步骤如下。

1 选中柱形图，然后单击鼠标右键，在弹出的快捷菜单中选择【更改图表类型】菜单项。

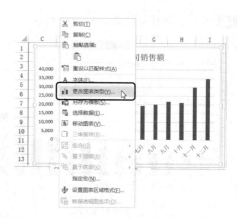

2 弹出【更改图表类型】对话框，从中选择要更改为的图表类型即可。

4. 设计图表布局

如果用户对图表布局不满意，也可以进行重新设计。设计图表布局的具体步骤如下。

1 选中创建的图表，在【图表工具】工具栏中切换到【设计】选项卡，单击【图表布局】组中的 快速布局 按钮，在弹出的下拉列表中选择【布局 3】选项。

2 此时，即可将所选的布局样式应用到图表中。

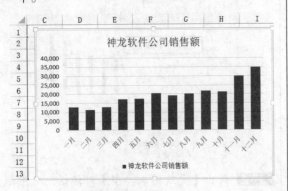

5. 设计图表样式

Excel 2013 提供了很多图表样式，用户可以从中选择合适的样式，以便美化图表。设计图表样式的具体步骤如下。

1 选中创建的图表，在【图表工具】工具栏中切换到【设计】选项卡，单击【图表样式】组中的【快速样式】按钮。

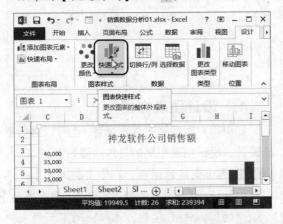

2 在弹出的下拉列表中选择【样式16】选项。

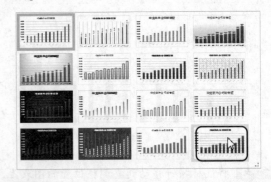

3 此时，即可将所选的图表样式应用到图表中。

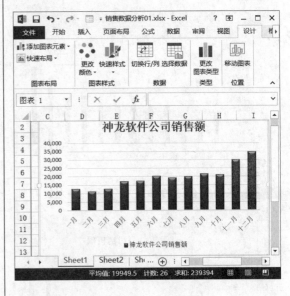

10.1.2 美化图表

为了使创建的图表看起来更加美观，用户可以对图表标题和图例、图表区域、数据系列、绘图区、坐标轴、网格线等项目进行格式设置。

本小节原始文件和最终效果所在位置如下。		
	原始文件	原始文件\第 10 章\销售数据分析 02.xlsx
	最终效果	最终效果\第 10 章\销售数据分析 03.xlsx

1. 设置图表标题和图例

设置图表标题和图例的具体步骤如下。

1 打开本实例的原始文件，选中图表标题，切换到【开始】选项卡，在【字体】下拉列表框中选择【微软雅黑】选项，在【字号】下拉列表框中选择【12】选项，然后单击【加粗】按钮 **B**，撤销加粗效果。

2. 设置图表区域格式

设置图表区域格式的具体步骤如下。

1 选中整个图表区域，然后单击鼠标右键，在弹出的快捷菜单中选择【设置图表区域格式】菜单项。

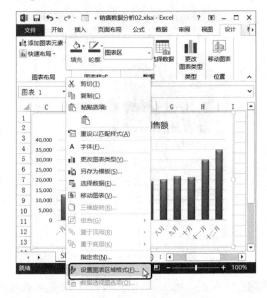

2 选中图表，切换到【设计】选项卡，单击【图表布局】组中的 添加图表元素 按钮，在弹出的下拉列表中选择【图例】➤【无】选项。

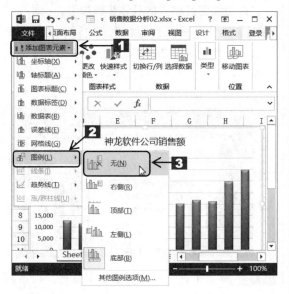

2 弹出【设置图表区格式】窗格，切换到【填充】选项卡，选中【渐变填充】单选钮，然后在【颜色】下拉列表框中选择【其他颜色】选项。

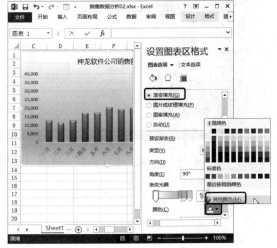

3 返回工作表中，此时原有的图例就被隐藏了。

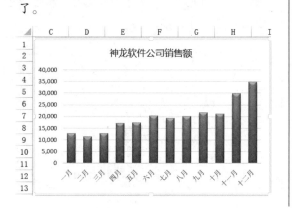

3 弹出【颜色】对话框，切换到【自定义】选项卡，在【颜色模式】下拉列表中选择【RGB】选项，然后在【红色】微调框中将数据调整为"47"，在【绿色】微调框中将数据调整为"188"，在【蓝色】微调框中将数据调整为"114"。

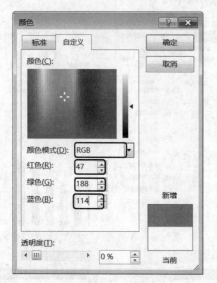

4 单击 确定 按钮，返回【设置图表区格式】窗格，在【角度】微调框中输入"315°"。

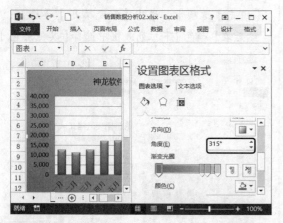

5 单击 ✕ 按钮，返回工作表中，设置效果如右上图所示。

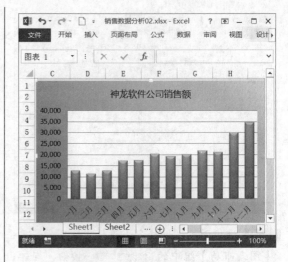

3. 设置绘图区格式

设置绘图区格式的具体步骤如下。

1 选中绘图区，然后单击鼠标右键，在弹出的快捷菜单中选择【设置绘图区格式】菜单项。

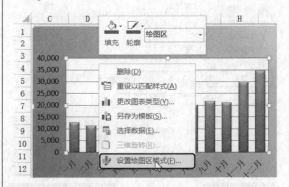

2 弹出【设置绘图区格式】窗格，切换到【填充】选项卡，选中【纯色填充】单选钮，然后在【颜色】下拉列表框中选择【红色,着色2,淡色80%】选项。

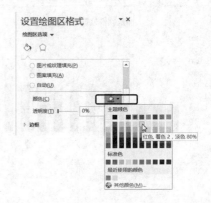

3 单击 ✕ 按钮，返回工作表中，设置效果如下图所示。

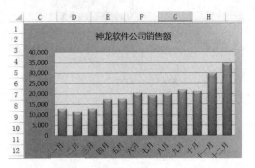

4. 设置数据系列格式

设置数据系列格式的具体步骤如下。

1 选中数据系列，然后单击鼠标右键，在弹出的快捷菜单中选择【设置数据系列格式】菜单项。

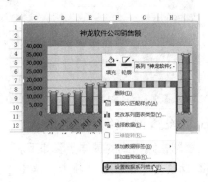

2 弹出【设置数据系列格式】窗格，切换到【系列选项】选项卡，在【系列重叠】微调框中输入".00%"，然后在【分类间距】微调框中输入"50%"。

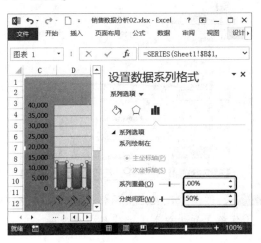

3 切换到【填充】选项卡，选中【纯色填充】单选钮，然后在【颜色】下拉列表框中选择【红色,着色2,深色25%】选项。

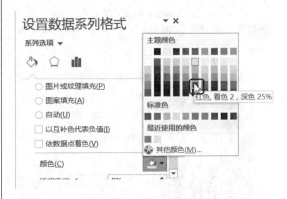

4 单击 ✕ 按钮，返回工作表中，设置效果如下图所示。

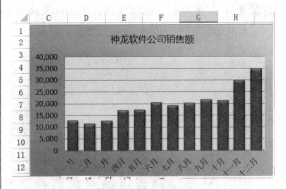

5. 设置坐标轴格式

设置坐标轴格式的具体步骤如下。

1 选中纵向坐标轴，然后单击鼠标右键，在弹出的快捷菜单中选择【设置坐标轴格式】菜单项。

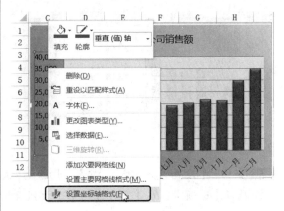

2 弹出【设置坐标轴格式】窗格，切换到【坐标轴选项】选项卡，在【最大值】文本框中输入"35000.0"。

3 单击 ✕ 按钮，返回工作表中，设置效果如下图所示。

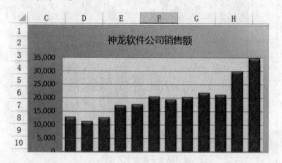

4 选中横向坐标轴，然后单击鼠标右键，在弹出的快捷菜单中选择【设置坐标轴格式】菜单项。

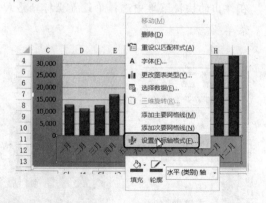

5 弹出【设置坐标轴格式】窗格，切换到【大小属性】选项卡，在【文字方向】下拉列表框中选择【竖排】选项。

6 单击 ✕ 按钮，返回工作表中，设置效果如下图所示。

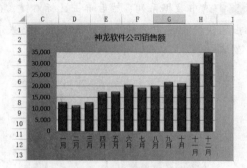

6. 设置网格线格式

设置网格线格式的具体步骤如下。

1 切换到【设计】选项卡，单击【图表布局】组中的 添加图表元素▾ 按钮，在弹出的下拉列表中选择【网格线】➤【更多网格线选项】选项。

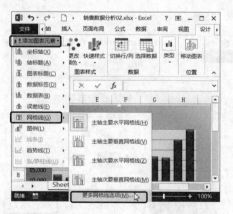

2 弹出【设置主要网格线格式】窗格，在【线条】组中单击【无线条】单选钮。

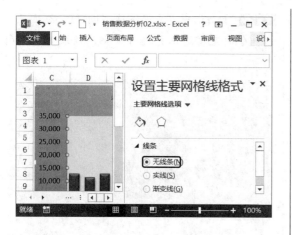

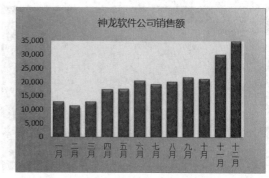

3 此时，绘图区中的网格线就被隐藏起来了，图表美化完毕，最终效果如下图所示。

10.1.3 创建其他图表类型

在实际工作中，除了经常使用柱形图以外，还会用到折线图、饼图、条形图、面积图、雷达图等常见图表类型。

本小节原始文件和最终效果所在位置如下。	
原始文件	原始文件\第 10 章\销售数据分析 03.xlsx
最终效果	最终效果\第 10 章\销售数据分析 04.xlsx

创建其他图表类型的具体步骤如下。

1 重新选中单元格区域 A1:B13，然后插入一个带数据标记的折线图并进行美化，效果如下图所示。

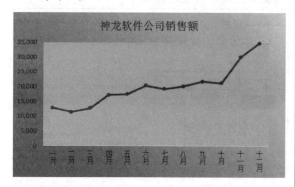

2 重新选中单元格区域 A1:B13，然后插入一个三维饼图并进行美化，效果如右上图所示。

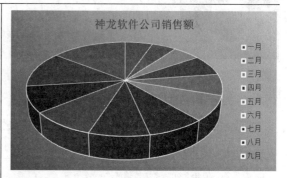

3 重新选中单元格区域 A1:B13，然后插入一个二维簇状条形图并进行美化，效果如下图所示。

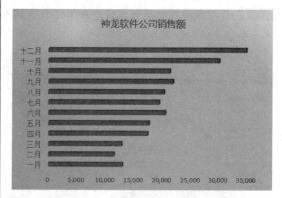

4 重新选中单元格区域 A1:B13，然后插入一个二维面积图并进行美化，效果如下图所示。

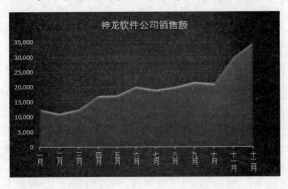

5 重新选中单元格区域 A1:B13，然后插入一个填充雷达图并进行美化，效果如下图所示。

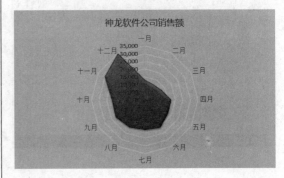

10.2 特殊制图

在日常办公中，用户除了直接插入常见图表以外，还可以进行特殊制图，例如巧用 QQ 图片美化图表，制作温度计型图表、波士顿矩阵图、人口金字塔分布图、任务甘特图、气泡图、瀑布图等。

10.2.1 巧用 QQ 图片

Excel 的图表不但可以使用形状和颜色来修饰数据标记，还可以使用 QQ 图片等特定图片。使用与图表内容相关的图片替换数据标记，可以制作出更加生动、可爱的图表。

本小节原始文件和最终效果所在位置如下。	
原始文件	原始文件\第 10 章\巧用 QQ 图片 01.xlsx
最终效果	最终效果\第 10 章\巧用 QQ 图片 02.xlsx

在图表中使用 QQ 图片的具体步骤如下。

1 打开本实例的原始文件，在工作表中插入一些可爱的 QQ 图片。

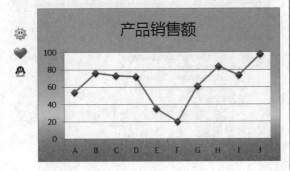

2 选中"心形"图片，然后单击鼠标右键，在弹出的快捷菜单中选择【复制】菜单项。

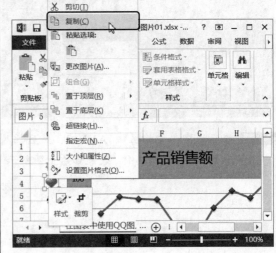

3 单击其中的任意一个数据标记，即可选中整个系列的数据标记。

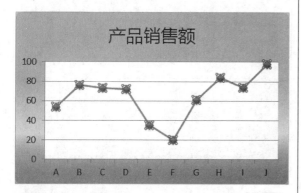

4 按下【Ctrl】+【V】组合键，即可将图片粘贴到数据标记上。

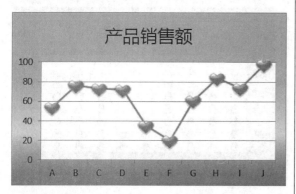

5 如果用户要替换其中的单个数据标记，可以先复制一个 QQ 图片，然后两次间断单击要替换的数据标记即可将其选中，再按下【Ctrl】+【V】组合键，即可将图片替换到该数据标记上。

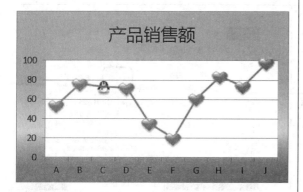

6 使用同样的方法，替换其他数据标记即可。

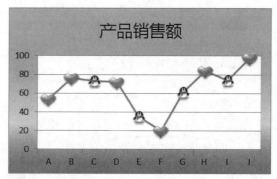

7 除了可以在折线图中使用 QQ 图片，还可以在柱形图中使用QQ图片。首先复制"太阳"图片，然后选中整个柱形图。

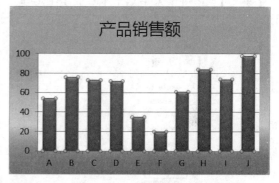

8 按下【Ctrl】+【V】组合键，效果如下图所示。

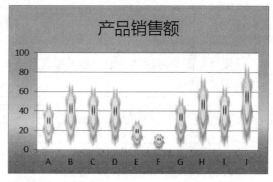

9 选中整个柱形图，然后单击鼠标右键，在弹出的快捷菜单中选择【设置数据系列格式】菜单项。

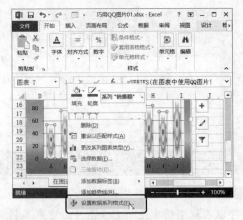

10 弹出【设置数据系列格式】窗格，切换到【填充】选项卡，然后选中【层叠】单选钮。

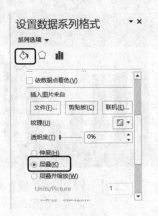

11 设置完毕，单击×按钮，返回工作表中，最终效果如下图所示。

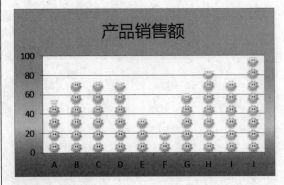

12 使用同样的方法，为柱形图应用其他QQ图片即可，设置完毕，效果如下图所示。

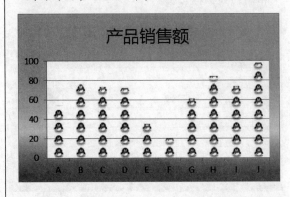

10.2.2　制作温度计型图表

温度计型图表可以动态地显示某项工作完成的百分比，形象地反映出某项目的工作进度或某些数据的增长趋势。

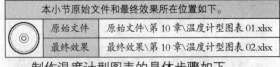

本小节原始文件和最终效果所在位置如下。	
原始文件	原始文件\第10章\温度计型图表01.xlsx
最终效果	最终效果\第10章\温度计型图表02.xlsx

制作温度计型图表的具体步骤如下。

1 打开本实例的原始文件，选中单元格区域C3:D3，切换到【插入】选项卡，单击【图表】组中的【柱形图】按钮，在弹出的下拉列表中选择【堆积柱形图】选项。

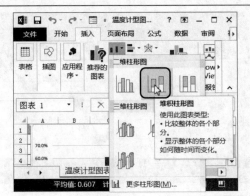

2 此时，在工作表中插入了一个堆积柱形图。

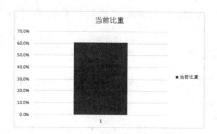

3 选中图表，切换到【设计】选项卡，在【图表布局】组中单击 添加图表元素 按钮，在弹出的下拉列表中选择【图例】➢【无】选项。

4 选中图表，切换到【设计】选项卡，在【图表布局】组中单击 添加图表元素 按钮，在弹出的下拉列表中选择【坐标轴】➢【主要横坐标轴】选项。

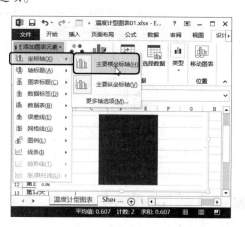

5 选中图表，切换到【设计】选项卡，在【图表布局】组中单击 添加图表元素 按钮，在弹出的下拉列表中选择【网格线】➢【主轴主要水平网格线】选项。

6 返回工作表中，将图表标题的字体格式设置为"微软雅黑—16 号—绿色加粗"，设置效果如下图所示。

7 选中纵向坐标轴，然后单击鼠标右键，在弹出的快捷菜单中选择【设置坐标轴格式】菜单项。

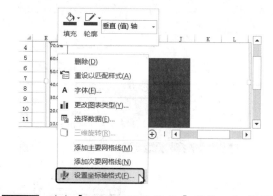

8 弹出【设置坐标轴格式】窗格，切换到【坐标轴选项】选项卡，在【边界】组合框中的【最大值】微调框中输入"1.0"。

9 单击 ✕ 按钮，返回工作表中，设置效果如下图所示。

10 选中数据系列，然后单击鼠标右键，在弹出的快捷菜单中选择【设置数据系列格式】菜单项。

11 弹出【设置数据系列格式】窗格，切换到【系列选项】选项卡，单击【系列重叠】组合框

中的滑块，向右拖动滑块将数据调整为"100%"。然后单击【分类间距】组合框中的滑块，向左拖动滑块将数据调整为".00%"。

12 切换到【填充】选项卡，选中【图案填充】单选钮，然后在【前景】下拉列表框中选择【橙色,着色6,深色25%】选项，在【图案】组合框中选择【横虚线】选项。

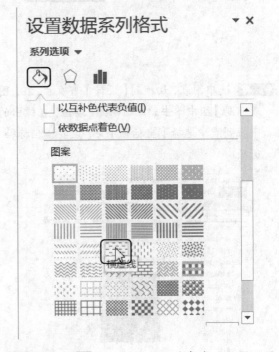

13 单击 ✕ 按钮，返回工作表中，设置效果如下图所示。

14 选中绘图区，切换到【格式】选项卡，单击【形状样式】组中的【形状轮廓】按钮 ⬚·右侧的下三角按钮 ·，在弹出的下拉列表中选择【红色】选项。

15 选中绘图区，然后单击鼠标右键，在弹出的快捷菜单中选择【设置绘图区格式】菜单项。

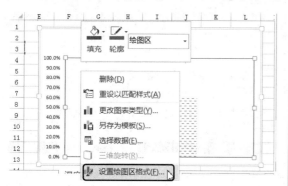

16 弹出【设置绘图区格式】窗格，切换到【填充】选项卡，选中【纯色填充】单选钮，然后在【颜色】下拉列表框中选择【深红】选项。

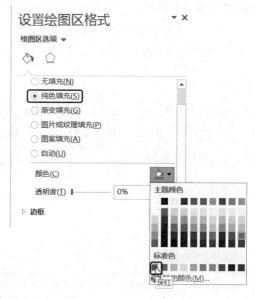

17 单击 ✕ 按钮，返回工作表中，设置效果如下图所示。

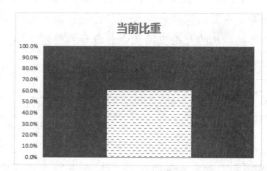

18 选中整个图表，此时图表区的四周会出现 8 个控制点，将鼠标指针移动到图表的右下角，此时鼠标指针变成 ⤢ 形状，按住鼠标左键向上、下、左、右方向进行拖动。

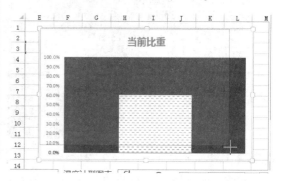

19 使用同样的方法，选中整个绘图区，拖动到合适的位置后释放鼠标左键即可。设计完毕，温度计型图表的最终效果如右图所示。

提示

通过温度计型图表，能够动态地显示某项工程完成的百分比，形象地反映出某项目的工作进度或某些数据的增长趋势。

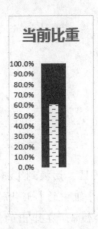

10.2.3　制作波士顿矩阵图

波士顿矩阵图又称成长—份额矩阵图，它以矩阵的形式将企业的所有产品业务标注出来，其中纵坐标轴为市场成长率，横坐标轴为各产品的相对市场份额。波士顿矩阵图主要包括四象图、九宫图等，主要用来将企业所有产品从销售增长率和市场占有率的角度进行再组合、再分析，以实现企业产品结构的互相支持和企业资金的良性循环。

本小节原始文件和最终效果所在位置如下。	
素材文件	素材文件\第 10 章\九宫图 JPG
原始文件	原始文件\第 10 章\波士顿矩阵图 01.xlsx
最终效果	最终效果\第 10 章\波士顿矩阵图 02.xlsx

制作波士顿矩阵图的具体步骤如下。

1 打开本实例的原始文件，使用矩形框或文本框功能创建一个红、黄、蓝三色的九宫模块，然后将其设置为图片并保存到合适的位置。

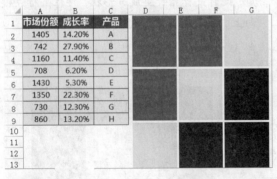

2 选中单元格区域 A2:C9，切换到【插入】选项卡，单击【图表】组中的【插入散点图（X、Y）或气泡图】按钮，在弹出的下拉列表中选择【气泡图】选项。

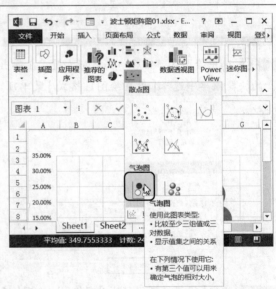

3 此时，工作表中插入了一个气泡图。选中该图表，切换到【设计】选项卡，单击【图表布局】组中的 添加图表元素 按钮，在弹出的下拉列表中选择【图例】➤【无】选项。

6 设置完毕，单击【关闭】按钮 ✕，返回工作表中，效果如下图所示。

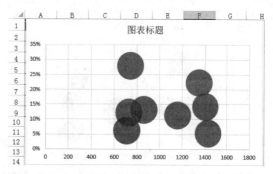

7 选中横向坐标轴，然后单击鼠标右键，在弹出的快捷菜单中选择【设置坐标轴格式】菜单项。

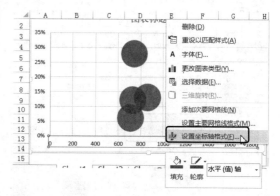

4 选中纵向坐标轴，然后单击鼠标右键，在弹出的快捷菜单中选择【设置坐标轴格式】菜单项。

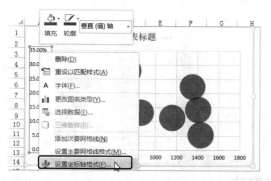

5 弹出【设置坐标轴格式】窗格，切换到【数字】选项卡，在【类别】下拉列表框中选择【百分比】选项，然后在【小数位数】文本框中输入"0"。

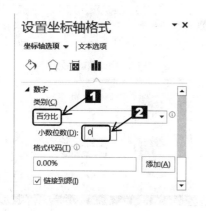

8 弹出【设置坐标轴格式】窗格，切换到【坐标轴选项】选项卡，在【边界】组合框中的【最小值】文本框中输入"500.0"，在【最大值】文本框中输入"1700.0"，在【单位】组合框中的【主要】文本框中输入"200.0"。

9 设置完毕，单击【关闭】按钮 ✕，返回工作表中，效果如下图所示。

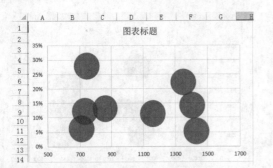

10 选中图表，切换到【设计】选项卡，单击【图表布局】组中的 添加图表元素▾ 按钮，在弹出的下拉列表中选择【图表标题】➤【图表上方】选项。

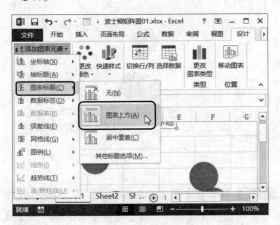

11 此时，在图表的上方插入了一个图表标题文本框，然后将其修改为"波士顿矩阵图"并进行字体设置，效果如下图所示。

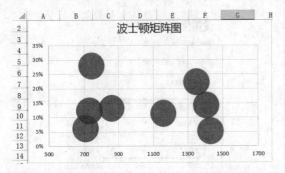

12 在【图表工具】工具栏中，切换到【设计】选项卡，单击【图表布局】组中的 添加图表元素▾ 按钮，在弹出的下拉列表中选择【主轴主要水平网格线】选项，此时即可隐藏水平网格线。

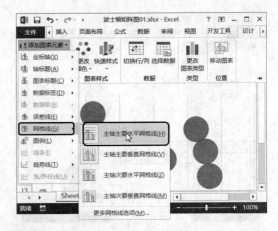

13 使用同样的方法隐藏垂直网格线。选中整个图表系列，然后单击鼠标右键，在弹出的快捷菜单中选择【设置数据系列格式】菜单项。

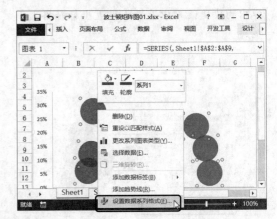

14 弹出【设置数据系列格式】窗格，切换到【系列选项】选项卡，在【大小表示】组合框中选中【气泡面积】单选钮，然后在【将气泡大小缩放为】文本框中输入"45"。

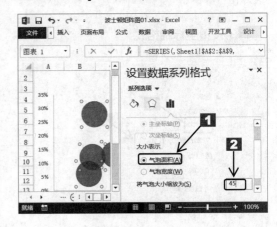

15 切换到【填充线条】选项卡，在【填充】选项组中，选中【纯色填充】单选钮，然后在【颜色】下拉列表框中选择【蓝色】选项。

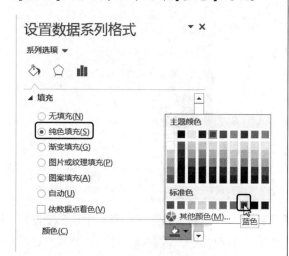

16 设置完毕，单击【关闭】按钮 ✕，返回工作表中，效果如下图所示。

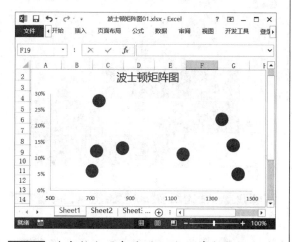

17 选中整个图表系列，然后单击鼠标右键，在弹出的快捷菜单中选择【添加数据标签】➤【添加数据标签】菜单项。

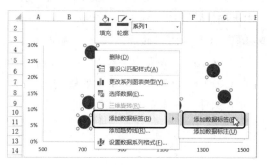

18 此时数据标签以"百分比"的默认形式添加到了图表中，然后选中所有数据标签，单击鼠标右键，在弹出的快捷菜单中选择【设置数据标签格式】菜单项。

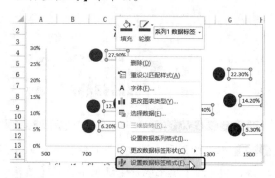

19 弹出【设置数据标签格式】窗格，切换到【标签选项】选项卡，在【标签包括】组合框中撤选【Y值】复选框并选中【气泡大小】复选框，然后在【标签位置】组合框中选中【居中】单选钮。

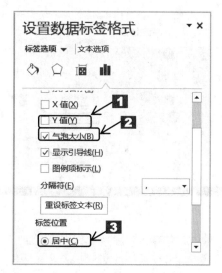

20 设置完毕，单击【关闭】按钮 ✕，返回工作表中，选中【数据标签】，然后切换到【开始】选项卡，在【字体】组中单击【字体颜色】按钮 **A** 右侧的下三角按钮，在弹出的下拉列表中选择【白色,背景1】选项。

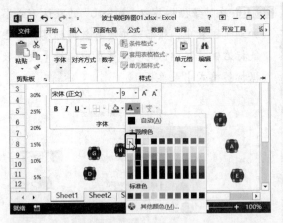

22 弹出【插入图片】对话框，从中选择合适的图片，例如选择"九宫图.JPG"。

21 双击绘图区，弹出【设置绘图区格式】窗格，切换到【填充线条】选项卡，在【填充】选项组中，选中【图片或纹理填充】单选钮，然后在【插入图片来自】组合框中单击 文件(F)... 按钮。

23 单击 插入(S) 按钮，返回【设置绘图区格式】界面，单击✕按钮，返回工作表中，波士顿矩阵图的最终效果如下图所示。

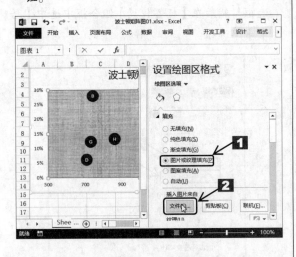

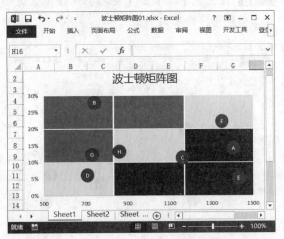

10.2.4　制作任务甘特图

甘特图实际上是一种悬浮式的条形图，它是以图示的方式，通过活动列表和时间刻度形象地表示出任何特定项目的活动顺序与持续时间。甘特图是用于项目管理的主要图表之一。

本小节原始文件和最终效果所在位置如下。	
原始文件	原始文件\第10章\任务甘特图01.xlsx
最终效果	最终效果\第10章\任务甘特图02.xlsx

制作任务甘特图的具体步骤如下。

1 打开本实例的原始文件，选中单元格区域 A2:C10，切换到【插入】选项卡，单击【图表】组中的【插入条形图】按钮 ▦ ，在弹出的下拉列表中选择【堆积条形图】选项。

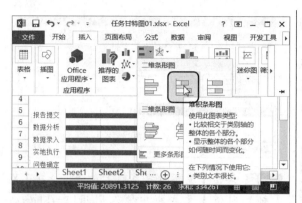

2 此时，工作表中插入了一个堆积条形图，选中该图表，然后单击鼠标右键，在弹出的快捷菜单中选择【选择数据】菜单项。

3 弹出【选择数据源】对话框。

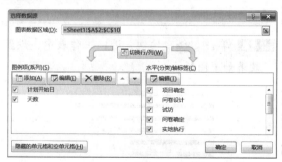

4 单击 添加(A) 按钮，弹出【编辑数据系列】对话框，在【系列名称】文本框中输入"直线"，在【系列值】文本框输入引用"={10,0}"。

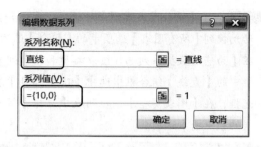

5 设置完毕，单击 确定 按钮，返回【选择数据源】对话框。

6 单击 确定 按钮，返回工作表，设置效果如下图所示。

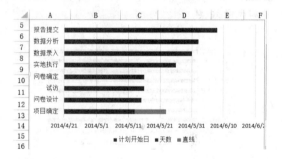

7 选中"直线"系列，然后单击鼠标右键，在弹出的快捷菜单中选择【更改系列图表类型】菜单项。

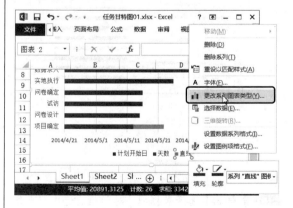

8 弹出【更改图表类型】对话框，系统会自动切换到【所有图表】选项卡的【组合】选项，在【为您的数据系列选择图表类型和轴】列表框中的【直线】组合框中选中【次坐标轴】复选框，在【图表类型】下拉列表中选择【带直线的散点图】选项。

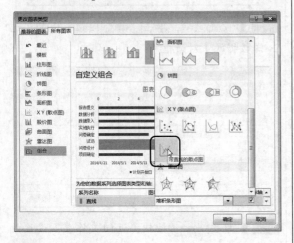

9 单击 确定 按钮，返回工作表，设置效果如下图所示。

10 选中数据系列，然后单击鼠标右键，在弹出的快捷菜单中选择【选择数据】菜单项。

11 弹出【选择数据源】对话框，选中"直线"系列，然后单击 编辑(E) 按钮。

12 弹出【编辑数据系列】对话框，在【X轴系列值】文本框中输入引用 "=(Sheet1!$B$12,Sheet1!$B$12)"。

13 单击 确定 按钮，返回【选择数据源】对话框。

14 单击 确定 按钮，返回工作表中，设置效果如下图所示。

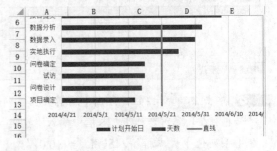

15 在垂直（类别）轴上单击鼠标右键，在弹出的快捷菜单中选择【设置坐标轴格式】菜单项。

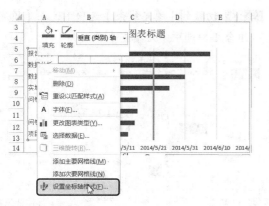

16 弹出【设置坐标轴格式】窗格，切换到【坐标轴选项】选项卡，在【坐标轴选项】组合框中选中【逆序类别】复选框，在【刻度线标记】组合框中的【主要类型】下拉列表框中选择【内部】选项。

17 设置完毕，单击【关闭】按钮 ✕ ，返回工作表，选中次坐标轴垂直（值）轴，然后单击鼠标右键，在弹出的快捷菜单中选择【设置坐标轴格式】菜单项。

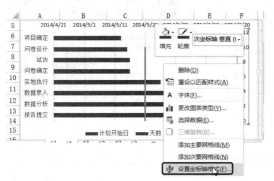

18 弹出【设置坐标轴格式】窗格，切换到【坐标轴选项】选项卡，将【最大值】数据调整为"10.0"，然后在【刻度线标记】组合框中的【主要类型】下拉列表框中选择【内部】选项。

19 设置完毕，单击【关闭】按钮 ✕ ，返回工作表，选中水平（值）轴，然后单击鼠标右键，在弹出的快捷菜单中选择【设置坐标轴格式】菜单项。

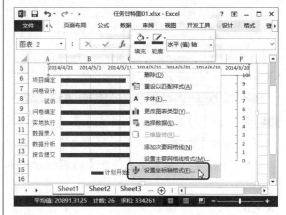

20 弹出【设置坐标轴格式】窗格，切换到【坐标轴选项】选项卡，在【边界】组合框中的【最小值】文本框中输入"5/7"，然后按下【Enter】键，在【最大值】文本框中输入"6/8"，然后按下【Enter】键。

21 设置完毕，单击【关闭】按钮 X，返回工作表，选中"计划开始日"系列，然后单击鼠标右键，在弹出的快捷菜单中选择【设置数据系列格式】菜单项。

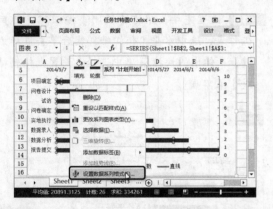

22 弹出【设置数据系列格式】界面，切换到【系列选项】选项卡，在【系列重叠】微调框中输入"100%"，在【分类间距】微调框中输入"0%"。

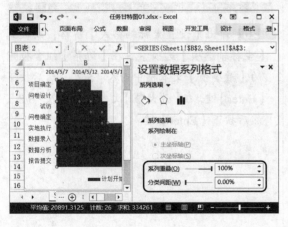

23 切换到【填充线条】选项卡，在【填充】组合框中选中【无填充】单选钮。

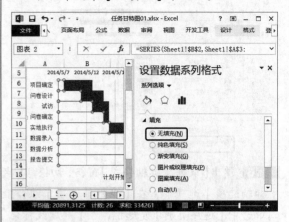

24 设置完毕，单击【关闭】按钮 X，返回工作表，然后设置坐标轴值的字体格式并隐藏图例和图表标题，效果如下图所示。

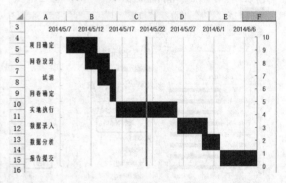

25 将绘图区填充为【橙色，着色 6，单色 80%】，将"天数"系列填充为【橙色，着色 6】，效果如下图所示。

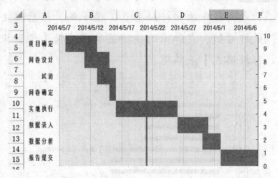

26 选中"直线"系列,在【图表工具】工具栏中,切换到【格式】选项卡,在【形状样式】组中单击 形状轮廓 按钮,在弹出的下拉列表中选择【红色】选项。

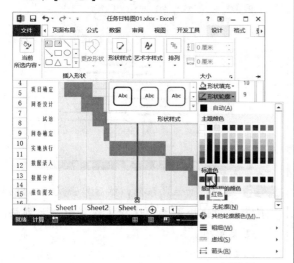

27 设置完毕,任务甘特图的最终效果如下图所示。

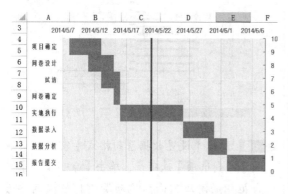

28 任务甘特图制作完毕,如果当前日期发生变化,此时,任务甘特图中表示项目进度的直线也会随之变化。例如,将当前日期更改为"2014/5/28"。

	A	B	C	D
1		任务甘特图		
2		计划开始日	天数	计划结束日
3	项目确定	2014/5/8	5	2014/5/13
4	问卷设计	2014/5/11	4	2014/5/15
5	试访	2014/5/13	3	2014/5/16
6	问卷确定	2014/5/15	1	2014/5/16
7	实地执行	2014/5/16	10	2014/5/26
8	数据录入	2014/5/26	5	2014/5/31
9	数据分析	2014/5/30	3	2014/6/2
10	报告提交	2014/6/2	6	2014/6/8
11				
12	今天	2014/5/28		

29 按下【Enter】键,此时即可通过任务甘特图清晰地展现当前日期的项目进度。

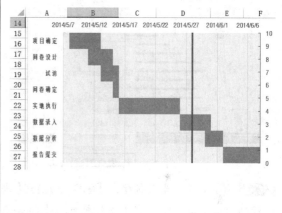

10.2.5 制作人口金字塔分布图

人口金字塔分布图是按人口年龄和性别表示人口分布的特种塔状条形图,能形象地表示某一人群的年龄和性别构成。水平条代表每一年龄组男性和女性的数字或比例,金字塔中各个年龄性别组的人口相加构成了总人口。

本小节原始文件和最终效果所在位置如下。		
	原始文件	原始文件\第 10 章\人口分布图 01.xlsx
	最终效果	最终效果\第 10 章\人口分布图 02.xlsx

制作人口金字塔分布图的具体步骤如下。

1 打开本实例的原始文件,选中单元格区域 A1:C11,切换到【插入】选项卡,单击【图表】组中的【插入条形图】按钮,在弹出的下拉列表中选择【簇状条形图】选项。

2 此时工作表中插入了一个簇状条形图，选中纵向坐标轴，然后单击鼠标右键，在弹出的快捷菜单中选择【设置坐标轴格式】菜单项。

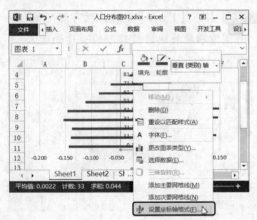

3 弹出【设置坐标轴格式】窗格，切换到【坐标轴选项】选项卡，在【坐标轴标签】组合框中的【标签位置】下拉列表框中选择【低】选项。

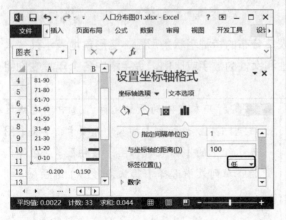

4 设置完毕，单击【关闭】按钮，返回工作表，此时纵向坐标轴就移动到了图表的左侧。

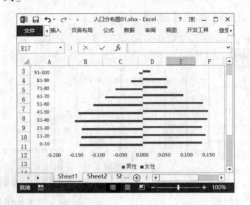

5 选中"女性"系列，然后单击鼠标右键，在弹出的快捷菜单中选择【设置数据系列格式】菜单项。

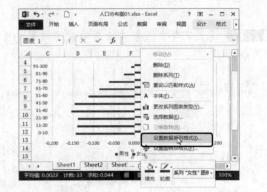

6 弹出【设置数据系列格式】窗格，切换到【系列选项】选项卡，单击【系列重叠】组合框中的滑块，向右拖动滑块将数据调整为"100%"。然后单击【分类间距】组合框中的滑块，向左拖动滑块将数据调整为"0%"。

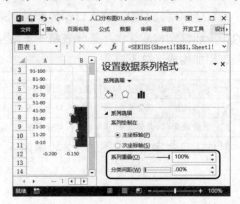

7 切换到【填充线条】选项卡，选择【填充】选项，选中【纯色填充】单选钮，然后在【颜色】下拉列表框中选择【绿色】选项。

8 选择【边框】选项，选中【实线】单选钮，然后在【颜色】下拉列表框中选择【黑色,文字1】选项。

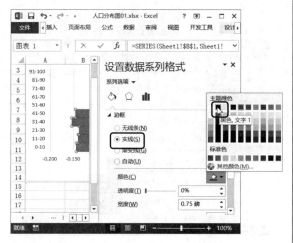

9 设置完毕，单击【关闭】按钮 ✕，返回工作表，效果如右上图所示。

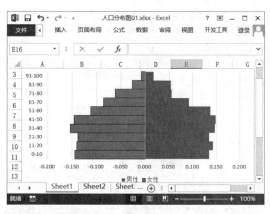

10 使用同样的方法将"男性"系列设置为黑色实线边框，并将其填充为蓝色。

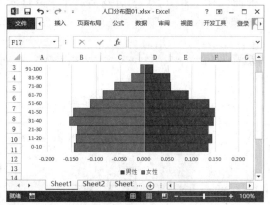

11 选中水平（值）轴，然后单击鼠标右键，在弹出的快捷菜单中选择【设置坐标轴格式】菜单项。

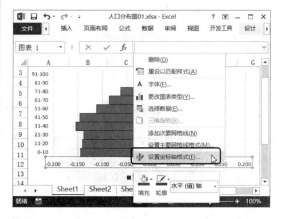

12 弹出【设置坐标轴格式】窗格，切换到【坐标轴选项】选项卡，在【单位】组合框中的【主要】文本框中输入"0.1"。

13 选择【数字】选项，在【类别】下拉列表框中选择【数字】选项，然后在【小数位数】微调框中输入"1"。

14 设置完毕，单击【关闭】按钮 ✕，返回工作表，效果如下图所示。

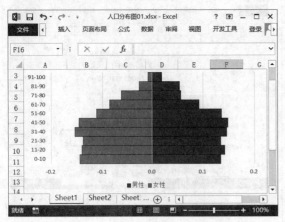

15 为图表添加标题"人口金字塔"，然后将图表标题、坐标轴值和图例的字体格式设置为"微软雅黑"。

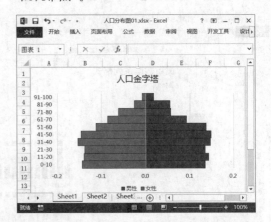

16 选中整个图表，切换到【设计】选项卡，单击【图表布局】组中的 添加图表元素▾ 按钮，在弹出的下拉列表中选择【网格线】➤【主轴主要垂直网格线】选项，此时即可隐藏纵向网格线。

17 选中整个绘图区，然后单击鼠标右键，在弹出的快捷菜单中选择【设置绘图区格式】菜单项。

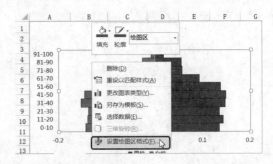

18 弹出【设置绘图区格式】窗格，切换到【填充线条】选项卡，选择【填充】选项，选中【图案填充】单选钮，然后在【前景】下拉列表框中选择【紫色】选项，在【图案】组合框中选择【5%】选项。

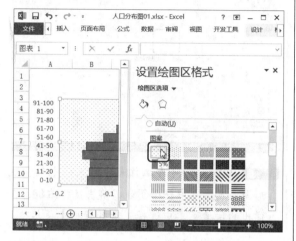

19 设置完毕，单击【关闭】按钮 ✕，返回工作表，然后选中整个图表区域，单击鼠标右键，在弹出的快捷菜单中选择【设置图表区域格式】菜单项。

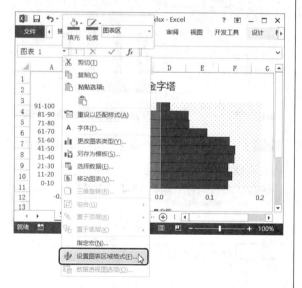

20 弹出【设置图表区格式】窗格，切换到【填充】选项卡，选中【渐变填充】单选钮，然后在【预设渐变】下拉列表框中选择【顶部聚光灯-着色 2】选项。

21 设置完毕，单击【关闭】按钮 ✕，返回工作表，人口金字塔的最终效果如下图所示。

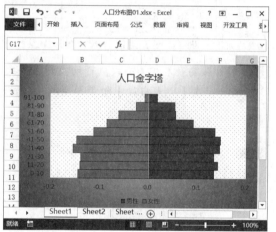

10.2.6　制作瀑布图

瀑布图是指通过巧妙的设置，使图表中数据点的排列形状看似瀑布。这种效果的图形能够在反映数据的多少的同时，直观地反映出数据的增减变化，在工作表中具有很强的实用价值。

本小节原始文件和最终效果所在位置如下。	
原始文件	原始文件\第 10 章\瀑布图 01.xlsx
最终效果	最终效果\第 10 章\瀑布图 02.xlsx

制作瀑布图的具体步骤如下。

1 打开本实例的原始文件，某产品销售量走势的相关数据如下图所示。

	A	B	C	D	E	F	G
1	某产品销售量走势						
2		1月	2月	3月	4月	5月	6月
3	销售量	245	317	220	300	433	280

2 对数据进行加工和处理，然后制作辅助数据，计算销售量的月变化值、起点终点值、占位值、正数序列和负数序列，效果如下图所示。

	A	B	C	D	E	F	G	H
1	某产品销售量走势							
2		1月	2月	3月	4月	5月	6月	
3	销售量	245	317	220	300	433	280	
4	辅助数据							
5	变化值		72	-97	80	133	-153	
6		1月	2月	3月	4月	5月	6月	当前值
7	起点终点值	245						280
8	占位值		245	220	220	300	280	
9	正数序列		72		80	133		
10	负数序列			97			153	

3 如果要查看相关公式，可切换到【公式】选项卡，在【公式审核】组中单击 显示公式 按钮。

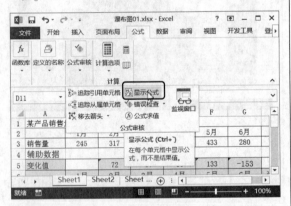

4 此时，即可查看辅助数据计算时用到的相关公式，查看完毕，在【公式审核】组中再次单击 显示公式 按钮即可。

	A	B	C	D
1	某产品销售量走势			
2		1月	2月	3月
3	销售量	245	317	220
4	辅助数据			
5	变化值		=C3-B3	=D3-C3
6		1月	2月	3月
7	起点终点值	=B3		
8	占位值		=IF(C5<0,C3,B3)	=IF(D5<0,D3,C3)
9	正数序列		=IF(C5>0,C5,"")	=IF(D5>0,D5,"")
10	负数序列		=IF(C5<0,-C5,"")	=IF(D5<0,-D5,"")

5 选中单元格区域 A6:H10，切换到【插入】选项卡，单击【图表】组中的【插入柱形图】按钮 ，在弹出的下拉列表中选择【堆积柱形图】选项。

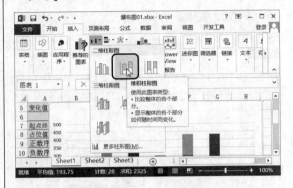

6 此时，即可在工作表中插入一个堆积柱形图。然后选中整个图表，单击鼠标右键，在弹出的快捷菜单中选择【选择数据】菜单项。

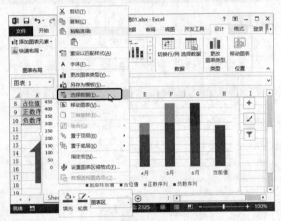

7 弹出【选择数据源】对话框，然后单击 添加(A) 按钮。

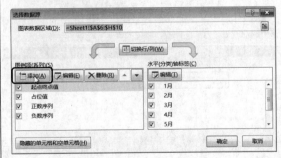

8 弹出【编辑数据系列】对话框，在【系列名称】文本框中输入"销售量"，在【系列值】文本框中输入引用"=Sheet1!$B$3:$G$3"。

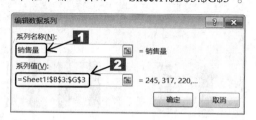

9 设置完毕，单击 确定 按钮，返回【选择数据源】对话框。

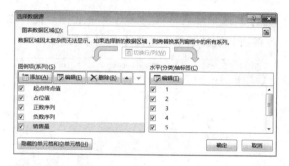

10 单击 确定 按钮，返回工作表，此时，即可将数据系列"销售量"添加到图表中。然后选中数据系列"销售量"，单击鼠标右键，在弹出的快捷菜单中选择【更改系列图表类型】菜单项。

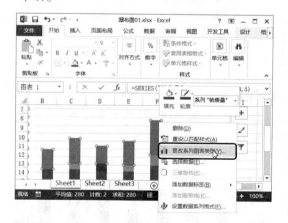

11 弹出【更改图表类型】对话框，系统会自动切换到【所有图表】选项卡下的【组合】选项，在【销售量】组合框中选中【次坐标轴】复选框，在【图表类型】下拉列表框中选择【散点图】选项。

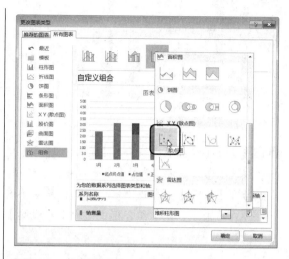

12 单击 确定 按钮，返回工作表，数据系列"销售量"的图表类型就变成了"散点图"。选中该散点图，切换到【设计】选项卡，在【图表布局】组中单击 添加图表元素 按钮，在弹出的下拉列表中选择【误差线】➢【标准误差】选项。

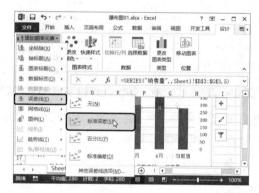

13 选中插入的垂直误差线，然后单击鼠标右键，在弹出的快捷菜单中选择【删除】菜单项。

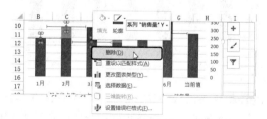

14 此时即可删除垂直误差线，然后选中水平误差线，单击鼠标右键，在弹出的快捷菜单中选择【设置错误栏格式】菜单项。

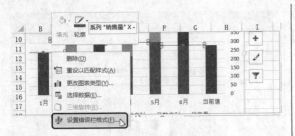

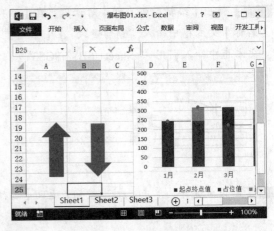

15 弹出【设置误差线格式】窗格,切换到【误差线选项】选项卡,选择【水平误差线】选项,然后在【方向】组合框中选中【正偏差】单选钮,在【末端样式】组合框中选中【无线端】单选钮。

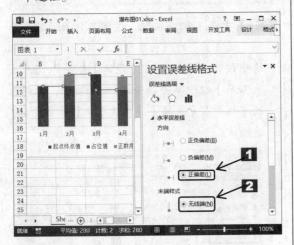

16 设置完毕,单击【关闭】按钮×,返回工作表,效果如下图所示。

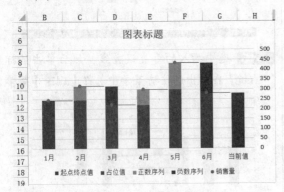

17 调整图表的位置,并用插入形状的方法绘制两个箭头,然后将其填充为"红色"和"绿色"。

18 选中红色箭头,然后单击鼠标右键,在弹出的快捷菜单中选择【复制】菜单项。

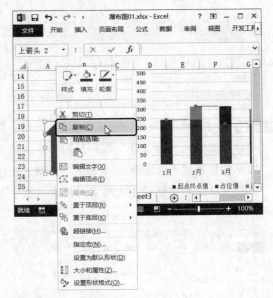

19 选中正数序列,然后按下【Ctrl】+【C】组合键,此时,即可将选中的数据系列的图表格式替换为红色箭头。

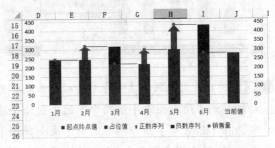

20 使用同样的方法，将负数系列的图表格式替换为绿色箭头。

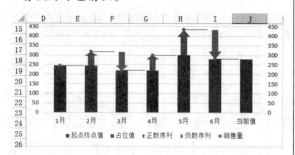

21 选中占位值序列，然后单击鼠标右键，在弹出的快捷菜单中选择【设置数据系列格式】菜单项。

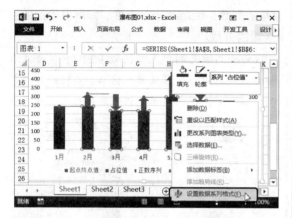

22 弹出【设置数据系列格式】窗格，切换到【填充线条】选项卡，然后在【填充】组合框中选中【无填充】单选钮。

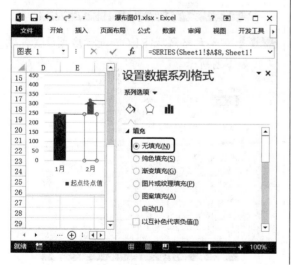

23 设置完毕，单击【关闭】按钮 ✕，返回工作表，此时即可将占位值系列的图表隐藏起来。然后为图表添加标题，并进行格式设置，设置完毕，效果如下图所示。

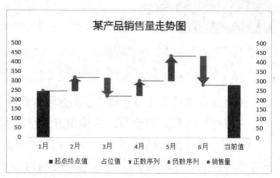

24 使用之前介绍的方法，为图表中的正数系列、负数系列、销售量系列添加数据标签，并设置数据标签格式，设置完毕，瀑布图的最终效果如下图所示。

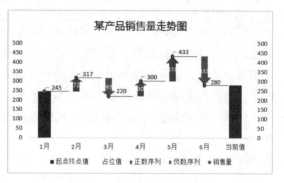

10.3 动态制图

使用 Excel 2013 提供的函数功能和窗体控件功能，用户可以制作各种动态图表。

10.3.1 选项按钮制图

使用选项选钮和【OFFSET】函数可以制作简单的动态图表。【OFFSET】函数的功能是提取数据，它以指定的单元为参照，偏移指定的行、列数，返回新的单元引用。

【OFFSET】函数的格式为：OFFSET(reference,rows,cols,height,width)。其中，reference 为偏移量参照系的引用区域；rows 为相对于偏移量参照系的左上角单元格，上（下）偏移的行数；cols 为相对于偏移量参照系的左上角单元格，左（右）偏移的列数；height 表示高度，即所要返回的引用区域的行数；width 表示宽度，即所要返回的引用区域的列数。

本小节原始文件和最终效果所在位置如下。
原始文件　原始文件\第 10 章\选项按钮制图 01.xlsx
最终效果　最终效果\第 10 章\选项按钮制图 02.xlsx

例如，某公司要统计产品 X 和产品 Y 的销售情况，这两种产品的销售区域相同，不同的只是它们的销售量。接下来在 Excel 中制作一个动态图表，通过选项按钮来选择图表要显示的数据。

使用选项按钮进行动态制图的具体步骤如下。

1 打开本实例的原始文件，选中单元格 E2，输入公式"=A2"，然后将公式填充到单元格区域 E3:E7 中。

后将公式填充到单元格区域 F2:F7。该公式表示"找到同一行且从单元格 A1 偏移一列的单元格区域，返回该单元格区域的值"。

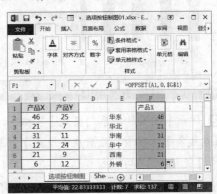

3 对单元格区域 E1:G7 进行格式设置，效果如下图所示。

2 在单元格 G1 中输入"1"，在单元格 F1 中输入函数公式"=OFFSET(A1,0,$G$1)"，然

4 选中单元格区域 E1:F7，切换到【插入】选项卡，单击【图表】组中的【插入柱形图】按钮，在弹出的下拉列表中选择【簇状柱形图】选项。

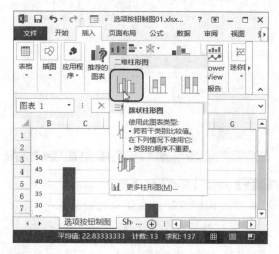

5 此时，工作表中插入了一个簇状柱形图。

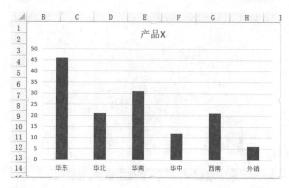

6 对簇状柱形图进行美化，效果如下图所示。

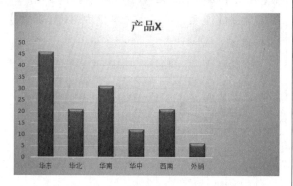

7 如果用户还没有添加"开发工具"选项卡，可以在电子表格窗口中单击 文件 按钮，在弹出的界面中选择【选项】选项。

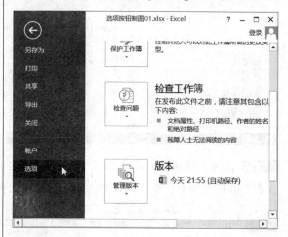

8 弹出【Excel 选项】对话框，选择【自定义功能区】选项卡，在【自定义功能区】下拉列表框中选择【主选项卡】选项，在下方的【主选项卡】列表框中选择【开发工具】复选框，然后单击 确定 按钮即可。

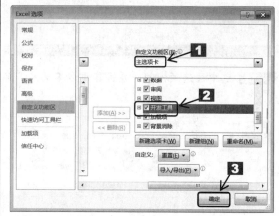

9 切换到【开发工具】选项卡，单击【控件】组中的【插入】按钮，在弹出的下拉列表中选择【选项按钮（窗体控件）】选项。

10 此时鼠标指针变成＋形状，在工作表中单击鼠标即可插入一个选项按钮。

11 选中该选项按钮，并将其重命名为"产品X"。

12 使用同样的方法再次插入一个选项按钮，然后将其重命名为"产品Y"。

13 按下【Ctrl】键选中"产品X"按钮，然后单击鼠标右键，在弹出的快捷菜单中选择【设置控件格式】菜单项。

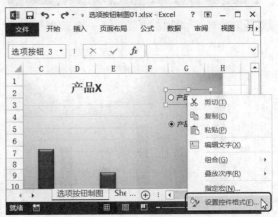

14 弹出【设置控件格式】对话框，切换到【控制】选项卡，选中【已选择】单选钮，然后单击【单元格链接】文本框右侧的【折叠】按钮。

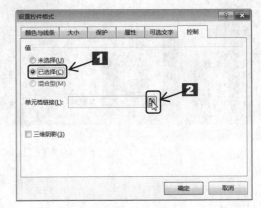

15 弹出【设置控件格式】对话框，在工作表中选中单元格 G1。

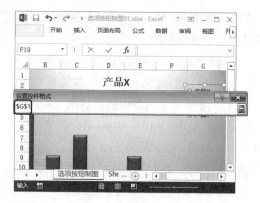

16 单击【设置控件格式】对话框右侧的【展开】按钮 ，返回【设置对象格式】对话框，然后单击 确定 按钮即可，同时"产品 Y"按钮也会引用此单元格。

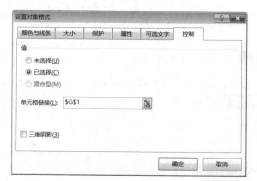

17 按下【Ctrl】键的同时选中两个选项按钮，然后单击鼠标右键，在弹出的快捷菜单中选择【组合】▶【组合】菜单项。

18 此时两个选项按钮就组合成了一个对象整体，然后将其移动到合适的位置。

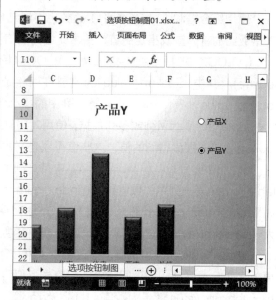

19 设置完毕，然后选中其中的任意一个选项按钮，即可通过图表变化来动态地显示相应的数据变化。

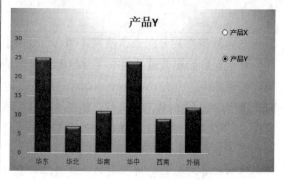

10.3.2 组合框制图

使用组合框和【VLOOKUP】函数也可以制作简单的动态图表。【VLOOKUP】函数的功能是在表格数组的首列查找指定的值，并由此返回表格数组当前行中其他列的值。

【VLOOKUP】函数的格式为：VLOOKUP(lookup_value,table_array,col_index_num,range_lookup)。其中，lookup_value 为需要在表格数组第一列中查找的数值，可以为数值或引用。若 lookup_value 小于 table_array 第一列中的最小值，则【VLOOKUP】函数返回错误值"#N/A"。

table_array 为两列或多列数据，使用对区域或区域名称的引用。table_array 第一列中的值是由 lookup_value 搜索得到的值，这些值可以是文本、数字或逻辑值。文本不区分大小写。

col_index_num 为 table_array 中待返回的匹配值的列序号。col_index_num 为 1 时，返回 table_array 第一列中的数值；col_index_num 为 2，返回 table_array 第二列中的数值，以此类推。如果 col_index_num 小于 1，则【VLOOKUP】函数返回错误值"#VALUE!"；如果 col_index_num 大于 table_array 的列数，则【VLOOKUP】函数返回错误值"#REF!"。

range_lookup 为逻辑值，指定希望【VLOOKUP】函数查找精确的匹配值还是近似匹配值。如果为 TRUE 或省略，则返回精确匹配值或近似匹配值。也就是说，如果找不到精确匹配值，则返回小于 lookup_value 的最大数值。table_array 第一列中的值必须以升序排序，否则【VLOOKUP】函数可能无法返回正确的值。

本小节原始文件和最终效果所在位置如下。	
原始文件	原始文件\第 10 章\组合框制图 01.xlsx
最终效果	最终效果\第 10 章\组合框制图 02.xlsx

结合管理费用分配表，使用【VLOOKUP】函数和组合框绘制管理费用季度分配图。具体的操作步骤如下。

1 打开本实例的原始文件，复制单元格区域 B3:J3，然后选中单元格 A10，切换到【开始】选项卡，单击【剪贴板】组中的【粘贴】按钮，的下半部分按钮，在弹出的快捷菜单中选择【粘贴选项】➤【转置】菜单项。

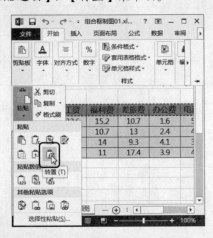

2 粘贴效果如下图所示。

3 对粘贴区域进行简单的格式设置，然后选中单元格 B9，切换到【数据】选项卡，单击【数据工具】组中的 数据验证 按钮右侧的下三角按钮，在弹出的下拉列表中选择【数据验证】选项。

4 弹出【数据验证】对话框，切换到【设置】选项卡，在【允许】下拉列表框中选择【序列】选项，然后在下方的【来源】文本框中将引用区域设置为"=$A$4:$A$7"。

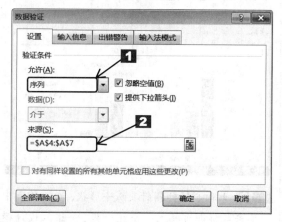

5 单击 确定 按钮，返回工作表，此时单击单元格 B9 右侧的下拉按钮▼，即可在弹出的下拉列表中选择相关选项。

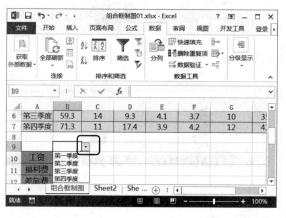

6 在单元格 B10 中输入如下函数公式"=VLOOKUP($B$9,$4:$7,ROW()-8,0)"，然后将公式填充到单元格区域 B11:B18 中。该公式表示"以单元格 B9 为查询条件，从第 4 行到第 7 行进行横向查询，当查询到第 8 行的时候，数据返回 0 值"。

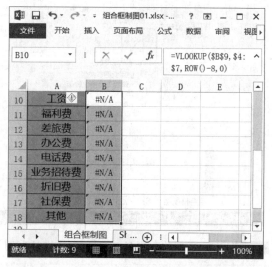

7 单击单元格 B9 右侧的下拉按钮▼，在弹出的下拉列表中选择【第一季度】选项，此时，就可以横向查找出 A 列相对应的值了。

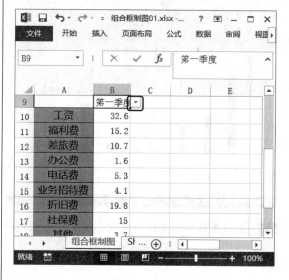

8 选中单元格区域 A9:B18，切换到【插入】选项卡，单击【图表】组中的【插入柱形图】按钮，在弹出的下拉列表中选择【簇状柱形图】选项。

9 此时，工作表中插入了一个簇状柱形图。

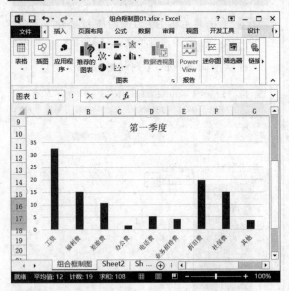

10 对簇状柱形图进行美化，效果如右上图所示。

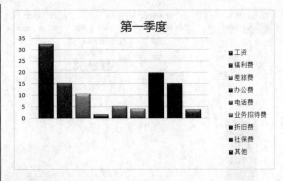

11 切换到【开发工具】选项卡，单击【控件】组中的【插入】按钮，在弹出的下拉列表中选择【组合框（ActiveX 控件）】选项。

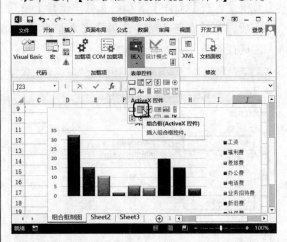

12 此时，鼠标指针变成十形状，在工作表中单击鼠标即可插入一个组合框，并进入设计模式状态。

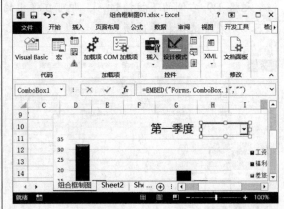

13 选中该组合框，切换到【开发工具】选项卡，单击【控件】组中的【控件属性】按钮 ▤。

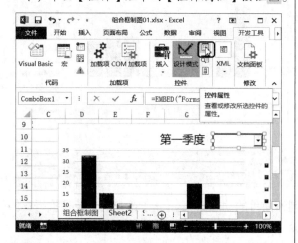

14 弹出【属性】对话框，在【LinkedCell】右侧的文本框中输入"组合框制图!B9"，在【ListFillRange】右侧的文本框中输入"组合框制图!A4:A7"。

15 设置完毕，单击【关闭】按钮 ，返回工作表，然后移动组合框将原来的图表标题覆盖。

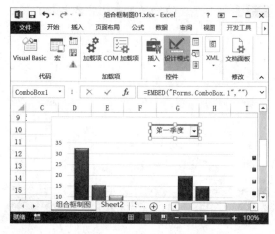

16 设置完毕，单击【设计模式】按钮 即可退出设计模式。

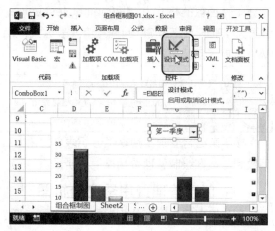

17 此时，单击组合框右侧的下拉按钮 ，在弹出的下拉列表中选择【第二季度】选项。

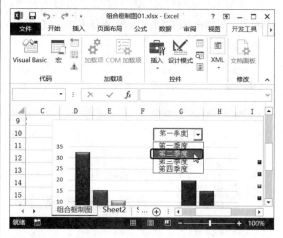

18 第二季度的数据图表就显示出来了。

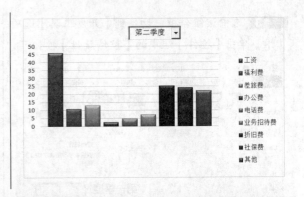

10.3.3　复选框制图

使用复选框、定义名称和【IF】函数也可以制作简单的动态图表。【IF】函数的功能是执行真假值判断，根据逻辑计算的真假值，返回不同结果。

【IF】函数的格式为：IF (logical_test,value_if_true,value_if_false)。其中，logical_test 表示计算结果为 TRUE 或 FALSE 的任意值或表达式；value_if_true 为 TRUE 时返回的值；value_if_false 为 FALSE 时返回的值。

本小节原始文件和最终效果所在位置如下。		
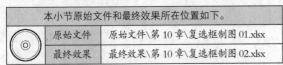	原始文件	原始文件\第 10 章\复选框制图 01.xlsx
	最终效果	最终效果\第 10 章\复选框制图 02.xlsx

接下来结合管理费用季度分析表，使用【IF】函数和复选框绘制管理费用季度分析图。

1.　创建管理费用季度分析图

创建管理费用季度分析图的具体步骤如下。

1 打开本实例的原始文件，选中单元格区域 A10:J10，切换到【公式】选项卡，单击【定义的名称】组中的 定义名称 按钮右侧的下三角按钮，在弹出的下拉列表中选择【定义名称】选项。

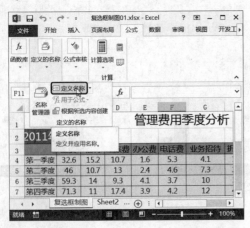

2 弹出【新建名称】对话框，在【名称】文本框中输入"kong"，此时在【引用位置】文本框中显示引用区域设置为"=复选框制图!$A$10:$J$10"，定义完毕，单击 确定 按钮即可。

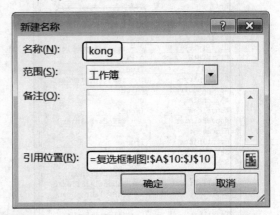

3 在单元格区域 D8:G8 中的所有单元格中同样输入"TRUE"，然后使用同样的方法定义名称为"diyijidu"，将引用位置设置为"=IF(复选框制图!$D$8=TRUE,复选框制图!$B$4:$J$4,kong)"，定义完毕，单击 确定 按钮即可。

4 使用同样的方法定义名称"dierjidu"，然后将引用位置设置为"=IF(复选框制图！$E$8=TRUE,复选框制图!$B$5:$J$5,kong)"，定义完毕，单击 确定 按钮即可。

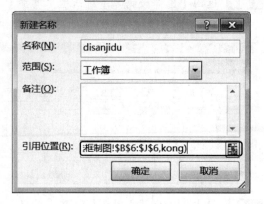

5 使用同样的方法定义名称"disanjidu"，然后将引用位置设置为"=IF(复选框制图！$F$8=TRUE,复选框制图!$B$6:$J$6,kong)"，定义完毕，单击 确定 按钮即可。

6 使用同样的方法定义名称"disijidu"，然后将引用位置设置为"=IF(复选框制图！$G$8=TRUE,复选框制图!$B$7:$J$7,kong)"，定义完毕，单击 确定 按钮即可。

7 选中任意一个单元格，切换到【插入】选项卡，单击【图表】组中的【插入柱形图】按钮 ，在弹出的下拉列表中选择【簇状柱形图】选项。

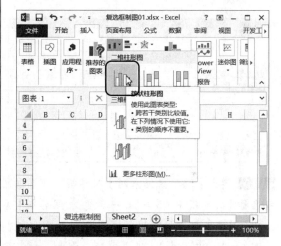

8 此时，工作表中插入了一个簇状柱形图，选中整个图表，然后单击鼠标右键，在弹出的快捷菜单中选择【选择数据】菜单项。

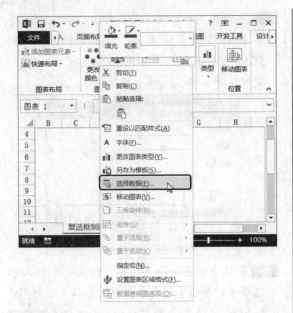

9 弹出【选择数据源】对话框，然后单击 添加(A) 按钮。

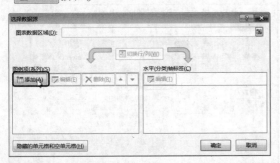

10 弹出【编辑数据系列】对话框，在【系列名称】文本框中输入"第一季度"，然后在【系列值】文本框中将引用区域设置为"=复选框制图 01.xlsx!diyijidu"，设置完毕，单击 确定 按钮即可。

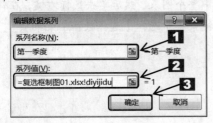

11 使用同样的方法添加数据系列"第二季度"，然后将引用位置设置为"=复选框制图 01.xlsx!dierjidu"，设置完毕，单击 确定 按钮即可。

12 使用同样的方法添加数据系列"第三季度"，然后将引用位置设置为"=复选框制图 01.xlsx!disanjidu"，设置完毕，单击 确定 按钮即可。

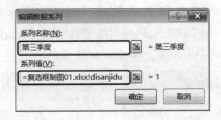

13 使用同样的方法添加数据系列"第四季度"，然后将引用位置设置为"=复选框制图 01.xlsx!disijidu"，设置完毕，单击 确定 按钮即可。

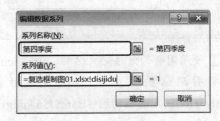

14 返回【选择数据源】对话框，单击【水平（分类）轴标签】组合框中的 编辑(T) 按钮。

15 弹出【轴标签】对话框，在【轴标签区域】文本框中将引用区域设置为"=复选框制图!$B$3:$J$3"。

16 设置完毕，单击 确定 按钮，返回【选择数据源】对话框。

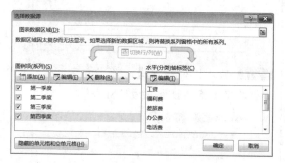

17 单击 确定 按钮，返回工作表，添加系列后的图表效果如下图所示。

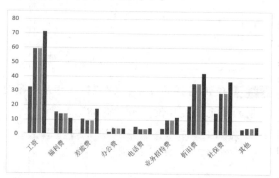

18 对图表进行美化，效果如下图所示。

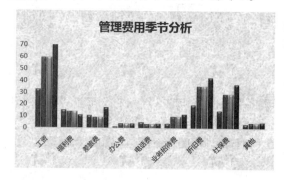

2. 插入复选框

插入复选框的具体步骤如下。

1 切换到【开发工具】选项卡，单击【控件】组中的【插入】按钮，在弹出的下拉列表中选择【复选框（窗体控件）】选项。

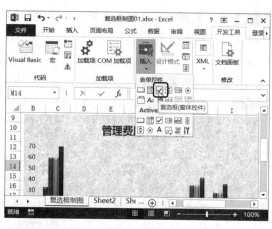

2 此时，鼠标指针变成十形状，在工作表中单击鼠标即可插入一个复选框。

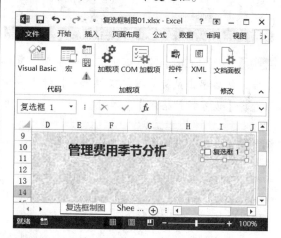

3 选中该复选框，然后单击复选框右侧的文本区域，将其重命名为"第一季度"。

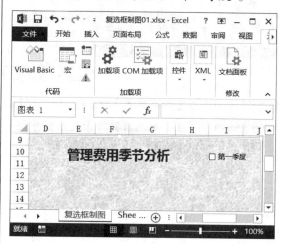

4 使用同样的方法插入另外 3 个复选框，并将它们分别重命名为"第二季度"、"第三季度"和"第四季度"，然后将它们移动到合适的位置。

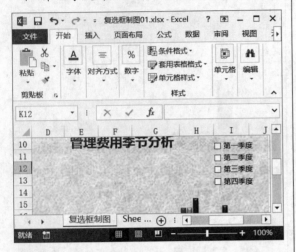

5 按下【Ctrl】键，选中"第一季度"复选框，然后单击鼠标右键，在弹出的快捷菜单中选择【设置控件格式】菜单项。

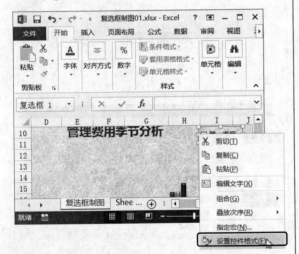

6 弹出【设置对象格式】对话框，切换到【控制】选项卡，在【单元格链接】文本框中将引用区域设置为"$D$8"。

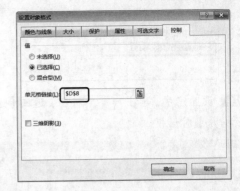

7 使用同样的方法，将"第二季度"复选框的单元格链接设置为"$E$8"。

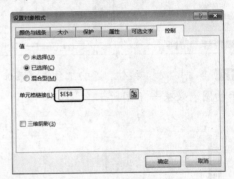

8 使用同样的方法，将"第三季度"复选框的单元格链接设置为"$F$8"。

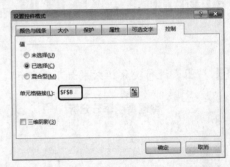

9 使用同样的方法，将"第四季度"复选框的单元格链接设置为"$G$8"。

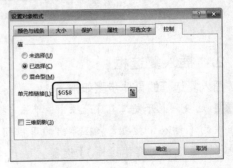

10 设置完毕,单击 确定 按钮,返回工作表。

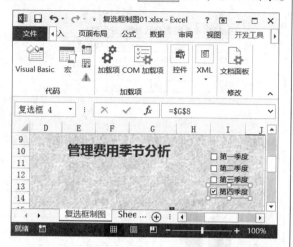

11 此时,选中各复选框就会显示相应的数据图表。

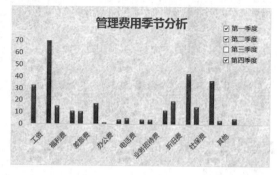

10.3.4　滚动条制图

如果 Excel 图表中用到的数据较多,用户可以结合【OFFSET】函数给图表添加一个滚动条,当拖动滚动条时,可以观察数据的连续变化情况。例如,要用图表反映某企业一定时期内的销售量变化情况,就可以添加一个水平滚动条,查看其任意区间数据的变化情况。

滚动条制图的制作原理是用【OFFSET】函数定义动态区域,再用滚动条进行关联,当拖动滚动条时,图表中的数据区域连续变化,从而图形也随之变化。

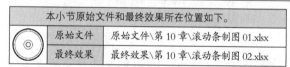

本小节原始文件和最终效果所在位置如下。		
原始文件	原始文件\第 10 章\滚动条制图 01.xlsx	
最终效果	最终效果\第 10 章\滚动条制图 02.xlsx	

1.　制作源数据表

制作源数据表的具体步骤如下。

1 打开本实例的原始文件,新建一个名为"源数据"的工作表,然后输入第 1 组数据。

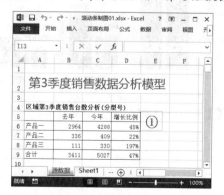

2 选中单元格区域 A5:C8,切换到【插入】

选项卡,单击【图表】组中的【插入柱形图】按钮 ,在弹出的下拉列表中选择【簇状柱形图】选项。

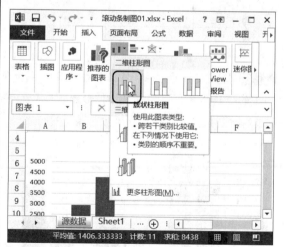

3 此时,即可根据 3 种产品去年和今年的"销售量"插入一个簇状柱形图。

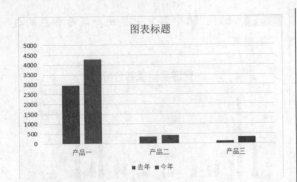

4 对簇状柱形图进行美化，效果如下图所示。

5 输入第 2 组数据，如下图所示。

	A	B	C	D	E
15	区域第3季度销售金额分析(分型号)				
16		去年	今年	增长比例	②
17	产品一	1019666	1409532	38%	
18	产品二	326025	336874	3%	
19	产品三	451340	956440	112%	
20	合计	1797031	2702846	50%	
21					

6 使用同样的方法，根据3种产品去年和今年的"销售金额"创建簇状柱形图。

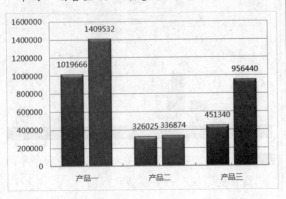

7 输入第 3 组数据，如下图所示。

	A	B	C	D	E
28	区域第3季度销售台数分析(分区域)				
29		去年	今年	增长比例	③
30	区域一	2666	3693	39%	
31	区域二	499	961	93%	
32	区域三	246	373	52%	
33					

8 使用同样的方法，根据 3 个区域去年和今年的"销售量"创建簇状柱形图。

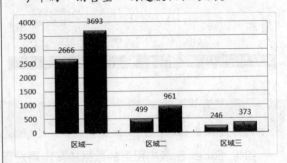

9 输入第 4 组数据，如下图所示。

	A	B	C	D	E
35	区域第3季度销售金额分析(分区域)				
36		去年	今年	增长比例	④
37	区域一	1029974	1511292	47%	
38	区域二	469436	759094	62%	
39	区域三	297621	432460	45%	

10 使用同样的方法，根据 3 个区域去年和今年的"销售金额"创建簇状柱形图。

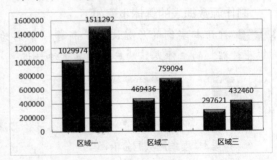

11 输入第 5 组数据，如图所示。

	A	B	C	D	E
42	区域一分型号11/12年第3季度销售台数分析				
43		去年	今年	增长比例	⑤
44	产品一	2552	3538	39%	
45	产品二	93	53	-43%	
46	产品三	21	102	386%	

12 使用同样的方法，根据区域一中的 3 种产品去年和今年的"销售量"创建簇状柱形图。

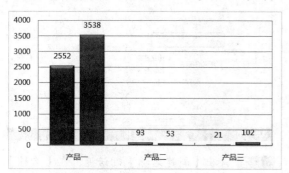

13 输入第 6 组数据，如下图所示。

	A	B	C	D	E
48	区域一分型号11/12年第3季度销售金额分析				
49		去年	今年	增长比例	⑥
50	产品一	878766	1183606	35%	
51	产品二	66728	46526	-30%	
52	产品三	84480	281160	233%	

14 使用同样的方法，根据区域一中的 3 种产品去年和今年的"销售金额"创建簇状柱形图。

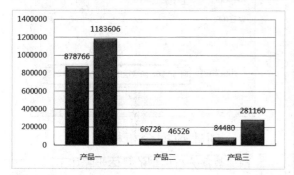

15 输入第 7 组数据，如右上图所示。

	A	B	C	D	E
54	区域二分型号11/12年第3季度销售数量分析				
55		去年	今年	增长比例	⑦
56	产品一	282	557	98%	
57	产品二	161	265	65%	
58	产品三	56	139	148%	

16 使用同样的方法，根据区域二中的 3 种产品去年和今年的"销售量"创建簇状柱形图。

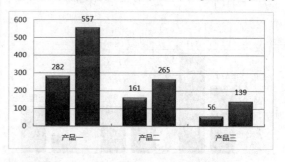

17 输入第 8 组数据，如下图所示。

	A	B	C	D	E
60	区域二分型号11/12年第3季度销售金额分析				
61		去年	今年	增长比例	⑧
62	产品一	95884	157870	65%	
63	产品二	157372	213304	36%	
64	产品三	216180	387920	79%	

18 使用同样的方法，根据区域二中的 3 种产品去年和今年的"销售金额"创建簇状柱形图。

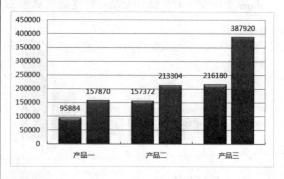

19 输入第 9 组数据，如图所示。

	A	B	C	D	E
66	区域三分型号11/12年第3季度销售数量分析				
67		去年	今年	增长比例	⑨
68	产品一	130	193	48%	
69	产品二	82	91	11%	
70	产品三	34	89	162%	

20 使用同样的方法，根据区域三中的 3 种产品去年和今年的"销售量"创建簇状柱形图。

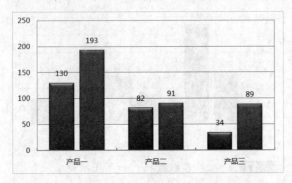

21 输入第 10 组数据，如下图所示。

	A	B	C	D	E
72	区域三分型号11/12年第3季度销售金额分析				
73		去年	今年	增长比例	⑩
74	产品一	45016	68056	51%	
75	产品二	101925	77044	-24%	
76	产品三	150680	287360	91%	

22 使用同样的方法，根据区域三中的 3 种产品去年和今年的"销售金额"创建簇状柱形图。

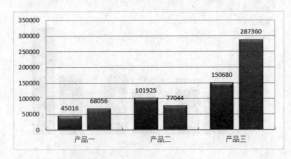

2. 定义名称

定义名称的具体步骤如下。

1 将工作表"Sheet1"重命名为"分析模型"，切换到【公式】选项卡，单击【定义的名称】组中的定义名称按钮右侧的下三角按钮，在弹出的下拉列表中选择【定义名称】选项。

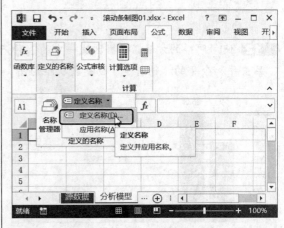

2 弹出【新建名称】对话框，在【名称】文本框中输入"源数据"，在【引用位置】文本框中输入 "=CHOOSE(分析模型!$A$11,源数据!$A$4,源数据!$A$15,源数据!$A$28,源数据!$A$35,源数据!$A$42,源数据!$A$48,源数据!$A$54,源数据!$A$60,源数据!$A$66,源数据!$A$72)"，定义完毕，单击 确定 按钮即可。

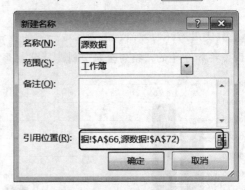

3. 创建数据分析模型

创建数据分析模型的具体步骤如下。

1 切换到"分析模型"工作表中，在单元格 A1 中输入公式"=源数据!A2"，然后按下【Enter】键即可。

为参照系，通过给定偏移量得到新的引用。返回的引用可以为一个单元格或单元格区域，并可以指定返回的行数或列数。其中，ROW()为需要得到其行号的单元格区域，将行号以垂直数组的形式返回。COLUMN()返回 TextStream 文件中当前字符位置的列号。

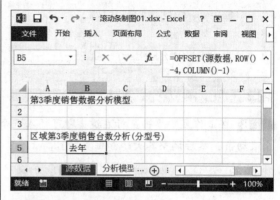

2 在单元格 A11 中输入数字"1"，然后按下【Enter】键即可。

5 将单元格 B5 中的公式"=OFFSET(源数据,ROW()-4,COLUMN()-1)"填充到单元格区域 B5:D5 和 A6:D9 中。

	A	B	C	D	E
4	区域第3季度销售台数分析(分型号)				
5		去年	今年	增长比例	
6	产品一	2964	4288	0.446694	
7	产品二	336	409	0.217262	
8	产品三	111	330	1.972973	
9	合计	3411	5027	0.473761	

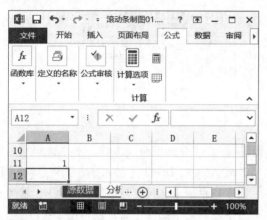

6 对工作表"分析模型"中的数据进行美化，效果如下图所示。

	A	B	C	D	E
1	第3季度销售数据分析模型				
2					
3					
4	区域第3季度销售台数分析(分型号)				
5		去年	今年	增长比例	
6	产品一	2964	4288	0.446694	
7	产品二	336	409	0.217262	
8	产品三	111	330	1.972973	
9	合计	3411	5027	0.473761	

3 在单元格 A4 中输入公式"=源数据"，然后按下【Enter】键即可。

7 切换到【开发工具】选项卡，单击【控件】组中的【插入】按钮，在弹出的下拉列表中选择【滚动条（窗体控件）】选项。

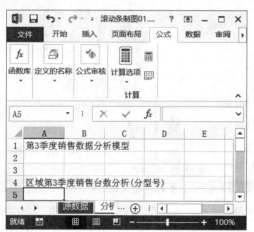

4 在单元格 B5 中输入公式"=OFFSET(源数据,ROW()-4,COLUMN()-1)"，然后按下【Enter】键即可。OFFSET 函数的功能为以指定的引用

8 在工作表中单击鼠标左键，即可插入一个滚动条，然后调整其大小和位置即可。

9 选中滚动条，然后单击鼠标右键，在弹出的快捷菜单中选择【设置控件格式】选项。

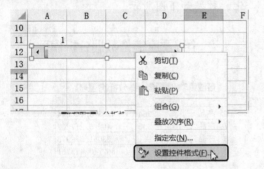

10 弹出【设置对象格式】对话框，在【当前值】文本框中输入"10"，在【最小值】微调框中输入"1"，在【最大值】微调框中输入"10"，在【步长】微调框中输入"1"，然后将单元格链接设置为"$A$11"。设置完毕，单击 确定 按钮即可。

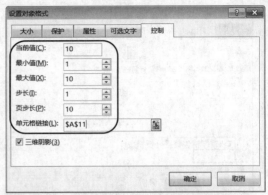

11 此时，拖动滚动条即可在之前设置的 10 组数据之间进行切换。

12 在"分析模型"工作表中，选中单元格区域 A5:C8，切换到【插入】选项卡，单击【图表】组中的【插入柱形图】按钮，在弹出的下拉列表中选择【簇状柱形图】选项。

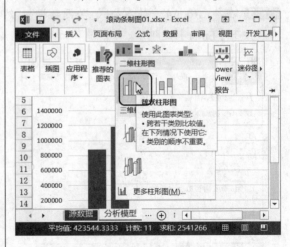

13 此时，工作表中插入了一个簇状柱形图。

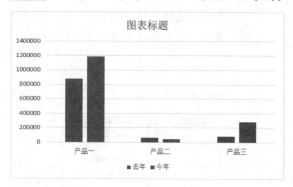

14 对簇状柱形图进行美化，效果如下图所示。

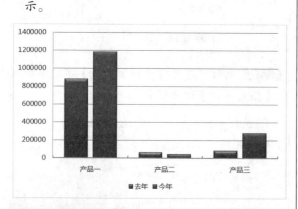

15 对工作表"分析模型"进行美化，效果如下图所示。

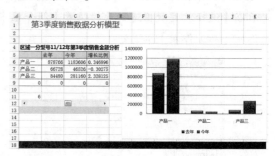

16 此时，滚动条与数据表和柱形图之间产生了关联。当拖动滚动条时，可以观察数据的连续变化情况，通过图表动态地反映某企业一定时期内的销售量变化情况。

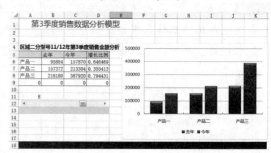

10.4 数据透视分析

Excel 2013 提供了数据透视表和数据透视图功能，它不仅能够直观地反映数据的对比关系，而且还具有很强的数据筛选和汇总功能。

10.4.1 创建数据透视表

使用数据透视表功能，可以将筛选、排序和分类汇总等操作依次完成，并生成汇总表格。

本小节原始文件和最终效果所在位置如下。	
原始文件	原始文件\第 10 章\数据透视分析 01.xlsx
最终效果	最终效果\第 10 章\数据透视分析 02.xlsx

创建数据透视表的具体步骤如下。

1 打开本实例的原始文件，选中单元格区域 A1:F32，切换到【插入】选项卡，单击【表格】组中的【数据透视表】按钮。

2 弹出【创建数据透视表】对话框，此时【表/区域】文本框中显示了所选的单元格区域，然后在【选择放置数据透视表的位置】组合框中选中【新工作表】单选钮。

3 设置完毕，单击 确定 按钮，此时系统会自动地在新的工作表中创建一个数据透视表的基本框架，并弹出【数据透视表字段列表】窗格。

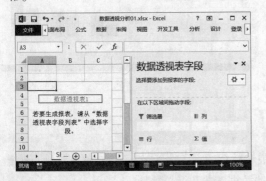

4 将工作表"Sheet1"重命名为"数据透视表"，在【选择要添加到报表的字段】组合框中选择要添加的字段，例如选中【产品名称】复选框，【产品名称】字段就会自动添加到【行标签】组合框中。

5 将鼠标指针移动到【销售区域】复选框上，然后单击鼠标右键，在弹出的快捷菜单中选择【添加到报表筛选】菜单项。

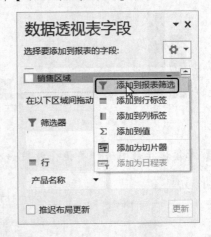

6 此时，即可将【销售区域】字段添加到【报表筛选】组合框中。

7 依次选中【销售数量】和【销售额】复选框，即可将【销售数量】、【销售额】字段添加到【数值】组合框中。

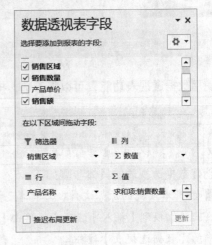

8 字段添加完毕，数据透视表如下图所示。

	A	B	C
1	销售区域	（全部） ▼	
2			
3	行标签 ▼	求和项:销售数量	求和项:销售额
4	冰箱	333	1365300
5	电脑	361	2021600
6	空调	454	1589000
7	洗衣机	222	843600
8	液晶电视	344	2752000
9	饮水机	454	544800
10	总计	2168	9116300

9 如果要关闭字段列表，在【数据透视表字段】窗格中单击【关闭】按钮 ✕ 即可。

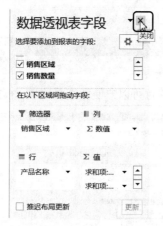

10 选中数据透视表，切换到【设计】选项卡，在【数据透视表样式】组中单击【其他】按钮 ▼，在弹出的下拉列表中选择【数据透视表样式中等深浅 13】选项。

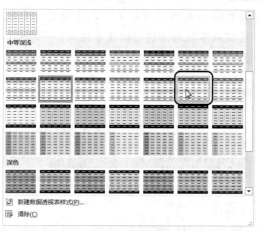

11 应用样式后的效果如下图所示。

	A	B	C
1	销售区域	（全部） ▼	
2			
3	行标签 ▼	求和项:销售数量	求和项:销售额
4	冰箱	333	1365300
5	电脑	361	2021600
6	空调	454	1589000
7	洗衣机	222	843600
8	液晶电视	344	2752000
9	饮水机	454	544800
10	总计	2168	9116300

12 如果用户要进行报表筛选，可以单击单元格 B1 右侧的下三角按钮 ▼，在弹出的下拉列表中选中【选择多项】复选框，然后撤选【全部】复选框，此时即可选择一个或多个筛选项目，例如选择【上海分部】选项。

13 单击 确定 按钮，筛选效果如下图所示。筛选完毕，单击单元格 B1 右侧的【筛选】按钮 ▼，将其恢复到筛选前的状态即可。

	A	B	C
1	销售区域	上海分部 ▼	
2			
3	行标签 ▼	求和项:销售数量	求和项:销售额
4	冰箱	138	565800
5	电脑	62	347200
6	洗衣机	110	418000
7	液晶电视	144	1152000
8	饮水机	134	160800
9	总计	588	2643800

14 另外，用户还可以单击【表格】组中的【推荐的数据透视表】按钮 创建数据透视表。

15 弹出【推荐的数据透视表】对话框，在左侧的列表框中选择合适的透视表，然后单击 确定 按钮即可。

10.4.2 创建数据透视图

使用数据透视图可以在数据透视表中显示该汇总数据，并且可以方便地查看比较、模式和趋势。

	本小节原始文件和最终效果所在位置如下。	
⊙	原始文件	原始文件\第 10 章\数据透视分析 02.xlsx
	最终效果	最终效果\第 10 章\数据透视分析 03.xlsx

创建数据透视图的具体步骤如下。

1 打开本实例的原始文件，选中单元格区域 A1:F32，切换到【插入】选项卡，单击【图表】组中的【数据透视图】按钮 的下半部分按钮 数据透视图 ，在弹出的下拉列表中选择【数据透视图】选项。

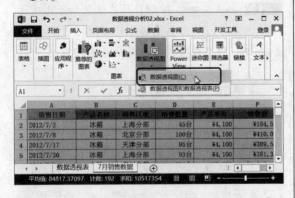

2 弹出【创建数据透视图】对话框，此时【表/区域】文本框中显示了所选的单元格区域，然后在【选择放置数据透视图的位置】组合框中选中【新工作表】单选钮。

3 设置完毕，单击 确定 按钮即可。此时，系统会自动地在新的工作表中创建一个数据透视表和数据透视图的基本框架，并弹出【数据透视图字段】窗格。

4 将新工作表重命名为"数据透视图"，然

后在【选择要添加到报表的字段】组合框中选择要添加的字段，例如选中【销售区域】和【销售额】复选框，此时【销售区域】字段会自动添加到【行标签】组合框中，【销售额】字段会自动添加到【值】组合框中。此时即可生成数据透视表和数据透视图。

5 对数据透视表进行美化，效果如下图所示。

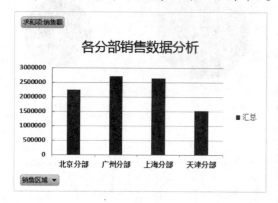

6 在数据透视图中输入表格标题"各分部销售数据分析"，然后对图表标题、坐标轴值、图例等进行字体和布局设置，效果如下图所示。

7 对图表区域、绘图区以及数据系列进行格式设置，效果如右上图所示。

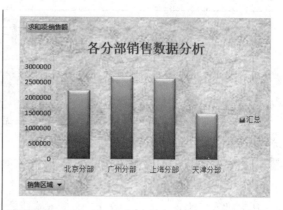

8 如果用户要进行手动筛选，可以单击【销售区域】按钮 销售区域 ▼ ，在弹出的下拉列表中选择要筛选的销售分部。

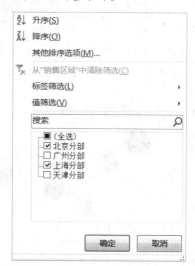

9 单击 确定 按钮，筛选效果如下图所示。

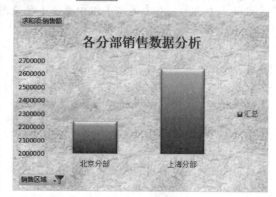

高手过招

各显其能——多种图表类型

在实际工作中，用户可以根据需要更改数据系列的图表类型。

1 打开本实例的素材文件"百变图表"，源数据如下图所示。

	A	B	C	D
1	产品名称	竞争产品数量	销售量	市场份额
2	A	5	24	35%
3	B	3	45	30%
4	C	7	35	66%
5	D	2	60	48%
6	E	4	11	30%

2 根据单元格区域 B1:D6，插入一个三维气泡图并对图表进行美化，效果如下图所示。

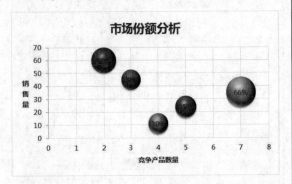

3 选中要更改图表类型的数据系列，切换到【设计】选项卡，在【类型】组中单击【更改图表类型】按钮。

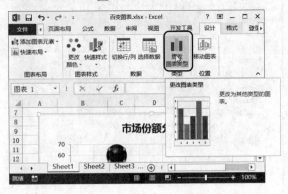

4 弹出【更改图表类型】对话框，从中选择要更改为的图表类型，例如选择【复合饼图】选项。

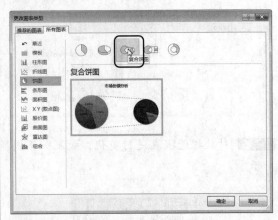

5 单击 确定 按钮返回工作表，此时图表类型变成了复合饼图，然后对图表进行美化，效果如下图所示。

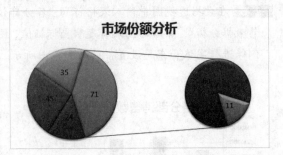

平滑折线巧设置

使用折线制图时，用户可以通过设置平滑拐点使其看起来更加美观。

1 打开本实例的素材文件"平滑折线"，选中要修改格式的"折线"系列，然后单击鼠标右键，在弹出的快捷菜单中选择【设置数据系列格式】菜单项。

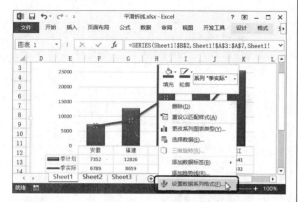

2 弹出【设置数据系列格式】窗格，切换到【填充线条】选项卡，选择【线条】选项，然后选中【平滑线】复选框。

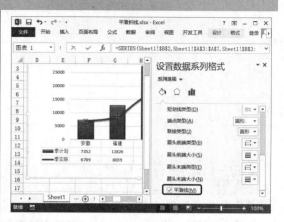

3 单击【关闭】按钮 ✕ 返回工作表，设置效果如下图所示。

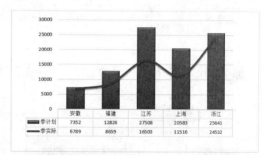

变化趋势早知道——添加趋势线

在图表中添加趋势线，可以更加清晰地反映相关数据的未来发展趋势，为领导层制定企业经营管理决策提供及时的参考数据。

1 打开本实例的素材文件"平滑折线"，选中整个图表，切换到【设计】选项卡，在【图表布局】组中单击 添加图表元素▼ 按钮，在弹出的下拉列表中选择【趋势线】➤【线性预测】选项。

2 返回工作表,此时在图表中插入了一条线性预测趋势线,效果如右图所示。

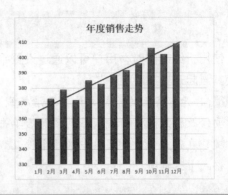

重复应用有新招

1 打开本实例的素材文件"图表模板",选中创建的图表,单击鼠标右键,在弹出的下拉菜单中选择【另存为模板】菜单项。

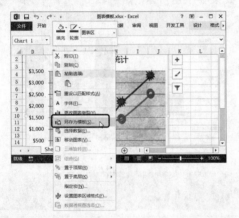

2 弹出【保存图表模板】对话框,从中设置图表模板的保存名称,设置完毕单击 保存(S) 按钮即可。

3 返回工作表中,在工作表"Sheet2"中选中要创建图表的单元格区域 A2:C9,然后切换到【插入】选项卡,在【图表】组中单击右下角的【对话框启动器】按钮。

4 弹出【插入图表】对话框,切换到【所有图表】选项卡,然后在【模板】组合框中选择刚刚创建的图表模板。

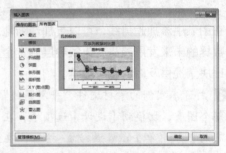

5 单击 确定 按钮返回工作表,此时即可插入一个与创建模板类型相同的图表。

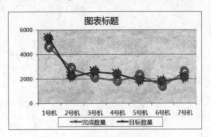

第11章

数据计算
——公式与函数的应用

公式与函数是用来实现数据处理、数据统计以及数据分析的常用工具，具有很强的实用性与可操作性。接下来在Excel 2013中，结合常用的办公实例，详细讲解公式与函数在企业人事管理、工资核算、销售数据统计、财务预算、固定资产管理以及数据库管理中的高级应用。

关于本章知识，本书配套教学光盘中有相关的多媒体教学视频，请读者参见光盘中的【Excel 2013的高级应用\公式与函数的应用】。

11.1 公式的使用——企业设备台账

公式是 Excel 工作表中进行数值计算和分析的等式。公式输入是以 "=" 开始的。简单的公式有加、减、乘、除等，复杂的公式可能包含函数、引用、运算符和常量等。

11.1.1 输入公式

用户既可以在单元格中输入公式，也可以在编辑栏中输入。

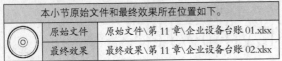

	本小节原始文件和最终效果所在位置如下。
原始文件	原始文件\第 11 章\企业设备台账 01.xlsx
最终效果	最终效果\第 11 章\企业设备台账 02.xlsx

在单元格中输入公式的具体步骤如下。

1 打开本实例的原始文件，选中单元格 E2，输入 "=C2"。

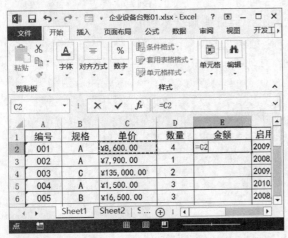

2 继续在单元格 E2 中输入 "*"，然后选中单元格 D2。

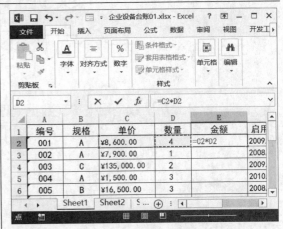

3 输入完毕，直接按下【Enter】键即可。

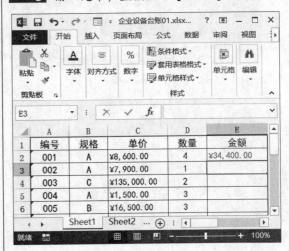

11.1.2 编辑公式

输入公式后，用户还可以对其进行编辑，主要包括填充公式、修改公式和显示公式。

原始文件	原始文件\第11章\企业设备台账02.xlsx
最终效果	最终效果\第11章\企业设备台账03.xlsx

本小节原始文件和最终效果所在位置如下。

1. 填充公式

填充公式的具体步骤如下。

1 打开本实例的原始文件，选中要复制公式的单元格 E2，然后将鼠标指针移动到单元格的右下角，此时鼠标指针变成 ＋ 形状。

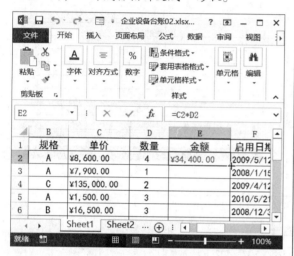

2 双击 ＋ 形状，此时即可将公式填充到本列的其他单元格中。

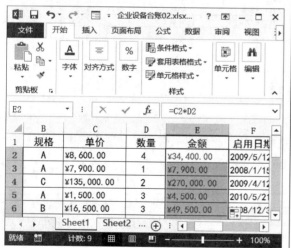

2. 修改公式

修改公式的具体步骤如下。

1 双击要修改公式的单元格 E9，此时公式进入修改状态。

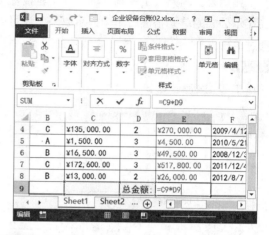

2 输入正确的公式 "=E2+E3+E4+E5+E6+E7+E8"。

	B	C	D	E	F
2	A	¥8,600.00	4	¥34,400.00	2009/5/12
3	A	¥7,900.00	1	¥7,900.00	2008/1/15
4	C	¥135,000.00	2	¥270,000.00	2009/4/12
5	A	¥1,500.00	3	¥4,500.00	2010/5/21
6	B	¥16,500.00	3	¥49,500.00	2008/12/3
7	C	¥172,600.00	3	¥517,800.00	2011/12/4
8	B	¥13,000.00	2	¥26,000.00	2012/8/7
9				总金额：=E2+E3+E4+E5+E6+E7+E8	

3 输入完毕，直接按下【Enter】键即可。

	B	C	D	E	F
2	A	¥8,600.00	4	¥34,400.00	2009/5/12
3	A	¥7,900.00	1	¥7,900.00	2008/1/15
4	C	¥135,000.00	2	¥270,000.00	2009/4/12
5	A	¥1,500.00	3	¥4,500.00	2010/5/21
6	B	¥16,500.00	3	¥49,500.00	2008/12/3
7	C	¥172,600.00	3	¥517,800.00	2011/12/4
8	B	¥13,000.00	2	¥26,000.00	2012/8/7
9				总金额：¥910,100.00	

3. 删除公式

删除公式的方法非常简单。双击要删除公式的单元格 E10，选中公式，然后按下【Delete】键即可。

	B	C	D	E	F
7	C	¥172,600.00	3	¥517,800.00	2011/12/4
8	B	¥13,000.00	2	¥26,000.00	2012/8/7
9				总金额：¥910,100.00	
10				=C10*D10	

4. 显示公式

显示公式的方法主要有两种，除了直接双击要显示公式的单元格进行单个显示以外，还可以通过单击 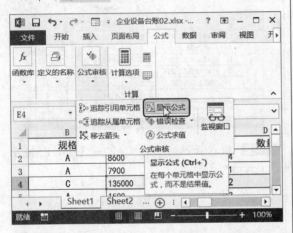 显示公式 按钮，显示表格中的所有公式。

1 切换到【公式】选项卡，单击【公式审核】组中的 显示公式 按钮。

2 此时，工作表中的所有公式都显示出来了。如果要取消显示，再次单击【公式审核】组中的 显示公式 按钮即可。

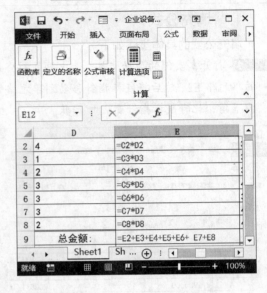

3 设置完毕，企业设备台账的最终效果如下图所示。

编号	规格	单价	数量	金额	启用日期	停用日期	生产厂家	使用年限	备注
001	A	¥8,600.00	4	¥34,400.00	2009/5/12	2012/2/5	AB机器厂	3	简单设备
002	A	¥7,900.00	1	¥7,900.00	2008/1/15		CD机器厂		简单设备
003	C	¥135,000.00	2	¥270,000.00	2009/4/12		CD机器厂		贵重设备
004	A	¥1,500.00	3	¥4,500.00	2010/5/21		CD机器厂		简单设备
005	B	¥16,500.00	3	¥49,500.00	2008/12/3		AB机器厂		普通设备
006	C	¥172,600.00	3	¥517,800.00	2011/12/4		AB机器厂		贵重设备
007	B	¥13,000.00	2	¥26,000.00	2012/8/7		AB机器厂		普通设备
			总金额:	¥910,100.00					

11.2 单元格的引用

单元格的引用是指用单元格所在的列标和行号表示其在工作表中的位置。单元格的引用包括绝对引用、相对引用和混合引用 3 种。

11.2.1 相对引用和绝对引用——计算增值税销项税额

单元格的相对引用是基于包含公式和引用的单元格的相对位置而言的。如果公式所在单元格的位置改变，引用也将随之改变。如果多行或多列地复制公式，引用会自动调整。默认情况下，新公式使用相对引用。

单元格中的绝对引用则总是在指定位置引用单元格（例如$A$1）。如果公式所在单元格的位置改变，绝对引用的单元格也始终保持不变。如果多行或多列地复制公式，绝对引用将不作调整。

本小节原始文件和最终效果所在位置如下。	
原始文件	原始文件\第 11 章\计算销项税额 01.xlsx
最终效果	最终效果\第 11 章\计算销项税额 02.xlsx

接下来使用相对引用和绝对引用计算增值税销项税额。具体的操作步骤如下。

1 打开本实例的原始文件，选中单元格 E6，在其中输入公式"=C6*D6"，此时相对引用了公式中的单元格 C6 和 D6。

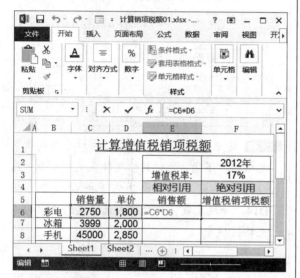

2 输入完毕，按下【Enter】键，选中单元格 E6，将鼠标指针移动到该单元格的右下角，此时鼠标指针变成 + 形状，然后双击 + 形状，此时公式就填充到本列的其他单元格中。

	计算增值税销项税额			
				2012年
			增值税率:	17%
			相对引用	绝对引用
	销售量	单价	销售额	增值税销项税额
彩电	2750	1,800	4,950,000	
冰箱	3999	2,000	7,998,000	
手机	45000	2,850	128,250,000	
空调	5050	5,250	26,512,500	
洗衣机	465	1,360	632,400	
家具	300	4,580	1,374,000	
音响	545	5,050	2,752,250	

3 多行或多列地复制公式，引用会自动调整，随着公式所在单元格的位置改变，引用也随之改变。

4 选中单元格 F6，在其中输入公式"=E6*\$F\$3"，此时绝对引用了公式中的单元格 F3。

SUM ▾ : × ✓ fx = E6*\$F\$3

	计算增值税销项税额			
				2012年
			增值税率:	17%
			相对引用	绝对引用
	销售量	单价	销售额	增值税销项税额
彩电	2750	1,800	4,950,000	= E6*\$F\$3
冰箱	3999	2,000	7,998,000	
手机	45000	2,850	128,250,000	
空调	5050	5,250	26,512,500	
洗衣机	465	1,360	632,400	
家具	300	4,580	1,374,000	
音响	545	5,050	2,752,250	

5 输入完毕按下【Enter】键，选中单元格 F6，将鼠标指针移动到该单元格的右下角，此时鼠标指针变成 + 形状，然后双击 + 形状，此时即可将公式填充到本列的其他单元格中。

	计算增值税销项税额			
				2012年
			增值税率:	17%
			相对引用	绝对引用
	销售量	单价	销售额	增值税销项税额
彩电	2750	1,800	4,950,000	841,500
冰箱	3999	2,000	7,998,000	1,359,660
手机	45000	2,850	128,250,000	21,802,500
空调	5050	5,250	26,512,500	4,507,125
洗衣机	465	1,360	632,400	107,508
家具	300	4,580	1,374,000	233,580
音响	545	5,050	2,752...	467,883

6 此时，公式中绝对引用了单元格 F3。如果多行或多列地复制公式，绝对引用将不作调整；如果公式所在单元格的位置改变，绝对引用的单元格 F3 始终保持不变。

11.2.2 混合引用——计算普通年金终值

混合引用包括绝对列和相对行（例如 $A1），或是绝对行和相对列（例如 A$1）两种形式。如果公式所在单元格的位置改变，则相对引用改变，而绝对引用不变。如果多行或多列地复制公式，相对引用自动调整，而绝对引用不作调整。

本小节原始文件和最终效果所在位置如下。	
原始文件	原始文件\第 11 章\普通年金终值 01.xlsx
最终效果	最终效果\第 11 章\普通年金终值 02.xlsx

接下来使用混合引用计算普通年金终值。具体的操作步骤如下。

1 打开本实例的原始文件，选中单元格 D5，在其中输入公式 "=$B$4*(1+D$4)^$C5"，此时绝对引用公式中的单元格 B4，混合引用公式中的单元格 D4 和 C5。

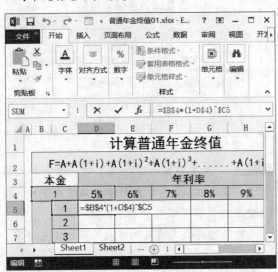

2 输入完毕，按下【Enter】键，选中单元格 D5，将鼠标指针移动到该单元格的右下角，此时鼠标指针变成 + 形状，然后按住鼠标左键不放，向右拖动到单元格 I5，释放左键，此时公式就填充到选中的单元格区域中。

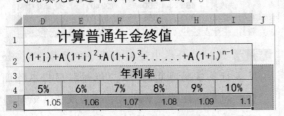

3 多列地复制公式，引用会自动调整，随着公式所在单元格的位置改变而改变，混合引用中的列标也随之改变。

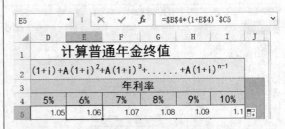

4 选中单元格 D5，将鼠标指针移动到该单元格的右下角，此时鼠标指针变成 + 形状，然后按住鼠标左键不放，向下拖动到单元格 D14，释放左键，此时公式就填充到选中的单元格区域中。

5 多行地复制公式，引用会自动调整，随着公式所在单元格的位置改变而改变，混合引用中的行标也随之改变。

6 使用同样的方法计算其他普通年金终值系数即可。

7 根据普通年金终值计算公式"$F=A+A(1+i)+A(1+i)^2+A(1+i)^3+\cdots+A(1+i)^{n-1}$"，选中单元格 D15，切换到【开始】选项卡，在【编辑】组中单击 Σ 自动求和 ▾ 按钮右侧的下三角按钮▾，在弹出的下拉列表中选择【求和】选项。

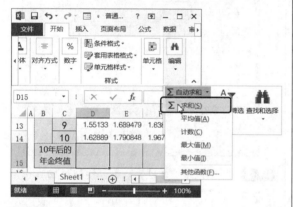

8 此时，单元格 D15 显示了参考公式"=SUM(D4:D14)"。

9 将单元格 D15 中的公式修改为"=SUM(D5:D14)"，按下【Enter】键。

10 选中单元格 D15，将鼠标指针移动到该单元格的右下角，此时鼠标指针变成＋形状，然后按住鼠标左键不放，向右拖动到单元格 I15，释放左键，此时公式就填充到选中的单元格区域，各种年利率下的 10 年后年金终值就计算出来了。

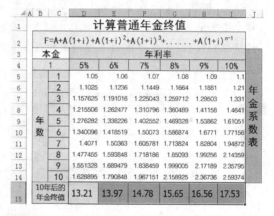

11 将本金调整为"10000"，10 年后的年金终值的计算结果如下图所示。

11.3 名称的使用——地区销售排名

在使用公式的过程中，用户有时候还可以引用单元格名称参与计算，从而达到事半功倍的效果。

【RANK】函数的功能是返回一个数值在一组数值中的排名，其语法格式为 RANK(number, ref,order)。其中，参数 number 是需要计算其排名的一个数据；ref 是包含一组数字的数组或引用（其中的非数值型参数将被忽略）；order 为一个数字，指明排名的方式。如果 order 为 0 或省略，则按降序排列的数据清单进行排名；如果 order 不为 0，ref 当作按升序排列的数据清单进行排名。注意：函数【RANK】对重复数值的排名相同，但重复数的存在将影响后续数值的排名。

接下来使用名称和【RANK】函数对某产品第一季度各地区销售额进行排名。

本小节原始文件和最终效果所在位置如下。	
原始文件	原始文件\第 11 章\地区销售排名 01.xlsx
最终效果	最终效果\第 11 章\地区销售排名 02.xlsx

1. 定义名称

定义名称的具体步骤如下。

1 打开本实例的原始文件，选中单元格区域 E4:E9，切换到【公式】选项卡，在【定义的名称】组中单击【定义名称】按钮 定义名称 右侧的下三角按钮，在弹出的下拉列表中选择【定义名称】选项。

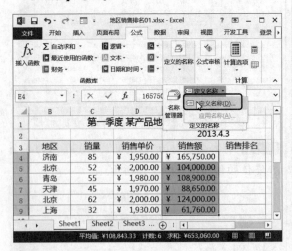

2 弹出【新建名称】对话框，在【名称】文本框中输入"销售额"。

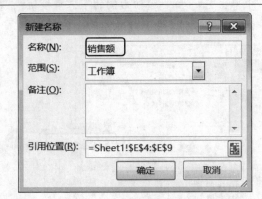

3 设置完毕，单击 确定 按钮返回工作表即可。

2. 应用名称

应用名称的具体步骤如下。

1 选中单元格 F4，在其中输入公式"= RANK(E4,销售额)"。该函数表示"返回单元格 E4 中的数值在数组'销售额'中的降序排名"。

2 选中单元格 F4，将鼠标指针移动到该单元格的右下角，此时鼠标指针变成＋形状，然后按住鼠标左键不放，向下拖动到单元格 F9，释放左键，此时公式就填充到选中的单元格区域中。对销售额进行排名后的效果如下图所示。

	B	C	D	E	F
1	第一季度 某产品地区销售排名				
2				2013.4.3	
3	地区	销量	销售单价	销售额	销售排名
4	济南	85	¥ 1,950.00	¥ 165,750.00	1
5	北京	52	¥ 2,000.00	¥ 104,000.00	4
6	青岛	55	¥ 1,980.00	¥ 108,900.00	3
7	天津	45	¥ 1,970.00	¥ 88,650.00	5
8	北京	62	¥ 2,000.00	¥ 124,000.00	2
9	上海	32	¥ 1,930.00	¥ 61,76■	6

11.4 数据有效性的应用

在日常工作中经常会用到 Excel 的数据有效性功能。 数据有效性是一种用于定义可以在单元格中输入或应该在单元格中输入的数据。设置数据有效性有利于提高工作效率，避免非法数据的录入。

本小节原始文件和最终效果所在位置如下。	
原始文件	原始文件\第 11 章\产品销售明细 01.xlsx
最终效果	最终效果\第 11 章\产品销售明细 02.xlsx

使用数据有效性录入数据的具体步骤如下。

1 打开本实例的原始文件，选中单元格 B2，切换到【数据】选项卡，在【数据工具】组中单击数据验证按钮右侧的下三角按钮，在弹出的下拉列表中选择【数据验证】选项。

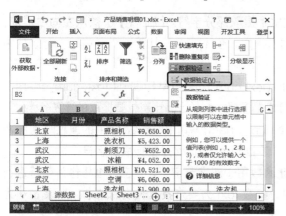

2 弹出【数据验证】对话框，切换到【设置】选项卡，在【允许】下拉列表框中选择【序列】选项，然后在【来源】文本框中输入"一月,二月,三月"，中间用英文半角状态的逗号隔开。

3 设置完毕，单击 确定 按钮返回工作表。此时，单元格 B2 的右侧出现了一个下拉按钮，将鼠标指针移动到该单元格的右下角，此时鼠标指针变成＋形状。

	A	B	C	D	E	F
1	地区	月份	产品名称	销售额	排名	产品大类
2	北京		照相机	¥9,650.00	3	小家电
3	上海		洗衣机	¥5,423.00	6	洗衣机
4	武汉		剃须刀	¥652.00	11	小家电
5	武汉		冰箱	¥4,052.00	6	小家电
6	北京		照相机	¥10,521.00	2	小家电
7	武汉		空调	¥6,060.00	4	小家电
8	上海		洗衣机	¥1,900.00	6	洗衣机

4 按住鼠标左键不放，向下拖动到单元格 B16，释放左键，此时数据有效性就填充到选中的单元格区域中，每个单元格的右侧都会出现一个下拉按钮▼。单击单元格 B2 右侧的下拉按钮▼，在弹出的下拉列表中选择月份即可，例如选择【一月】选项。

	A	B	C	D	E	F
1	地区	月份	产品名称	销售额	排名	产品大类
2	北京		照相机	¥9,650.00	3	小家电
3	上海	一月	洗衣机	¥5,423.00	6	洗衣机
4	武汉	二月	剃须刀	¥652.00	11	小家电
5	武汉	三月	冰箱	¥4,052.00	6	小家电
6	北京		照相机	¥10,521.00	2	小家电
7	武汉		空调	¥6,060.00	4	小家电
8	上海		洗衣机	¥1,900.00	6	洗衣机

5 使用同样的方法可以在其他单元格中利用下拉列表快速输入月份。

	A	B	C	D	E	F
1	地区	月份	产品名称	销售额	排名	产品大类
2	北京	一月	照相机	¥9,650.00	3	小家电
3	上海	二月	洗衣机	¥5,423.00	6	洗衣机
4	武汉	二月	剃须刀	¥652.00	11	小家电
5	武汉	三月	冰箱	¥4,052.00	6	小家电
6	北京	三月	照相机	¥10,521.00	2	小家电
7	武汉	一月	空调	¥6,060.00	4	小家电
8	上海	二月	洗衣机	¥1,900.00	6	洗衣机
9	上海	三月	收音机	¥500.00	8	小家电
10	武汉	二月	照相机	¥1,050.00	6	小家电
11	北京	三月	冰柜	¥7,102.00	3	小家电
12	广州	一月	洗衣机	¥4,025.00	3	洗衣机
13	大连	一月	剃须刀	¥600.00	4	小家电
14	成都	三月	空调	¥3,425.00	3	小家电
15	北京	一月	手机	¥19,802.00	1	小家电
16	上海	三月	照相机	¥8,745.00	1	小家电

11.5 函数的应用

Excel 2013 提供了各种各样的函数，将 Excel 函数的强大功能运用到实际工作中，从简单的数据分析到复杂的系统设置，不仅可以帮助工作人员轻松应对日常办公，而且能够对企业经营、管理以及战略发展提供数据支撑。

11.5.1 文本函数——计算员工出生日期

文本函数是指可以在公式中处理字符串的函数。常用的文本函数包括【LEFT】、【RIGHT】、【MID】、【LEN】、【TEXT】、【LOWER】、【PROPER】、【UPPER】、【TEXT】等。

1. 提取字符函数

【LEFT】、【RIGHT】、【MID】等函数用于从文本中提取部分字符。【LEFT】函数从左向右提取；【RIGHT】从右向左提取；【MID】函数也是从左向右提取，但不一定是从第一个字符起，可以从中间开始。

【LEFT】、【RIGHT】函数的语法格式分别为 LEFT(text,num_chars)和 RIGHT(text, num_chars)。其中，参数 text 指文本，是从中提取字符的长字符串；参数 num_chars 是想要提取的字符个数。

【MID】函数的语法格式为 MID(text,start_num,num_chars)。其中，参数 text 的属性与前面两个函数相同；参数 star_num 是要提取的开始字符；参数 num_chars 是要提取的字符个数。

【LEN】函数的功能是返回文本串的字符数，此函数用于双字节字符，且空格也将作为字符进行统计。【LEN】函数的语法格式为 LEN(text)。其中，参数 text 为要查找其长度的文本。如果 text 为"年/月/日"形式的日期，此时【LEN】函数首先运算"年÷月÷日"，然后返回运算结果的字符数。

【TEXT】函数的功能是将数值转换为按指定数字格式表示的文本，其语法格式为：TEXT(value,format_text)。其中，参数 value 为数值、计算结果为数字值的公式，或对包含数字值的单元格的引用；参数 format_text 为"设置单元格格式"对话框中"数字"选项卡"分类"列表框中的文本形式的数字格式。

2. 转换大小写函数

【LOWER】、【PROPER】、【UPPER】函数的功能是进行字母大小写转换。其中，【LOWER】函数的功能是将一个字符串中的所有大写字母转换为小写字母；【UPPER】函数的功能是将一个字符串中的所有小写字母转换为大写字母；【PROPER】函数的功能是将字符串的首字母及任何非字母字符之后的首字母转换成大写，将其余的字母转换成小写。

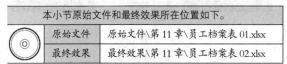

本小节原始文件和最终效果所在位置如下。	
原始文件	原始文件\第 11 章\员工档案表 01.xlsx
最终效果	最终效果\第 11 章\员工档案表 02.xlsx

接下来结合提取字符函数和转换大小写函数编制员工档案表，并根据身份证号码计算员工的出生日期、年龄等。具体的操作步骤如下。

1 打开本实例的原始文件，选中单元格 B3，切换到【公式】选项卡，在【函数库】组中单击【插入函数】按钮 fx。

2 弹出【插入函数】对话框，在【或选择类别】下拉列表框中选择【文本】选项，然后在【选择函数】列表框中选择【UPPER】函数。

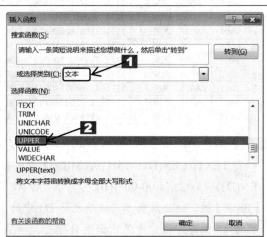

3 设置完毕，单击 确定 按钮，弹出【函数参数】对话框，在【Text】文本框中将参数引用设置为单元格"A3"。

4 设置完毕，单击 确定 按钮返回工作表，此时"新编号"列中的字母变成了大写。

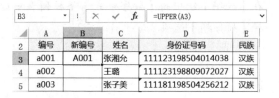

	A	B	C	D	E
2	编号	新编号	姓名	身份证号码	民族
3	a001	A001	张湘允	111123198504014038	汉族
4	a002		王璐	111123198809072027	汉族
5	a003		张子美	111181198504256212	汉族

5 选中单元格 B3，将鼠标指针移动到该单元格的右下角，此时鼠标指针变成 + 形状，然后双击 + 形状，此时公式就填充到本列的其他单元格中。

	A	B	C	D	E
1					
2	编号	新编号	姓名	身份证号码	民族
3	a001	A001	张湘允	111123198504014038	汉族
4	a002	A002	王璐	111123198809072027	汉族
5	a003	A003	张子美	111181198504256212	汉族
6	a004	A004	将方正	111123197901203561	回族
7	a005	A005	龚海波	111106197910190465	汉族
8	a006	A006	肖海云	111123198506030024	汉族
9	a007	A007	冯云冬	111102198502058810	汉族
10	a008	A008	张旺	111124198601180107	汉族
11	a009	A009	童林	111123198809105003	蒙族
12	a010	A010	郝家放	111117198608090022	汉族
13	a011	A011	梅芳华	111124198401130041	汉族
14	a012	A012	何世好	111102198502073732	汉族
15	a013	A013	蒋菩	111102198304303429	汉族

6 选中单元格 F3，输入函数公式 "=IF(D3<>"",TEXT((LEN(D3)=15)*19&MID(D3,7,6+(LEN(D3)=18)*2),"#-00-00")+0)"，然后按下【Enter】键。该公式表示 "从单元格 D3 中的 15 位或 18 位身份证号中返回出生日期"。

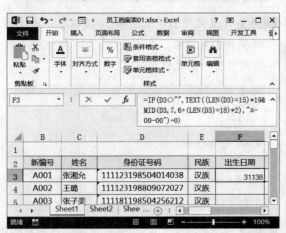

7 选中单元格 F3，切换到【开始】选项卡，在【数字】组中的【数字格式】下拉列表中选择【短日期】选项。

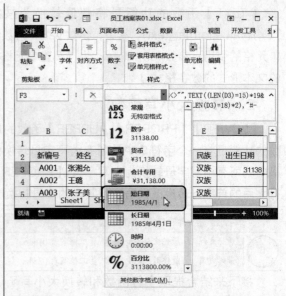

8 此时，员工的出生日期就根据身份证号码计算出来了。选中单元格 F3，将鼠标指针移动到该单元格的右下角，此时鼠标指针变成 + 形状，双击 + 形状，公式就填充到本列的其他单元格中。

	D	E	F
1			
2	身份证号码	民族	出生日期
3	111123198504014038	汉族	1985/4/1
4	111123198809072027	汉族	1988/9/7
5	111181198504256212	汉族	1985/4/25
6	111123197901203561	回族	1979/1/20
7	111106197910190465	汉族	1979/10/19
8	111123198506030024	汉族	1985/6/3
9	111102198502058810	汉族	1985/2/5
10	111124198601180107	汉族	1986/1/18
11	111123198809105003	蒙族	1988/9/10
12	111117198608090022	汉族	1986/8/9
13	111124198401130041	汉族	1984/1/13
14	111102198502073732	汉族	1985/2/7
15	111102198304303429	汉族	1983/4/30

9 选中单元格 G3，输入函数公式 "=YEAR(NOW())-MID(D3,7,4)"，然后按下【Enter】键。该公式表示 "当前年份减去出生年份，从而得出年龄"。

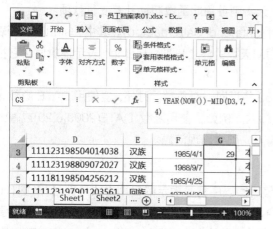

下角，此时鼠标指针变成 ＋ 形状，然后双击 ＋ 形状，公式就填充到本列的其他单元格中。

	D	E	F	G
9	111102198502058810	汉族	1985/2/5	29
10	111124198601180107	汉族	1986/1/18	28
11	111123198809105003	蒙族	1988/9/10	26
12	111117198608090022	汉族	1986/8/9	28
13	111124198401130041	汉族	1984/1/13	30
14	111102198502073732	汉族	1985/2/7	29
15	111102198304303429	汉族	1983/4/30	31
16	111101198607152529	汉族	1986/7/15	28
17	111123198204021422	汉族	1982/4/2	32
18	111104198012084458	回族	1980/12/8	34
19	111121197207216417	汉族	1972/7/21	42
20	111103197203074121	汉族	1972/3/7	42
21	111100198301110034	汉族	1983/1/11	31
22	111124196504150617	汉族	1965/4/15	49

10 此时，员工的年龄就计算出来了。再次选中单元格 G3，将鼠标指针移动到该单元格的右

11.5.2　日期与时间函数——计算员工工龄

日期与时间函数是处理日期型或日期时间型数据的函数，常用的日期与时间函数包括【DATE】、【DAY】、【DATEDIF】、【DAYS360】、【MONTH】、【NOW】、【TODAY】、【YEAR】、【WEEKDAY】等。

1.【DATE】函数

【DATE】函数的功能是返回代表特定日期的序列号，其语法格式为：DATE(year,month, day)。

2.【NOW】函数

【NOW】函数的功能是返回当前的日期和时间，其语法格式为：NOW()。

3.【DAY】函数

【DAY】函数的功能是返回用序列号（整数 1 到 31）表示的某日期的天数，其语法格式为：DAY(serial_number)，其中，参数 serial_number 表示要查找的日期天数。

4.【DATEDIF】函数

【DATEDIF】函数的功能是返回两个日期之间的年\月\日间隔数。其语法格式为：DATEDIF(start_date,end_date,unit)。其中，参数 start_date 代表一个时间段内的第一个日期或起始日期。end_date 代表时间段内的最后一个日期或结束日期。unit 表示所需信息的返回类型，其中"Y"表示时间段中的整年数；"M"表示时间段中的整月数；"D"表示时间段中的天数；"MD"表示 start_date 与 end_date 日期中天数的差，忽略日期中的月和年；"YM"表示 start_date 与 end_date 日期中月数的差，忽略日期中的日和年；"YD"表示 start_date 与 end_date 日期中天数的差，忽略日期中的年。

5.【DAYS360】函数

【DAYS360】函数是重要的日期与时间函数之一，函数功能是按照一年 360 天计算的（每个月以 30 天计，一年共计 12 个月），返回值为两个日期之间相差的天数。该函数在一些会计计算中经

常用到。如果财务系统基于一年 12 个月，每月 30 天，则可用此函数帮助计算支付款项。

【DAYS360】函数的语法格式：DAYS360(start_date,end_date,method)。其中，start_date 表示计算期间天数的开始日期；end_date 表示计算期间天数的终止日期；method 表示逻辑值，它指定了在计算中是用欧洲办法还是用美国办法。

如果 start_date 在 end_date 之后，则 DAYS360 将返回一个负数。另外，应使用 DATE 函数来输入日期，或者将日期作为其他公式或函数的结果输入。例如，使用函数 DATE(2009,6,20)或输入日期 2009 年 6 月 20 日。如果日期以文本的形式输入，则会出现问题。

6. 【MONTH】函数

【MONTH】函数是一种常用的日期函数，它能够返回以序列号表示的日期中的月份。【MONTH】函数的语法格式是：MONTH(serial_number)。其中，参数 serial_number 表示一个日期值，包括要查找的月份的日期。该函数还可以指定加双引号的表示日期的文本，例如，"2009 年 8 月 8 日"。如果该参数为日期以外的文本，则返回错误值"#VALUE!"。

7. 【WEEKDAY】函数

【WEEKDAY】函数的功能是返回某日期的星期数。在默认情况下，它的值为 1（星期天）到 7（星期六）之间的一个整数，其语法格式为：WEEKDAY(serial_number,return_type)。

其中，参数 serial_number 是要返回日期数的日期；return_type 为确定返回值类型。如果 return_type 为数字 1 或省略，则 1 至 7 表示星期天到星期六；如果 return_type 为数字 2，则 1 至 7 表示星期一到星期天；如果 return_type 为数字 3，则 0 至 6 代表星期一到星期天。

本小节原始文件和最终效果所在位置如下。	
原始文件	原始文件\第 11 章\员工档案表 02.xlsx
最终效果	最终效果\第 11 章\员工档案表 03.xlsx

接下来结合时间与日期函数在员工档案表中计算当前日期、星期数以及员工工龄。具体的操作步骤如下。

1 打开本实例的原始文件，选中单元格 I1，输入函数公式"=TODAY()"，然后按下【Enter】键。该公式表示"返回当前日期"。

2 选中单元格 J1，输入函数公式 "=WEEKDAY(I1)"，然后按下【Enter】键。该公式表示"将日期转化为星期数"。

3 选中单元格 J1，切换到【开始】选项卡，单击【数字】组右下角的【对话框启动器】按钮。

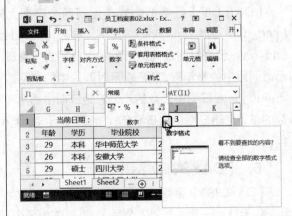

4 弹出【设置单元格格式】对话框，切换到【数字】选项卡，在【分类】列表框中选择【日期】选项，然后在【类型】列表框中选择【星期三】选项。

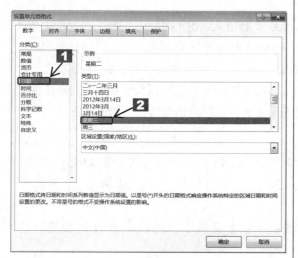

5 设置完毕，单击 确定 按钮返回工作表，此时单元格 J1 中的数字就转换成了星期数。

	G	H	I	J	K
1	当前日期：		2014/6/10	星期二	
2	年龄	学历	毕业院校	入职日期	职务
3	29	本科	华中师范大学	2005/6/1	职员
4	26	本科	安徽大学	2005/9/2	职员
5	29	硕士	四川大学	2005/11/1	总经理

6 选中单元格 L3，输入函数公式"= CONCATENATE(DATEDIF(J3,TODAY(),"y"),"年",DATEDIF(J3,TODAY(),"ym"),"个月和",

DATEDIF(J3,TODAY(),"md"),"天")"，然后按下【Enter】键。公式中 CONCATENAT 函数的功能是将几个文本字符串合并为一个文本字符串。

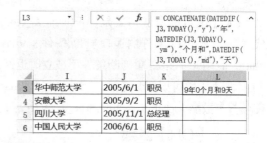

	I	J	K	L
3	华中师范大学	2005/6/1	职员	9年0个月和9天
4	安徽大学	2005/9/2	职员	
5	四川大学	2005/11/1	总经理	
6	中国人民大学	2006/6/1	职员	

7 此时，员工的工龄就计算出来了。选中单元格 L3，将鼠标指针移动到该单元格的右下角，此时鼠标指针变成＋形状，双击＋形状，公式就填充到本列的其他单元格中。

	I	J	K	L
11	苏州大学	2007/7/1	职员	6年11个月和9天
12	西安电子科技大学	2007/11/1	经理助理	6年7个月和9天
13	河北大学	2008/6/1	职员	6年0个月和9天
14	中国人民大学	2008/6/1	职员	6年0个月和9天
15	武汉大学	2008/8/1	职员	5年10个月和9天
16	山东大学	2008/9/1	职员	5年9个月和9天
17	安徽大学	2008/10/1	经理助理	5年8个月和9天
18	南昌大学	2008/11/1	职员	5年7个月和9天
19	北京电子科技大学	2009/3/1	经理助理	5年3个月和9天
20	扬州大学	2009/4/1	职员	5年2个月和9天
21	中国人名大学	2009/8/1	职员	4年10个月和9天
22	北京大学	2009/9/1	职员	4年9个月和9天
23	南京师范大学	2009/10/1	经理助理	4年8个月和9天
24	浙江大学	2009/11/1	职员	4年7个月和9天
25	东南大学	2010/2/1	职员	4年4个月和9天

11.5.3 逻辑函数——计算个人所得税

逻辑函数是一种用于进行真假值判断或复合检验的函数。逻辑函数在日常办公中应用非常广泛，常用的逻辑函数包括【AND】、【IF】、【OR】等。

1. 【AND】函数

【AND】函数的功能是扩大用于执行逻辑检验的其他函数的效用，其语法格式为：AND (logical1,logical2,...)。

其中，参数 logical1 是必需的，表示要检验的第一个条件，其计算结果可以为 TRUE 或 FALSE；logical2 为可选参数。所有参数的逻辑值均为真时，返回 TRUE；只要一个参数的逻辑值为假，即返回 FLASE。

2. 【IF】函数

【IF】函数是一种常用的逻辑函数，其功能是执行真假值判断，并根据逻辑判断值返回结果。该函数主要用于根据逻辑表达式来判断指定条件，如果条件成立，则返回真条件下的指定内容；如果条件不成立，则返回假条件下的指定内容。

【IF】函数的语法格式是：IF(logical_text,value_if_true,value_if_false)。其中，logical_text 代表带有比较运算符的逻辑判断条件；value_if_true 代表逻辑判断条件成立时返回的值；value_if_false 代表逻辑判断条件不成立时返回的值。

【IF】函数可以嵌套 7 层，用 value_if_false 及 value_if_true 参数可以构造复杂的判断条件。在计算参数 value_if_true 和 value_if_false 后，【IF】函数返回相应语句执行后的返回值。

3. 【OR】函数

【OR】函数的功能是对公式中的条件进行连接。在其参数组中，任何一个参数逻辑值为 TRUE，即返回 TRUE；所有参数的逻辑值为 FALSE，才返回 FALSE。其语法格式为：OR(logical1,logical2,...)。

参数必须能计算为逻辑值，如果指定区域中不包含逻辑值，函数【OR】返回错误值 "#VALUE!"。

调整后的七级超额累进税率

全月应纳税所得额	税	速算扣除数（元）
全月应纳税额不超过 1500 元	3%	0
全月应纳税额超过 1500 元至 4500 元	10%	105
全月应纳税额超过 4500 元至 9000 元	20%	555
全月应纳税额超过 9000 元至 35000 元	25%	1005
全月应纳税额超过 35000 元至 55000 元	30%	2755
全月应纳税额超过 55000 元至 80000 元	35%	5505
全月应纳税额超过 80000 元	45%	13505

本小节原始文件和最终效果所在位置如下。	
原始文件	原始文件\第 11 章\计算个税 01.xlsx
最终效果	最终效果\第 11 章\计算个税 02.xlsx

接下来使用【IF】函数的嵌套功能计算调整后的个人所得税。个人所得税调整后起征点改为 3500 元，2011 年 9 月 1 日起实施。具体的操作步骤如下。

1 打开本实例的原始文件，选中单元格 B5，输入函数公式 "=IF(A5<=3500,0,A5- 3500)"，然后按下【Enter】键。该公式表示"如果月收入合计小于或等于 3500，则缴税部分为 0，否

则缴税部分为月收入合计减 3500"。

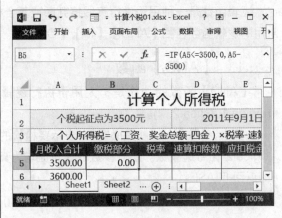

2 此时，缴税部分就计算出来了。选中单元格 B5，将鼠标指针移动到该单元格的右下角，此时鼠标指针变成 **＋** 形状，双击 **＋** 形状，公式就填充到本列的其他单元格中。

	A	B	C	D
4	月收入合计	缴税部分	税率	速算扣除数
5	3500.00	0.00		
6	3600.00	100.00		
7	3700.00	200.00		
8	3800.00	300.00		
9	3900.00	400.00		
10	4000.00	500.00		
11	4500.00	1000.00		
12	5000.00	1500.00		
13	5500.00	2000.00		
14	6000.00	2500.00		
15	6500.00	3000.00		
16	7000.00	3500.00		
17	7500.00	4000.00		
18	8000.00	4500.00		
19	8500.00	5000.00		
20	9000.00	5500.00		
21	9500.00	6000.00		

3 选中单元格 C5，输入函数公式 "=IF(B5>80000,0.45,IF(B5>55000,0.35,IF(B5>35000,0.3,IF(B5>9000,0.25,IF(B5>4500,0.2,IF(B5>1500,0.1,0.03))))))"，然后按下【Enter】键。该公式表示"七级累进税率下各区间的税率"。

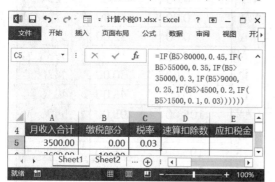

4 此时，税率就计算出来了。选中单元格 C5，将鼠标指针移动到该单元格的右下角，此时鼠标指针变成 **＋** 形状，双击 **＋** 形状，公式就填充到本列的其他单元格中。

	A	B	C	D
4	月收入合计	缴税部分	税率	速算扣除数
5	3500.00	0.00	0.03	
6	3600.00	100.00	0.03	
7	3700.00	200.00	0.03	
8	3800.00	300.00	0.03	
9	3900.00	400.00	0.03	
10	4000.00	500.00	0.03	
11	4500.00	1000.00	0.03	
12	5000.00	1500.00	0.03	
13	5500.00	2000.00	0.10	
14	6000.00	2500.00	0.10	
15	6500.00	3000.00	0.10	
16	7000.00	3500.00	0.10	
17	7500.00	4000.00	0.10	
18	8000.00	4500.00	0.10	
19	8500.00	5000.00	0.20	
20	9000.00	5500.00	0.20	
21	9500.00	6000.00	0.20	

5 选中单元格 D5，输入函数公式 "=IF(B5>80000,13505,IF(B5>55000,5505,IF(B5>35000,2755,IF(B5>9000,1005,IF(B5>4500,555,IF(B5>1500,105,0))))))"，然后按下【Enter】键。该公式表示"七级累进税率下各区间对应的速算扣除数"。

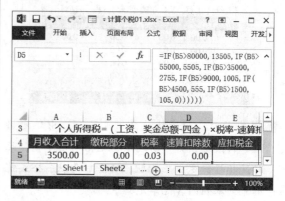

6 此时，速算扣除数就计算出来了。选中单元格 D5，将鼠标指针移动到该单元格的右下角，此时鼠标指针变成 **＋** 形状，双击 **＋** 形状，公式就填充到本列的其他单元格中。

	A	B	C	D
4	月收入合计	缴税部分	税率	速算扣除数
5	3500.00	0.00	0.03	0.00
6	3600.00	100.00	0.03	0.00
7	3700.00	200.00	0.03	0.00
8	3800.00	300.00	0.03	0.00
9	3900.00	400.00	0.03	0.00
10	4000.00	500.00	0.03	0.00
11	4500.00	1000.00	0.03	0.00
12	5000.00	1500.00	0.03	0.00
13	5500.00	2000.00	0.10	105.00
14	6000.00	2500.00	0.10	105.00
15	6500.00	3000.00	0.10	105.00
16	7000.00	3500.00	0.10	105.00
17	7500.00	4000.00	0.10	105.00
18	8000.00	4500.00	0.10	105.00
19	8500.00	5000.00	0.20	555.00
20	9000.00	5500.00	0.20	555.00

7 选中单元格 E5，输入函数公式 "=B5*C5-D5"，然后按下【Enter】键。该公式表示"应扣税金=缴税部分×税率－速算扣除数"。

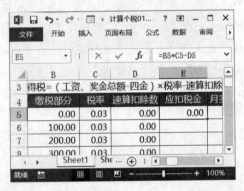

8 此时，税率就计算出来了。选中单元格 E5，将鼠标指针移动到该单元格的右下角，此时鼠标指针变成＋形状，双击＋形状，公式就填充到本列的其他单元格中。

	B	C	D	E
4	缴税部分	税率	速算扣除数	应扣税金
5	0.00	0.03	0.00	0.00
6	100.00	0.03	0.00	3.00
7	200.00	0.03	0.00	6.00
8	300.00	0.03	0.00	9.00
9	400.00	0.03	0.00	12.00
10	500.00	0.03	0.00	15.00
11	1000.00	0.03	0.00	30.00
12	1500.00	0.03	0.00	45.00
13	2000.00	0.10	105.00	95.00
14	2500.00	0.10	105.00	145.00
15	3000.00	0.10	105.00	195.00

9 选中单元格 F5，输入函数公式 "=A5-E5"，然后按下【Enter】键。该公式表示"月实际收入=月收入合计-应扣税金"。

10 此时，月实际收入就计算出来了。选中单元格 F5，将鼠标指针移动到该单元格的右下角，此时鼠标指针变成＋形状，双击＋形状，公式就填充到本列的其他单元格中。

	D	E	F
4	速算扣除数	应扣税金	月实际收入
5	0.00	0.00	3500.00
6	0.00	3.00	3597.00
7	0.00	6.00	3694.00
8	0.00	9.00	3791.00
9	0.00	12.00	3888.00
10	0.00	15.00	3985.00
11	0.00	30.00	4470.00
12	0.00	45.00	4955.00
13	105.00	95.00	5405.00
14	105.00	145.00	5855.00
15	105.00	195.00	6305.00
16	105.00	245.00	6755.00
17	105.00	295.00	7205.00
18	105.00	345.00	7655.00
19	555.00	445.00	8055.00
20	555.00	545.00	8455.00
21	555.00	645.00	8855.00

11.5.4　数学与三角函数——产品销售年报

数学与三角函数是指通过数学和三角函数进行简单的计算，例如对数字取整、计算单元格区域中的数值总和或其他复杂计算。常用的数学与三角函数包括【INT】、【ROUND】、【SUM】、【SUMIF】等。

1.　【INT】函数

【INT】函数是常用的数学与三角函数，其功能是将数字向下舍入到最接近的整数。【INT】函数的语法格式为：INT(number)。其中，number 表示需要进行向下舍入取整的实数。

2.　【ROUND】函数

【ROUND】函数的功能是按指定的位数对数值进行四舍五入。【ROUND】函数的语法格式为：ROUND(number,num_digits)。其中，number 是指用于进行四舍五入的数字，参数不能是一个单元格区域。如果参数是数值以外的文本，则返回错误值"#VALUE!"。num_digits 是指位数，按此位数进行四舍五入，位数不能省略。

num_digits 与【ROUND】函数返回值的关系如下表所示。

num_digit	【ROUND】函数返回值
>0	四舍五入到指定的小数位
=0	四舍五入到最接近的整数位
<0	在小数点的左侧进行四舍五入

3.　【SUM】函数

【SUM】函数的功能是计算单元格区域中所有数值的和。

该函数的语法格式为：SUM(number1,number2,number3,…)。函数最多可指定30个参数，各参数间用逗号隔开；当计算相邻单元格区域数值之和时，使用冒号指定单元格区域；参数如果是数值数字以外的文本，则返回错误值"#VALUE"。

4.　【SUMIF】函数

【SUMIF】是重要的数学和三角函数，在 Excel 2013 工作表的实际操作中应用广泛。其功能是根据指定条件对指定的若干单元格求和。使用该函数可以在选中的范围内求与检索条件一致的单元格对应的合计范围的数值。

【SUMIF】函数的语法格式为：SUMIF(range,criteria,sum_range)。

其中，range 为选定的用于条件判断的单元格区域。criteria 为在指定的单元格区域内检索符合条件的单元格，其形式可以是数字、表达式或文本。直接在单元格或编辑栏中输入检索条件时，需要加双引号。sum_range 为选定的需要求和的单元格区域。该参数忽略求和的单元格区域内包含的空白单元格、逻辑值或文本。

本小节原始文件和最终效果所在位置如下。

原始文件	原始文件\第 11 章\产品销售年报 01.xlsx
最终效果	最终效果\第 11 章\产品销售年报 02.xlsx

接下来结合数学与三角函数计算产品销售年度利润，并给出大写金额合计。具体的操作步骤如下。

1 打开本实例的原始文件，选中单元格 F4，输入函数公式"=SUM(B4:E4)"，然后按下【Enter】键。

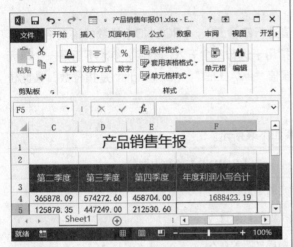

2 此时，年度利润小写合计就计算出来了。选中单元格 F4，将鼠标指针移动到该单元格的右下角，此时鼠标指针变成 ✚ 形状，双击 ✚ 形状，公式就填充到本列的其他单元格中。

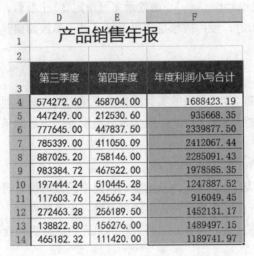

3 选中单元格 G4，输入函数公式"=IF(ROUND(F4,2)<0," 无 效 数 值 ",IF(ROUND(F4,2)=0," 零 ",IF(ROUND(F4,2)<1,"",TEXT(INT(ROUND(F4,2)),"[dbnum2]")&" 元 ")&IF(INT(ROUND(F4,2)*10)-INT(ROUND(F4,2))*10=0,-INT(ROUND(F4,2)*10)*10)=0,"","" 零 "),TEXT(INT(ROUND(F4,2)*10)-INT(ROUND(F4,2))*10,"[dbnum2]")&" 角 ")&IF((INT(ROUND(F4,2)*100)-INT(ROUND(F4,2)*10)*10)=0," 整 ",TEXT((INT(ROUND(F4,2)*100)-INT(ROUND(F4,2)*10)*10),"[dbnum2]")&"分")))"，然后按下【Enter】键。该公式中的参数"[dbnum2]"表示"将阿拉伯数字转化为中文大写：壹、贰、叁…"。

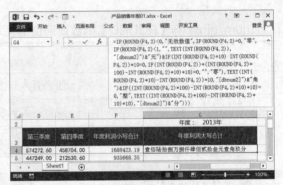

4 此时，年度利润大写合计就计算出来了。选中单元格 G4，将鼠标指针移动到该单元格的右下角，此时鼠标指针变成 ✚ 形状，双击 ✚ 形状，公式就填充到本列的其他单元格中。

11.5.5 统计函数——培训成绩统计分析

统计函数是指用于对数据区域进行统计分析的函数。常用的统计函数有【AVERAGE】、【RANK】、【COUNTIF】等。

1. 【AVERAGE】函数

【AVERAGE】函数的功能是返回所有参数的算术平均值，其语法格式为：AVERAGE(number1, number2,...)。其中，number1、number2等是要计算平均值的1~30个参数。

2. 【RANK】函数

【RANK】函数的功能是返回结果集分区内指定字段的值的排名，指定字段的值的排名是相关行之前的排名加1，其语法格式为：RANK(number,ref,order)。

其中，参数number为需要计算其排位的一个数字；ref为包含一组数字的数组或引用（其中的非数值型参数将被忽略）；order为一数字，指明排位的方式。如果order为0或省略，则按降序排列的数据清单进行排位；如果order不为0，ref当作按升序排列的数据清单进行排位。

注意：函数RANK对重复数值的排位相同，但重复数的存在将影响后续数值。

3. 【COUNTIF】函数

【COUNTIF】函数的功能是计算区域中满足给定条件的单元格的个数，其语法格式为：COUNTIF(range,criteria)。其中，参数range为需要计算其中满足条件的单元格数目的单元格区域；criteria为确定哪些单元格将被计算在内的条件，其形式可以是数字、表达式或文本。

本小节原始文件和最终效果所在位置如下。	
原始文件	原始文件\第11章\员工培训成绩01.xlsx
最终效果	最终效果\第11章\员工培训成绩02.xlsx

接下来结合统计函数对员工的培训成绩进行统计分析，并计算平均成绩、名次以及单科优异成绩的人数。具体的操作步骤如下。

1 打开本实例的原始文件，选中单元格K4，输入函数公式"=AVERAGE(D4:J4)"，然后按下【Enter】键。

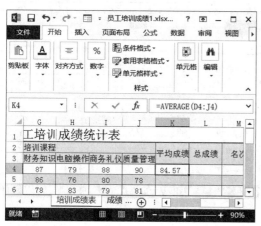

2 选中单元格K4，将鼠标指针移动到该单元格的右下角，当鼠标指针变成＋形状后，按住鼠标左键，向下拖动到单元格K21，然后释放左键，此时公式就填充到选中的单元格区域中，所有员工的平均成绩就计算出来了。

	I	J	K	L
2			平均成绩	总成绩
3	商务礼仪	质量管理		
4	88	90	84.57	
5	80	78	78.29	
6	79	81	81.57	
7	84	80	81.71	
8	89	83	83.29	
9	90	87	84.43	
10	91	89	82.86	
11	86	92	84.29	
12	82	76	79.43	
13	80	72	78.43	
14	84	80	83.14	
15	79	85	83.57	
16	83	90	82.57	
17	84	80	84.86	
18	86	84	81.43	
19	67	92	80.57	
20	83	85	85.29	

3 选中单元格 L4，输入函数公式 "＝SUM(D4:J4)"，然后按下【Enter】键。

	I	J	K	L	M
2	商务礼仪	质量管理	平均成绩	总成绩	名次
3					
4	88	90	84.57	592	
5	80	78	78.29		
6	79	81	81.57		
7	84	80	81.71		

4 选中单元格 L4，将鼠标指针移动到该单元格的右下角，此时鼠标指针变成 ＋ 形状，按住鼠标左键，向下拖动到单元格 L21 后释放左键，此时公式就填充到选中的单元格区域中，所有员工的总成绩就计算出来了。

	I	J	K	L	M
2	商务礼仪	质量管理	平均成绩	总成绩	名次
3					
4	88	90	84.57	592	
5	80	78	78.29	548	
6	79	81	81.57	571	
7	84	80	81.71	572	
8	89	83	83.29	583	
9	90	87	84.43	591	
10	91	89	82.86	580	
11	86	92	84.29	590	
12	82	76	79.43	556	
13	80	72	78.43	549	
14	84	80	83.14	582	
15	79	85	83.57	585	
16	83	90	82.57	578	
17	84	80	84.86	594	
18	86	84	81.43	570	
19	67	92	80.57	564	
20	83	85	85.29	597	
21	85	80	80.86	566	

5 选中单元格 M4，输入函数公式 "＝RANK(L4,$L$4:$L$21)"，然后按下【Enter】键。

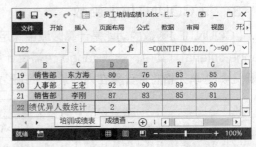

6 选中单元格 M4，将鼠标指针移动到该单元格的右下角，此时鼠标指针变成 ＋ 形状，按住鼠标左键，向下拖动到单元格 M21 后释放左键，此时公式就填充到选中的单元格区域中，所有员工的成绩排名就计算出来了。

	I	J	K	L	M
2	商务礼仪	质量管理	平均成绩	总成绩	名次
3					
4	88	90	84.57	592	3
5	80	78	78.29	548	18
6	79	81	81.57	571	12
7	84	80	81.71	572	11
8	89	83	83.29	583	7
9	90	87	84.43	591	4
10	91	89	82.86	580	9
11	86	92	84.29	590	5
12	82	76	79.43	556	16
13	80	72	78.43	549	17
14	84	80	83.14	582	8
15	79	85	83.57	585	6
16	83	90	82.57	578	10
17	84	80	84.86	594	2
18	86	84	81.43	570	13
19	67	92	80.57	564	15
20	83	85	85.29	597	1
21	85	80	80.86	566	14

7 选中单元格 D22，输入函数公式 "＝COUNTIF(D4:D21,">=90")"，然后按下【Enter】键。

8 选中单元格 D22，将鼠标指针移动到该单元格的右下角，此时鼠标指针变成 ＋ 形状，按住鼠标左键，向右拖动到单元格 J22 后释放左键，此时公式就填充到选中的单元格区域中，各科目成绩在 90 或 90 以上的人数就计算出来了。

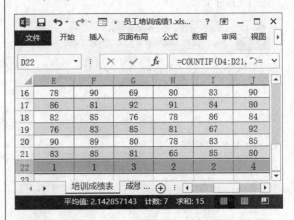

11.5.6 查找与引用函数——创建成绩查询系统

查找与引用函数用于在数据清单或表格中查找特定数值，或者查找某一单元格的引用时使用的函数。常用的查找与引用函数包括【LOOKUP】、【CHOOSE】、【HLOOKUP】、【VLOOKUP】等。

1. 【LOOKUP】函数

【LOOKUP】函数的功能是从向量或数组中查找符合条件的数值。该函数有两种语法形式：向量和数组。向量形式是指从一行或一列的区域内查找符合条件的数值。向量形式的【LOOKUP】函数按照在单行区域或单列区域查找的数值，返回第二个单行区域或单列区域中相同位置的数值。数组形式是指在数组的首行或首列中查找符合条件的数值，然后返回数组的尾行或尾列中相同位置的数值。本节重点介绍向量形式的【LOOKUP】函数的语法。其函数语法格式为：LOOKUP(lookup_value,lookup_vector,result_vector)。

其中，lookup_value 指定在单行或单列区域内要查找的值，可以是数字、文本、逻辑值或者包含名称的数值或引用。lookup_vector 指定的单行或单列的查找区域。其数值必须按升序排列，文本不区分大小写。result_vector 指定的函数返回值的单元格区域。其大小必须与 lookup_vector 相同，如果 lookup_value 小于 lookup_vector 中的最小值，函数【LOOKUP】则返回错误值"#N/A"。

2. 【CHOOSE】函数

【CHOOSE】函数的功能是从参数列表中选择并返回一个值。其函数语法格式为：CHOOSE(index_num,value1,value2,...)。

其中，参数 index_num 是必需的，用来指定所选定的值参数。index_num 必须为 1~254 之间的数字，或为公式或为对包含 1~254 之间某个数字的单元格的引用。如果 index_num 为 1，函数【CHOOSE】返回 value1；如果为 2，函数【CHOOSE】返回 value2，以此类推。如果 index_num 小于 1 或大于列表中最后一个值的序号，函数【CHOOSE】则返回错误值"#VALUE!"。如果 index_num 为小数，则在使用前将被截尾取整。value1 是必需的，后续的 value2 的是可选的，这些值参数的个数介于 1~254 之间。函数【CHOOSE】基于 index_num 从这些值参数中选择一个数值或一项要执行的操作。参数可以为数字、单元格引用、已定义名称、公式、函数或文本。

3. 【VLOOKUP】函数

【VLOOKUP】函数的功能是进行列查找，并返回当前行中指定的列的数值。其函数语法格式为：VLOOKUP(lookup_value,table_array,col_index_num,range_lookup)。

其中，lookup_value 指需要在表格数组第一列中查找的数值。lookup_value 可以为数值或引用。若 lookup_value 小于 table_array 第一列中的最小值，则【VLOOKUP】返回错误值 "#N/A"。

table_array 指指定的查找范围。使用对区域或区域名称的引用。table_array 第一列中的值是由 lookup_value 搜索到的值。这些值可以是文本、数字或逻辑值。

col_index_num 指 table_array 中待返回的匹配值的列序号。col_index_num 为 1 时，返回 table_array 第一列中的数值；col_index_num 为 2 时，返回 table_array 第二列中的数值，以此类推。如果 col_index_num 小于 1，【VLOOKUP】返回错误值 "#VALUE!"；如果 col_index_num 大于 table_array 的列数，【VLOOKUP】返回错误值 "#REF!"。

range_lookup 为逻辑值，指定希望【VLOOKUP】查找精确的匹配值还是近似匹配值。如果参数值为 TRUE（或为 1，或省略），则只寻找精确匹配值。也就是说，如果找不到精确匹配值，则返回小于 lookup_value 的最大数值。table_array 第一列中的值必须以升序排序，否则，【VLOOKUP】可能无法返回正确的值。如果参数值为 FALSE（或为 0），则返回精确匹配值或近似匹配值。在此情况下，table_array 第一列的值不需要排序。如果 table_array 第一列中有两个或多个值与 lookup_value 匹配，则使用第一个找到的值。如果找不到精确匹配值，则返回错误值"#N/A"。

4.【HLOOKUP】函数

【HLOOKUP】函数的功能是进行行查找，在表格或数值数组的首行查找指定的数值，并在表格或数组中指定行的同一列中返回一个数值。当比较值位于数据表的首行，并且要查找下面给定行中的数据时，使用【HLOOKUP】函数。当比较值位于要查找的数据左边的一列时，使用【VLOOKUP】函数。

【HLOOKUP】函数的语法格式为 HLOOKUP(lookup_value,table_array,row_index_num,range_lookup)。其中，lookup_value 为需要在数据表第一行中进行查找的数值。lookup_value 可以为数值、引用或文本字符串。

table_array 为需要在其中查找数据的数据表，使用对区域或区域名称的引用。table_array 的第一行的数值可以为文本、数字或逻辑值。如果 range_lookup 为 TRUE，则 table_array 的第一行的数值必须按升序排列：...–2、–1、0、1、2、...、A、B、...、Y、Z、FALSE、TRUE；否则，函数【HLOOKUP】将不能给出正确的数值。如果 range_lookup 为 FALSE，则 table_array 不必进行排序。

row_index_num 为 table_array 中待返回的匹配值的行序号。row_index_num 为 1 时，返回 table_array 第一行的数值；row_index_num 为 2 时，返回 table_array 第二行的数值，以此类推。如果 row_index_num 小于 1；函数【HLOOKUP】返回错误值"#VALUE!"；如果 row_index_num 大于 table_array 的行数，函数【HLOOKUP】返回错误值"#REF!"。

range_lookup 为逻辑值，指明函数【HLOOKUP】查找时是精确匹配，还是近似匹配。如果 range_lookup 为 TRUE 或省略，则返回近似匹配值。也就是说，如果找不到精确匹配值，则返回小于 lookup_value 的最大数值。如果 lookup_value 为 FALSE，函数【HLOOKUP】将查找精确匹配值，如果找不到，则返回错误值"#N/A"。

本小节原始文件和最终效果所在位置如下。	
原始文件	原始文件\第 11 章\员工培训成绩 02.xlsx
最终效果	最终效果\第 11 章\员工培训成绩 03.xlsx

接下来结合查找与引用函数创建成绩查询系统。具体的操作步骤如下。

1 打开本实例的原始文件，切换到"成绩查询系统"工作表中，首先查询成绩排名。选中单元格 E7，输入函数公式"=IF(AND(E3="",E4=""),"",IF(AND(NOT(E3=""),E4=""),VLOOKUP(E3,培训成绩表!A4:M21,13,0),IF(NOT(E4=""),VLOOKUP(E4,培训成绩表!C4:M21,11,0))))"，然后按下【Enter】键。该公式

表示"查询成绩时，如果不输入编号和姓名，则成绩单显示空；如果只输入编号，则查找并显示员工编号对应的'培训成绩表'中的单元格区域 A4:M21 中的第 13 列中的数据；如果只输入姓名，则查找并显示员工姓名对应的'培训成绩表'中的单元格区域 C4:M21 中的第 11 列中的数据"。

2 查询总成绩。选中单元格 E8，输入函数公式"=IF(AND(E3="",E4=""),"",IF(AND (NOT(E3=""),E4=""),VLOOKUP(E3, 培 训 成 绩 表 !A4:M21,12,0),IF(NOT(E4=""),VLOOKUP(E4,培训成绩表!C4:M21,10,0))))"，然后按下【Enter】键。

3 查询平均成绩。选中单元格 E9，输入函数公式 "=IF(AND(E3="",E4=""),"",IF(AND(NOT(E3=""),E4=""),VLOOKUP(E3,培训成绩表 !A4:M21,11,0),IF(NOT(E4=""),VLOOKUP(E4,培训成绩表!C4:M21,9,0))))"，然后按下【Enter】键。

4 查询科目"企业概况"成绩。选中单元格 E10，然后输入函数公式"=IF(AND(E3="",E4

=""),"",IF(AND(NOT(E3=""),E4=""),VLOOKUP (E3,培训成绩表!A4:M21,4,0), IF(NOT(E4=""),VLOOKUP(E4, 培 训 成 绩 表 !C4:M21,2,0))))"，按下【Enter】键。

5 查询科目"规章制度"成绩。选中单元格 E11，然后输入函数公式"=IF (AND(E3="",E4=""),"",IF(AND(NOT(E3=""),E4=""),VLOOKUP(E3, 培 训 成 绩 表 !A4:M21,5,0),IF(NOT(E4=""),VLOOKUP(E4,培训成绩表!C4:M21,3,0))))"，按下【Enter】键。

6 查询科目"法律知识"成绩。选中单元格 E12，输入函数公式"=IF(AND(E3="",E4=""),"",IF(AND(NOT(E3=""),E4=""),VLOOKUP (E3, 培 训 成 绩 表 !A4:M21,6,0),IF(NOT(E4=""),VLOOKUP(E4, 培 训 成 绩 表 !C4:M21,4,0))))"，然后按下【Enter】键。

7 查询科目"财务知识"成绩。选中单元格 E13，输入函数公式"=IF(AND(E3="",E4=""),"",IF(AND(NOT(E3=""),E4=""),VLOOKUP

(E3,培训成绩表!A4:M21,7,0),IF(NOT (E4=""),VLOOKUP(E4,培训成绩表!C4:M21, 5,0))))",然后按下【Enter】键。

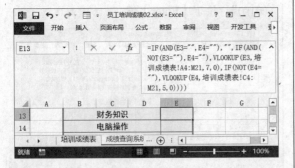

8 查询科目"电脑操作"成绩。选中单元格E14，输入函数公式"=IF(AND(E3="",E4=""),"",IF(AND(NOT(E3="")),E4=""),VLOOKUP(E3,培训成绩表!A4:M21,8,0),IF(NOT(E4=""),VLOOK UP(E4,培训成绩表!C4:M21,6,0))))"，然后按下【Enter】键。

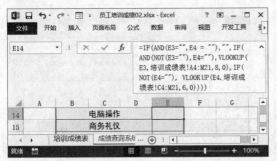

9 查询科目"商务礼仪"成绩。选中单元格E15，输入函数公式"=IF(AND(E3="",E4=""),"",IF(AND(NOT(E3="")),E4=""),VLOOKUP(E3,培训成绩表!A4:M21,9,0),IF(NOT(E4=""),VLOOKUP(E4,培训成绩表!C4:M21,7,0))))"，然后按下【Enter】键。

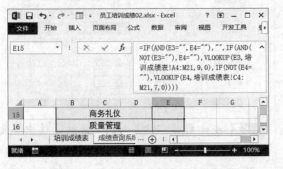

10 查询科目"质量管理"成绩。选中单元格E16，输入函数公式"=IF(AND(E3="",E4=""),"",IF(AND(NOT(E3="")),E4=""),VLOOKUP(E3,培训成绩表!A4:M21,10,0),IF(NOT(E4=""),VLOOKUP(E4,培训成绩表!C4:M21,8,0))))"，然后按下【Enter】键。

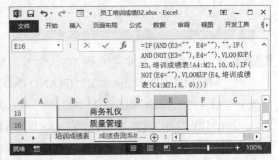

11 选中单元格E3，输入编号"001"，此时编号为"001"的员工的所有成绩信息就查询出来了。

成绩查询系统		
或	输入编号	001
	输入姓名	

成绩单	
名次	3
总成绩	592
平均成绩	84.57
企业概况	85
规章制度	80
法律知识	83
财务知识	87
电脑操作	79
商务礼仪	88
质量管理	90

12 选中单元格E4，输入姓名"张浩"，此时员工张浩的所有成绩信息就查询出来了。

成绩查询系统		
或	输入编号	
	输入姓名	张浩

成绩单	
名次	2
总成绩	594
平均成绩	84.86
企业概况	80
规章制度	86
法律知识	81
财务知识	92
电脑操作	91
商务礼仪	84
质量管理	80

11.5.7 财务函数——定期定额投资收益分析

财务函数可以进行一般的财务计算，如确定贷款的支付额、投资的未来值或净现值，以及债券或股票的价值。常用的财务函数有【FV】、【PV】、【PMT】、【NPV】等。

1. 【FV】函数

【FV】函数又称终值函数，它的功能是基于固定利率及等额分期付款方式，返回某项投资的未来值，其语法格式为：FV(rate,nper,pmt,pv,type)。

其中，参数 rate 为各期利率，可以为年利率，也可以为月利率，月利率=年利率/12。nper 为总投资（或贷款）期，即该项投资（或贷款）的付款期总数。pmt 为各期所应支付的金额，其数值在整个年金期间保持不变。通常 pmt 包括本金和利息，但不包括其他费用及税款。如果忽略 pmt，则必须包含 pv 参数。pv 为现值，又称本金，即从该项投资开始计算时已经入账的款项，或一系列未来付款的当前值的累积和。如果省略 pv，则假设其值为零，并且必须包括 pmt 参数。type 为数字 0 或 1，用以指定各期的付款时间是在期初还是期末。如果 type 值为 0 或省略，表示支付时间在期末；如果 type 值为 1，表示支付时间在期初。【FV】函数表示未来值，为了避免负数的出现，可以手工在公式前加上负号。

2. 【PV】函数

【PV】函数的功能是返回投资的现值。现值为一系列未来付款的当前值的累积和。【PV】函数的语法格式为：PV(rate,nper,pmt,fv,type)。其中，参数 rate、nper、pmt、type 与【FV】函数的参数相同。如果忽略 pmt，则必须包含 fv 参数。fv 为未来值，又称终值，或在最后一次支付后希望得到的现金余额。如果省略 fv，则假设其值为零（一笔贷款的未来值即为零）。如果忽略 fv，则必须包含 pmt 参数。

3. 【PMT】函数

【PMT】函数的功能是基于固定利率及等额分期付款方式，返回贷款的每期付款额，其语法格式为：PMT(rate,nper,pv,fv,type)。其中，参数 Rate 为贷款利率；Nper 为该项贷款的付款总期数；pv 为现值，fv 为终值，如果省略 fv，则假设其值为零，也就是一笔贷款的未来值为零；type 的数值为 0 或 1，用以指定各期的付款时间是在期初还是期末。如果 type 值为 0 或省略，表示支付时间在期末；如果 Type 值为 1，表示支付时间在期初。

4. 【NPV】函数

【NPV】函数又称净现值函数，它的功能是通过使用贴现率以及一系列未来支出（负值）和收入（正值），返回一项投资的净现值，其语法格式为：NPV(rate,value1,value2,...)。其中，参数 rate 为贴现率；values 指定现金流值。values 通常为一个数组，此数组至少要包含一个负值（支付）和一个正值（收入），说明投资的净现值是未来一系列支出或收入的当前价值。

例如，许先生在某银行购买了定投基金，每月支付 800 元，要求根据年限和年收益率的不同计算投资收益。

接下来结合上述实例和【FV】函数计算定额定期投资的收益。

计算定期定额投资收益的相关公式如下。

期末资产总额=-FV(月收益率,投资总期数,每期定投金额,1)

总投资额=每期定投金额×投资总期数

期末投资收益总额=期末资产总额−总投资额

本小节原始文件和最终效果所在位置如下。			
原始文件	原始文件\第 11 章\投资收益分析 01.xlsx		
最终效果	最终效果\第 11 章\投资收益分析 02.xlsx		

接下来使用财务函数计算定期定额投资收益。具体的操作步骤如下。

1 打开本实例的原始文件，选中单元格 B4，在其中输入每月定投金额 "800"。

2 计算总投资额。总投资额=每期定投金额×投资总期数。选中单元格 B8，然后输入公式 "=$B$4*A8*12"。

3 输入完毕按下【Enter】键，选中单元格 B8，将鼠标指针移动到该单元格的右下角，此时鼠标指针变成 + 形状，然后按住鼠标左键不放，向下拖动到本列的其他单元格后释放左键，此时不同年限的总投资额就计算出来了。

	A	B	C	D
7	投资年限	总投资额（元）	期末投资收益总额（元）	期末投资收益总额（元）
8	1	9600		
9	2	19200		
10	3	28800		
11	4	38400		
12	5	48000		
13	6	57600		
14	7	67200		
15	8	76800		
16	9	86400		
17	10	96000		
18	15	144000		
19	20	192000		
20	25	240000		
21	30	288000		

4 计算不同收益率和年限下的投资收益总额。期末投资收益总额=期末资产总额−总投资额。在单元格 C8 中输入公式 "=-FV($C$6/12,A8*12,$B$4,1)-$B8"，输入完毕按下【Enter】键。

5 选中单元格 C8，将鼠标指针移动到该单元格的右下角，此时鼠标指针变成 + 形状，然后按住鼠标左键不放，向下拖动到本列的其他单元格后释放左键，此时年收益率为 5% 的不同年限的投资收益总额就计算出来了。

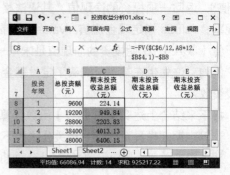

6 在单元格 D8 中输入公式 "=-FV($D$6/12, A8*12,$B$4,1) -$B8",输入完毕按下【Enter】键。选中单元格 D8,将鼠标指针移动到该单元格的右下角,此时鼠标指针变成 + 形状,然后按住鼠标左键不放,向下拖动到本列的其他单元格后释放左键,此时年收益率为 8% 的不同年限的投资收益总额就计算出来了。

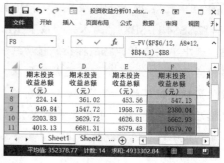

9 在单元格 G8 中输入公式 "=-FV($G$6/12, A8*12,$B$4,1)-$B8",输入完毕按下【Enter】键。选中单元格 G8,将鼠标指针移动到该单元格的右下角,此时鼠标指针变成 + 形状,然后按住鼠标左键不放,向下拖动到本列的其他单元格后释放左键,此时年收益率为 15% 的不同年限的投资收益总额就计算出来了。

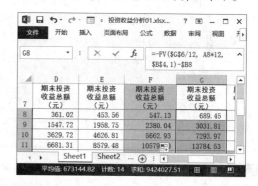

7 在单元格 E8 中输入公式 "=-FV($E$6/12, A8*12,$B$4,1) -$B8",输入完毕按下【Enter】键。选中单元格 E8,将鼠标指针移动到该单元格的右下角,此时鼠标指针变成 + 形状,然后按住鼠标左键不放,向下拖动到本列的其他单元格后释放左键,此时年收益率为 10% 的不同年限的投资收益总额就计算出来了。

10 在单元格 H8 中输入公式 "=-FV($H$6/12, A8*12,$B$4,1)-$B8",输入完毕按下【Enter】键即可。选中单元格 H8,将鼠标指针移动到该单元格的右下角,此时鼠标指针变成 + 形状,然后按住鼠标左键不放,向下拖动到本列的其他单元格后释放左键,此时年收益率为 20% 的不同年限的投资收益总额就计算出来了。

8 在 单 元 格 F8 中 输 入 公 式 "=-FV($F$6/12, A8*12,$B$4,1) -$B8",输入完毕按下【Enter】键。选中单元格 F8,将鼠标指针移动到该单元格的右下角,此时鼠标指针变成 + 形状,然后按住鼠标左键不放,向下拖动到本列的其他单元格后释放左键,此时年收益率为 12% 的不同年限的投资收益总额就计算出来了。

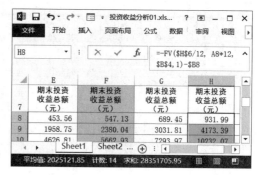

11 在单元格 I8 中输入公式 "=-FV($I$6/12, A8*12,$B$4,1)-$B8",输入完毕按下【Enter】键。选中单元格 I8,将鼠标指针移动到该单元格的右下角,此时鼠标指针变成＋形状,然后按住鼠标左键不放,向下拖动到本列的其他单元格后释放左键,此时年收益率为 25% 的不同年限的投资收益总额就计算出来了。

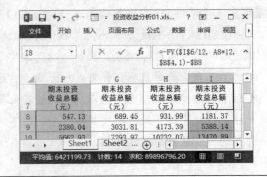

12 计算完毕,此时每月定投金额 800 元的不同年限和年收益率下的不同投资收益如下图所示。

定期定额投资收益分析

每月定投(元): 800

期末资产总额=-FV(月收益率,投资总期数,每期定投金额,1)
期末投资收益总额=期末资产总额-总投资额

投资年限	总投资额(元)	5% 期末投资收益总额(元)	8% 期末投资收益总额(元)	10% 期末投资收益总额(元)	12% 期末投资收益总额(元)	15% 期末投资收益总额(元)	20% 期末投资收益总额(元)	25% 期末投资收益总额(元)
1	9600	224.14	361.02	453.56	547.13	689.45	931.99	1181.37
2	19200	949.84	1547.72	1958.75	2380.04	3031.81	4173.39	5388.14
3	28800	2203.83	3629.72	4626.81	5662.93	7293.97	10232.07	13470.89
4	38400	4013.13	6681.31	8579.48	10579.70	13784.53	19726.13	26517.76
5	48000	6406.15	10782.97	13951.30	17337.55	22861.71	33409.26	45922.32
6	57600	9412.76	16012.71	20890.87	26169.99	34941.34	52200.50	73469.37
7	67200	13064.34	22492.39	29562.34	37340.13	50506.07	77220.52	111444.77
8	76800	17393.90	30296.76	40147.08	51144.43	70116.14	109835.87	162776.08
9	86400	22436.12	39545.68	52845.42	67916.99	94421.87	151712.89	231212.74
10	96000	28227.47	50359.05	67878.69	88034.26	124178.09	204883.51	321556.75
15	144000	69833.27	132833.88	187580.73	255670.15	390814.76	748579.52	1388737.56
20	192000	136829.65	279221.26	415502.40	599415.18	1005811.30	2295774.30	5183431.95
25	240000	236411.25	520828.46	821478.78	1263097.09	2354865.24	6548371.79	18376603.28
30	288000	377811.38	904298.49	1520410.18	2508007.26	5250711.23	18094654.20	63955083.22

13 如果每月定投金额发生变化,此时不同年限和年收益率下的投资收益也会相应发生变化。例如,将每月定投金额改为 1000 元,不同年限和年收益率下的投资收益如下图所示。

定期定额投资收益分析

每月定投(元): 1000

期末资产总额=-FV(月收益率,投资总期数,每期定投金额,1)
期末投资收益总额=期末资产总额-总投资额

投资年限	总投资额(元)	5% 期末投资收益总额(元)	8% 期末投资收益总额(元)	10% 期末投资收益总额(元)	12% 期末投资收益总额(元)	15% 期末投资收益总额(元)	20% 期末投资收益总额(元)	25% 期末投资收益总额(元)
1	12000	279.91	451.01	566.67	683.63	861.52	1164.68	1476.40
2	24000	1187.03	1934.36	2448.14	2974.73	3789.43	5216.36	6734.76
3	36000	2754.50	4536.83	5783.17	7078.31	9117.07	12789.64	16838.09
4	48000	5016.11	8351.29	10723.98	13224.22	17230.20	24657.12	33146.53
5	60000	8007.37	13478.39	17438.72	21671.49	28576.61	41760.90	57402.03
6	72000	11765.61	20026.94	26113.13	32711.98	43676.07	65249.80	91835.60
7	84000	16330.07	28115.06	36952.43	46674.58	63131.88	96524.65	139304.54
8	96000	21742.00	37870.48	50183.29	63929.89	87644.35	137293.62	203468.29
9	108000	28044.76	49431.58	66056.16	84895.51	118026.38	189639.62	289013.61
10	120000	35283.93	62948.25	84847.69	110041.99	155221.50	256102.57	401942.97
15	180000	87291.06	166041.53	234474.80	319586.19	488516.12	935719.50	1735911.72
20	240000	171036.38	349025.34	519376.16	749266.26	1257259.20	2869704.67	6479254.69
25	300000	295513.19	651033.73	1026845.46	1578866.41	2943571.16	8185429.13	22970632.66
30	360000	472263.10	1130370.38	1900507.76	3135000.08	6563367.15	22618221.76	79943435.53

高手过招

使用函数输入星期几

在日常办公中，经常会在 Excel 表格中用到输入星期，使用【CHOOSE】和【WEEKDAY】函数可以快速完成该工作。

1 在单元格 B3 中输入公式 "=CHOOSE(WEEKDAY(A3,2),"星期一","星期二","星期三","星期四","星期五","星期六","星期日")"，输入完毕按下【Enter】键即可根据日期显示星期几。

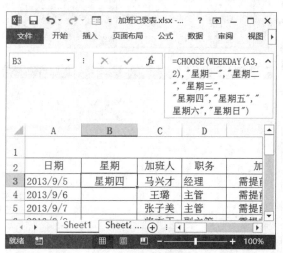

2 选中单元格 B3，将鼠标指针移动到该单元格的右下角，此时鼠标指针变成 ＋ 形状，然后按住鼠标左键不放，向下拖动到本列的其他单元格后释放左键，即可将该公式复制到其他单元格中。

	A	B	C	D	
2	日期	星期	加班人	职务	
3	2013/9/5	星期四	马兴才	经理	需
4	2013/9/6	星期五	王璐	主管	需
5	2013/9/7	星期六	张子美	主管	需
6	2013/9/8	星期日	将方正	副主管	需
7	2013/9/9	星期一	龚海波	员工	需
8	2013/9/10	星期二	肖海云	员工	需
9	2013/9/11	星期三	冯云冬	主管	需
10	2013/9/12	星期四	张旺	副主管	需
11	2013/9/13	星期五	童林	员工	需
12	2013/9/14	星期六	郝家放	员工	需
13	2013/9/15	星期日	梅芳华	员工	需
14	2013/9/16	星期一	何世好	主管	需
15	2013/9/17	星期二	赵芸	员工	需
16	2013/9/18	星期三	张大成	主管	需

用图形换数据

使用【REPT】函数和★、■等特殊符号可以制作美观的图形，以替换相应的数据，从而对相关数据进行数量对比或进度测试。【REPT】函数的功能是按照定义的次数重复实现文本，相当于复制文本，其语法格式为：REPT(text,number_times)。其中，参数 text 表示需要重复显示的文本；number_times 表示指定文本重复显示的次数。

1 在单元格 D4 中输入公式 "=REPT("★",C4:C9/10)"。此公式表示"将单元格区域 C4:C9中的数据以 10 为单位进行重复实现，然后以五角星进行替换"。

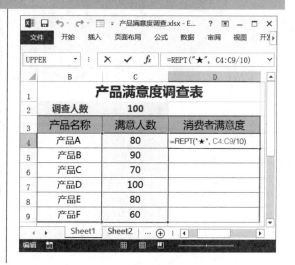

2 输入完毕，按下【Enter】键即可实现数据的替换。

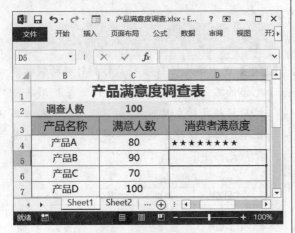

3 选中单元格 D4，将鼠标指针移动到该单元格的右下角，此时鼠标指针变成 ✛ 形状，然后按住鼠标左键不放，向下拖动到本列的其他单元格后释放左键，在其他单元格中复制该公式即可。

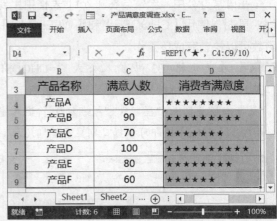

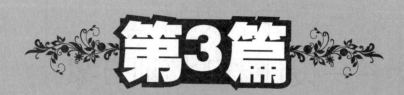

第3篇

PPT 设计与制作

PowerPoin 2013 是现代日程办公中经常用到的一种制作演示文稿的软件，可用于介绍新产品、方案策划、教学演讲以及汇报工作等。本篇通过制作员工培训方案来介绍如何创建和编辑演示文稿，如何插入新幻灯片，以及如何对幻灯片进行美化设置等内容。

 第 12 章　PPT 设计——设计员工培训方案

 第 13 章　Office 2013 组件之间的协作

第12章

PPT 设计
——设计员工培训方案

PowerPoint 是制作和演示幻灯片的办公软件，能够制作出集文字、图像、声音以及视频剪辑等多媒体元素于一体的演示文稿，主要用于培训演讲、企业宣传、产品推介、商业演示等。本章以设计员工培训方案为例介绍演示文稿和幻灯片的基本操作。

关于本章知识，本书配套教学光盘中有相关的多媒体教学视频，请读者参见光盘中的【PPT 设计与应用\基础入门】。

12.1 演示文稿的基本操作

演示文稿，简称 PPT，是重要的 Office 办公软件之一。演示文稿的基本操作主要包括创建演示文稿、保存演示文稿、加密演示文稿。

本小节原始文件和最终效果所在位置如下。	
原始文件	原始文件\第 12 章\无
最终效果	最终效果\第 12 章\员工培训方案 01.xlsx

12.1.1 新建演示文稿

用户既可以新建空白演示文稿，也可以使用模板创建演示文稿。

1. 新建空白演示文稿

通常情况下，启动 PowerPoint 2013 之后就会自动地创建一个空白演示文稿。

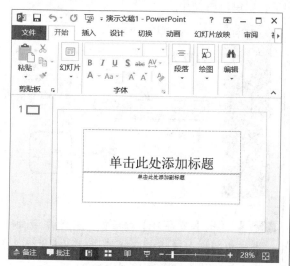

2. 根据模板创建演示文稿

此外，用户还可以根据系统自带的模板创建演示文稿。具体的操作步骤如下。

1 在演示文稿窗口中，单击 文件 按钮，在弹出的界面中选择【新建】选项。

2 在右侧的【新建】组合框中的【搜索联机模板和主题】文本框中输入"培训"，然后单击【搜索】按钮 🔍 。

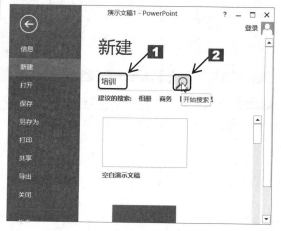

3 在搜索到的模板中选择【培训演示文稿：通用】选项，然后单击【创建】按钮 。

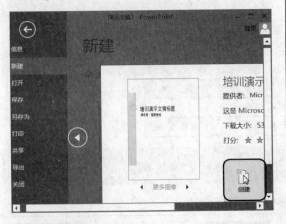

4 系统会自动下载选择的模板，下载完毕会自动打开模板，效果如下图所示。

12.1.2 保存演示文稿

创建了演示文稿之后，用户还可以将其保存起来，以供以后使用。

保存演示文稿的具体步骤如下。

1 在演示文稿窗口中的【快速访问工具栏】中，单击【保存】按钮 。

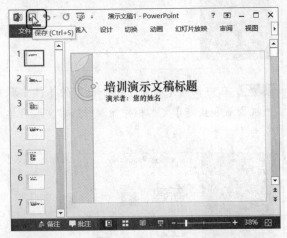

2 弹出【另存为】界面，选择【计算机】▶【浏览】选项。

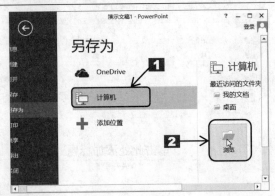

3 弹出【另存为】对话框，在保存范围列表框中选择合适的保存位置，然后在【文件名】文本框中输入"员工培训方案 01.pptx"。

4 单击 保存(S) 按钮即可。

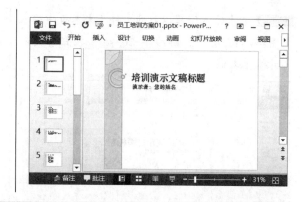

12.1.3 加密演示文稿

为了防止别人查看演示文稿的内容，可以对其进行加密操作。本小节设置的密码均为"123456"。
对演示文稿进行加密的具体步骤如下。

1 在演示文稿中，单击 文件 按钮，在弹出的界面中选择【信息】选项，然后单击【保护演示文稿】按钮，在弹出的下拉列表中选择【用密码进行加密】选项。

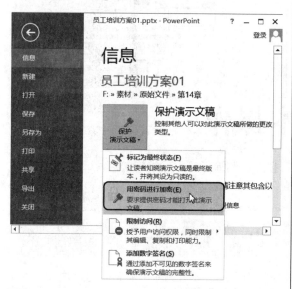

2 弹出【加密文档】对话框，在【密码】文本框中输入"123456"，然后单击 确定 按钮。

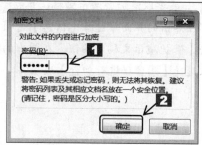

3 弹出【确认密码】对话框，在【重新输入密码】文本框中输入"123456"，然后单击 确定 按钮即可。

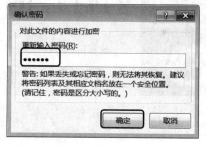

4 保存该文档，再次启动该文档时将会弹出【密码】对话框。

5 在【输入密码以打开文件】文本框中输入密码"123456"，然后单击 确定 按钮即可打开演示文稿。

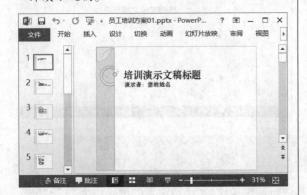

6 如果要取消加密演示文稿，单击 文件 按钮，在弹出的界面中选择【信息】选项，然后单击【保护演示文稿】按钮，在弹出的下拉列表中选择【用密码进行加密】选项。

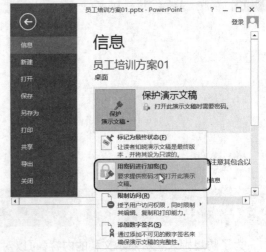

7 弹出【加密文档】对话框。此时，在【密码】文本框中显示设置的密码"123456"，将密码删除，然后单击 确定 按钮即可。

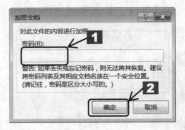

12.2 幻灯片的基本操作

幻灯片的基本操作主要包括插入和删除幻灯片、编辑幻灯片、移动和复制幻灯片以及隐藏幻灯片等内容。

12.2.1 插入和删除幻灯片

用户在制作演示文稿的过程中，经常需要添加新的幻灯片，或者删除不需要的幻灯片。

本小节原始文件和最终效果所在位置如下。	
原始文件	原始文件\第 12 章\员工培训方案 01.xlsx
最终效果	最终效果\第 12 章\员工培训方案 02.xlsx

1. 插入幻灯片

用户可以通过右键快捷菜单插入新的幻灯片，也可以通过【幻灯片】组插入。

○ 使用右键下拉菜单

使用右键下拉菜单插入新的幻灯片的具体步骤如下。

1 打开本实例的原始文件，切换到普通视图，在要插入幻灯片的位置单击鼠标右键，然后在弹出的快捷菜单中选择【新建幻灯片】菜单项。

2 即可在选中的幻灯片的下方插入一张新的幻灯片，并自动应用幻灯片版式。

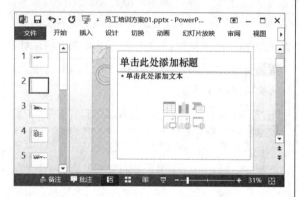

○ 使用【幻灯片】组

使用【幻灯片】组插入新的幻灯片的具体步骤如下。

1 选中要插入幻灯片的位置，切换到【开始】选项卡，在【幻灯片】组中单击【新建幻灯片】按钮下方的下拉按钮，在弹出的下拉列表中选择【节标题】选项。

2 即可在选中幻灯片的下方插入一张新的幻灯片。

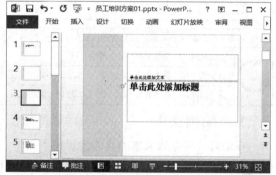

2. 删除幻灯片

如果演示文稿中有多余的幻灯片，用户还可以将其删除。

1 选中要删除的幻灯片，单击鼠标右键，然后在弹出的快捷菜单中选择【删除幻灯片】菜单项。

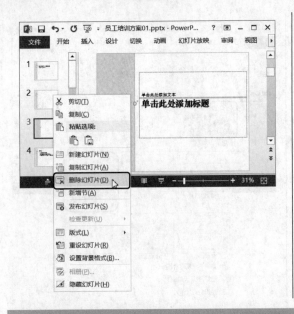

2 此时即可将选中的幻灯片删除。

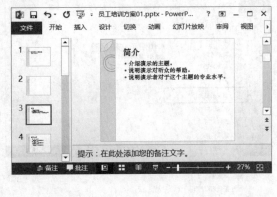

12.2.2 编辑幻灯片

幻灯片的主要构成要素包括：文本、图片、形状和表格。接下来对幻灯片的各个要素进行编辑。

本小节原始文件和最终效果所在位置如下。

素材文件	素材文件\第 12 章\01.tiff
原始文件	原始文件\第 12 章\员工培训方案 02.xlsx
最终效果	最终效果\第 12 章\员工培训方案 03.xlsx

1. 编辑文本

在幻灯片中编辑文本的具体步骤如下。

1 打开本实例的原始文件，在左侧的幻灯片列表中选择要编辑的第 1 张幻灯片，单击标题占位符，此时占位符中出现闪烁的光标。

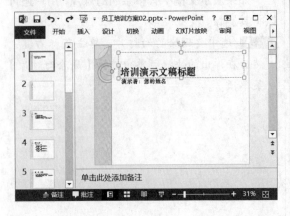

2 在占位符中输入标题"员工培训方案"，然后进行字体设置。

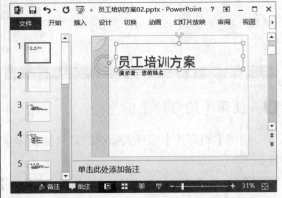

3 使用同样的方法编辑幻灯片中的其他文本框即可。设置完毕，效果如下图所示。

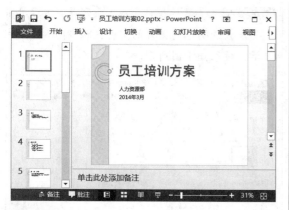

4 切换到【插入】选项卡，在【文本】组中单击【文本框】按钮的下半部分按钮，在弹出的下拉列表中选择【横排文本框】选项。

5 在要添加文本框的位置按住鼠标左键绘制一个横排文本框，然后输入文字"公司LOGO"，并进行简单设置。编辑完成以后，第1张幻灯片的最终效果如下图所示。

2. 编辑图片

在幻灯片中编辑图片的具体步骤如下。

1 在左侧的幻灯片列表中选择要编辑的第2张幻灯片，将光标定位在该幻灯片中，按下【Ctrl】+【A】组合键选中幻灯片中的所有占位符。

2 按下【Delete】键将所有的占位符删除，然后切换到【插入】选项卡，单击【图像】组中的【图片】按钮。

3 弹出【插入图片】对话框，从中选择图片素材文件"图片 1.tif"。

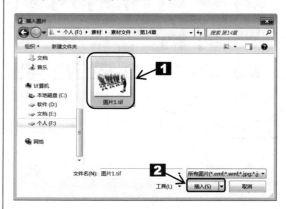

4 单击 [插入(S)] 按钮返回演示文稿窗口，然后调整图片的大小和位置，效果如下图所示。

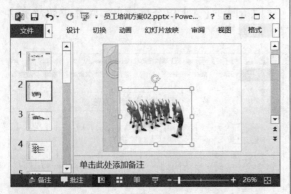

5 选中该图片，切换到【格式】选项卡，在【调整】组中单击 颜色▼ 按钮。

6 在弹出的下拉列表中选择【设置透明色】选项。

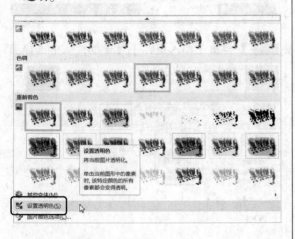

7 此时，鼠标指针变成了 形状，然后单击要设置透明色的图片的空白区域即可。设置完毕，效果如下图所示。

3. 编辑形状

在幻灯片中编辑形状的具体步骤如下。

1 在第 2 张幻灯片中，切换到【插入】选项卡，在【插图】组中单击【形状】按钮 ，在弹出的下拉列表中选择【圆角矩形标注】选项。

2 在要添加形状的位置按住鼠标左键绘制一个圆角矩形标注，然后对形状进行调整。

3 选中圆角矩形标注，切换到【格式】选项卡，在【形状样式】组中选择【彩色轮廓-黑色，深色 1】选项。

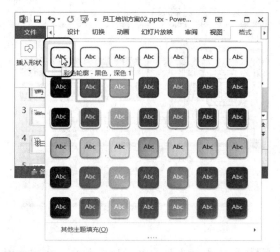

4 在圆角矩形标注中输入文字"培训让员工更具创新与活力"，然后进行字体设置，效果如下图所示。

4. 编辑表格

在幻灯片中编辑表格的具体步骤如下。

1 在第 15 张幻灯片中，切换到【开始】选项卡，在【幻灯片】组中单击【新建幻灯片】按钮下方的下拉按钮，在弹出的下拉列表中选择【标题和内容】选项。

2 即可创建一张新的幻灯片。

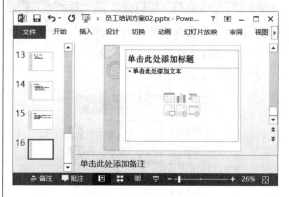

3 在标题占位符处输入文字"员工培训记录表"，并进行字体设置。

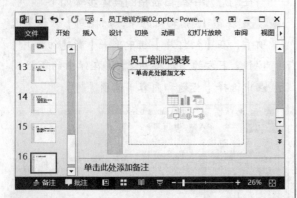

4 单击文本占位符中的【插入表格】按钮。

5 弹出【插入表格】对话框，在【列数】微调框中将列数设置为"7"，在【行数】微调框中将行数设置为"10"。

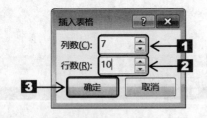

6 单击 确定 按钮，此时即可在幻灯片中插入一个10行、7列的表格。

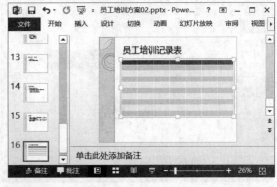

7 选中该表格，切换到【设计】选项卡，在【表格样式】组中选择【无样式，网格型】选项。

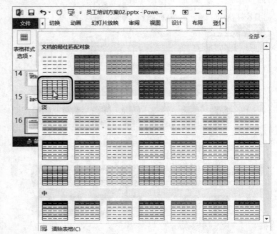

8 选中该表格，然后输入相应的文字，并进行字体设置。设置完毕，表格的最终效果如下图所示。

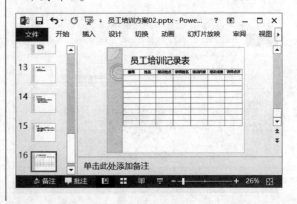

12.2.3　移动和复制幻灯片

用户在编辑演示文稿的过程中，经常需要移动和复制幻灯片。

本小节原始文件和最终效果所在位置如下。	
原始文件	原始文件\第 12 章\员工培训方案 03.xlsx
最终效果	最终效果\第 12 章\员工培训方案 04.xlsx

1. 移动幻灯片

移动幻灯片的具体步骤如下。

1 打开本实例的原始文件，在左侧的幻灯片列表中选择要移动的幻灯片，然后按住鼠标左键不放，将其拖动到要移动的位置后释放左键即可。例如选中第 4 张幻灯片，然后按住鼠标左键不放并进行拖动。

2 将第 4 张幻灯片拖动到第 3 张幻灯片的位置即可。

2. 复制幻灯片

复制幻灯片的具体步骤如下。

1 在左侧的幻灯片列表中选择第 30 张幻灯片，然后单击鼠标右键，在弹出的快捷菜单中选择【复制幻灯片】菜单项。

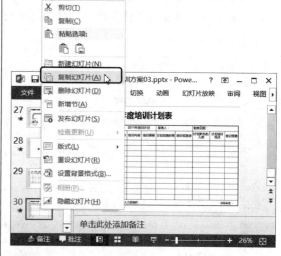

2 此时，即可在下方复制一张与第 30 张幻灯片格式和内容相同的幻灯片。

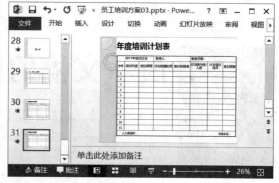

3 另外，用户还可以使用【Ctrl】+【C】组合键复制幻灯片，然后使用【Ctrl】+【V】组合键在同一演示文稿内或不同演示文稿之间进行粘贴。

12.2.4 隐藏幻灯片

当用户不想放映演示文稿中的某些幻灯片时，则可以将其隐藏起来。

本小节原始文件和最终效果所在位置如下。

原始文件	原始文件\第 12 章\员工培训方案 04.xlsx
最终效果	最终效果\第 12 章\员工培训方案 05.xlsx

隐藏幻灯片的具体步骤如下。

1 打开本实例的原始文件，在左侧的幻灯片列表中选择要隐藏的第 31 张幻灯片，然后单击鼠标右键，在弹出的快捷菜单中选择【隐藏幻灯片】菜单项。

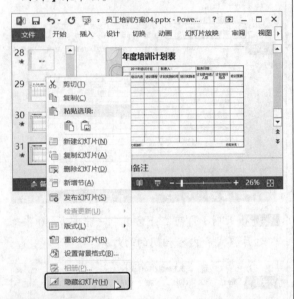

2 此时，在该幻灯片的标号上会显示一条删除斜线，表明该幻灯片已经被隐藏。

3 如果要取消隐藏，方法非常简单，只需选中相应的幻灯片，然后再进行一次上述操作即可。

12.3 演示文稿的视图方式

PowerPoint 2013 的视图方式主要包括普通视图、幻灯片浏览视图、备注页视图、阅读视图、幻灯片放映视图和母版视图。

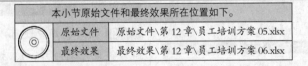

本小节原始文件和最终效果所在位置如下。

原始文件	原始文件\第 12 章\员工培训方案 05.xlsx
最终效果	最终效果\第 12 章\员工培训方案 06.xlsx

12.3.1 普通视图

普通视图是 PowerPoint 2013 的默认视图方式，是主要的编辑视图，可用于撰写和设计演示文稿。普通视图下又有幻灯片模式和大纲模式两种。

1 打开本实例的原始文件，切换到【视图】选项卡，在【演示文稿视图】组中单击【普通视图】按钮，此时，即可切换到普通视图，并自动切换到幻灯片模式。在幻灯片模式下，可以缩略图的形式在演示文稿中观看幻灯片，并可以观看任何设计更改的效果。在这里还可以轻松地重新排列、添加或删除幻灯片。

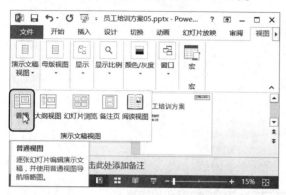

2 在【演示文稿视图】组中单击【大纲视图】按钮，此时，即可切换到大纲视图。在大纲视图下，以大纲的形式显示幻灯片文本，用户可以撰写捕获灵感，计划写作内容，并能移动幻灯片和文本。

12.3.2　幻灯片浏览视图

在幻灯片浏览视图下，用户可以查看缩略图形式的幻灯片。通过此视图，用户在创建演示文稿以及准备打印演示文稿时，可以轻松地对演示文稿的顺序进行组织和排列。

切换到【视图】选项卡，在【演示文稿视图】组中单击 幻灯片浏览 按钮，此时，即可切换到幻灯片浏览视图。

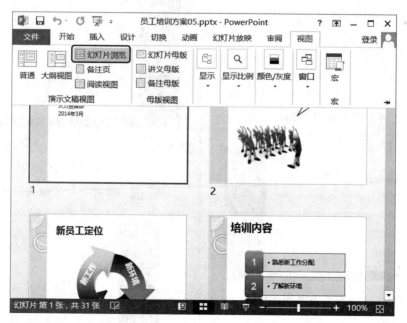

12.3.3　备注页视图

　　"备注"窗格位于"幻灯片"窗格下。在此用户可以输入要应用于当前幻灯片的备注。以后，用户可以将备注打印出来并在放映演示文稿时进行参考。用户还可以将打印好的备注分发给受众，或者将备注包括在发送给受众或发布在网页上的演示文稿中。

　　如果要以整页格式查看和使用备注，可切换到【视图】选项卡，在【演示文稿视图】组中单击 备注页 按钮，此时，即可切换到备注页视图。

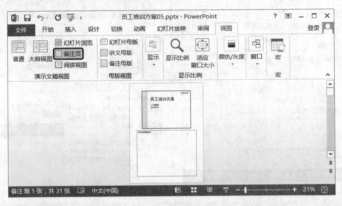

12.3.4　阅读视图

　　阅读视图是一种特殊查看模式，使用户在屏幕上阅读扫描文档更为方便。如果用户希望在一个设有简单控件以方便审阅的窗口中查看演示文稿，则也可以在自己的计算机上使用阅读视图。

1 切换到【视图】选项卡，在【演示文稿视图】组中单击 阅读视图 按钮。

2 此时，即可切换到阅读视图。

3 在当前阅读的幻灯片中单击鼠标左键，此时，即可切换到下一张幻灯片。

4 如果要退出阅读视图，在右下角的状态栏中单击其他视图按钮，例如单击【普通视图】按钮 ，此时，即可切换到普通视图。

12.3.5 母版视图

在 PowerPoint 2013 中有 3 种母版：幻灯片母版、讲义母版和备注母版。相对应的，有如下 3 种母版视图。

幻灯片母版视图：用于设置幻灯片的样式，可供用户设定各种标题文字、背景、属性等，只需更改一项内容就可更改所有幻灯片的设计。

讲义母版视图：主要用于打印输出时定义每页有多少张幻灯片和打印版式。

备注母版视图：用于定义备注模式的母版格式。

1. 幻灯片母版视图

使用幻灯片母版视图，用户可以根据需要设置演示文稿样式，包括项目符号和字体的类型和大小、占位符大小和位置、背景设计和填充、配色方案以及幻灯片母版和可选的标题母版。

1 切换到【视图】选项卡，在【母版视图】组中单击【幻灯片母版】按钮。

2 此时，即可进入幻灯片母版视图状态。

3 设置完毕，单击【关闭母版视图】按钮即可。

2. 讲义母版视图

讲义母版提供在一张打印纸上同时打印多张幻灯片的讲义版面布局和"页眉与页脚"的设置样式。

1 切换到【视图】选项卡，在【母版视图】组中单击【讲义母版】按钮。

2 此时，即可进入讲义母版视图状态。设置完毕，单击【关闭母版视图】按钮即可。

3. 备注母版视图

通常情况下，用户会把不需要展示给观众的内容写在备注里。对于提倡无纸化办公的单位，集体备课的学校，编写备注是保存交流资料的一种方法。

1 切换到【视图】选项卡，在【母版视图】组中单击 备注母版 按钮。

2 此时，即可进入备注母版视图状态。设置完毕，单击【关闭母版视图】按钮⊠即可。

12.3.6 幻灯片放映视图

幻灯片放映视图可用于向受众放映演示文稿。幻灯片放映视图会占据整个计算机屏幕，这与受众观看演示文稿时在大屏幕上显示的演示文稿完全一样。

1. 从头开始放映

1 切换到【幻灯片放映】选项卡，在【开始放映幻灯片】组中单击【从头开始】按钮。

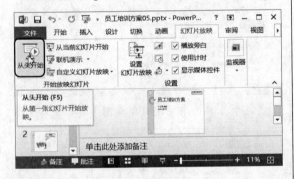

2 此时，即可进入幻灯片放映状态，并从第一个幻灯片开始放映。

3 用户可以看到图形、计时、电影、动画效果和切换效果在实际演示中的具体效果。如果要退出幻灯片放映视图，按下【Esc】键即可。

新工作
了解工作分配

2. 从当前幻灯片开始放映

1 在左侧的任务窗格中选中第 13 张幻灯片，切换到【幻灯片放映】选项卡，在【开始放映幻灯片】组中单击 从当前幻灯片开始 按钮。

2 此时演示文稿即可从第 13 张幻灯片开始放映。

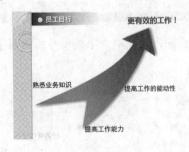

高手过招

设置演示文稿结构有新招

PowerPoint 2013 为用户提供了"节"功能。使用该功能，用户可以快速为演示文稿分节，使其更具层次性。

1 打开本实例的素材文件"房地产推广方案.pptx"，在演示文稿中选中第 1 张幻灯片，切换到【开始】选项卡，在【幻灯片】组中单击 节 按钮，在弹出的下拉列表中选择【新增节】选项。

2 随即在选中的幻灯片的上方添加了一个无标题节。

3 选中无标题节，然后单击鼠标右键，在弹出的快捷菜单中选择【重命名节】菜单项。

4 弹出【重命名节】对话框，在【节名称】文本框中输入"封面"。

5 单击 重命名(R) 按钮即可完成节的重命名。

百变幻灯片

在 PowerPoint 2013 中，用户可以通过窗口右下角的【使幻灯片适应当前窗口】按钮，调整幻灯片的大小，使其随着窗口的大小变化而变化。

1 打开本实例的素材文件"饮食文化介绍.pptx"，在演示文稿窗口中，单击右下角的【使幻灯片适应当前窗口】按钮。

2 此时演示文稿中的幻灯片会随着窗口的大小变化而变化。

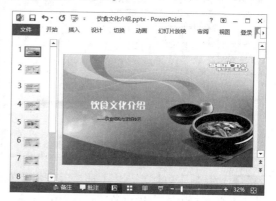

链接幻灯片

为了在放映时可以很方便地浏览幻灯片，可以将幻灯片链接起来。

链接幻灯片的具体步骤如下。

1 打开本实例的素材文件"公司介绍.pptx"，选中第 2 张幻灯片，选中图片"奖杯"，然后单击鼠标右键，从弹出的快捷菜单中选择【超链接】菜单项。

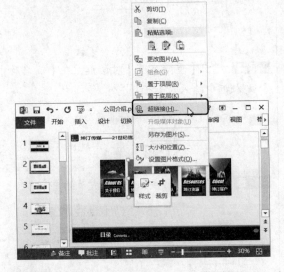

2 弹出【插入超链接】对话框，在左侧的列表框中选择【本文档中的位置】选项，然后在右侧的列表框中选择要链接到的第 16 张幻灯片，然后单击 确定 按钮。

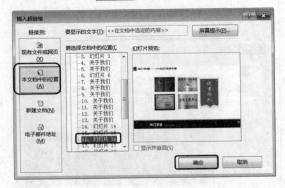

3 切换到【幻灯片放映】选项卡，然后单击【开始放映幻灯片】组中的 从当前幻灯片开始 按钮。

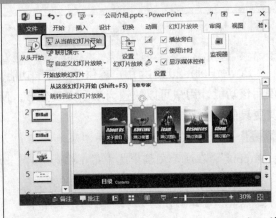

4 此时，即可从当前幻灯片开始放映，将鼠标指针移动到设置了超链接的图片上，鼠标指针将变成 形状。

5 单击该图片即可链接到第 16 张幻灯片。

第13章

Office 2013
组件之间的协作

在使用比较频繁的办公软件中，Word、Excel 和 PowerPoint 之间的资源是可以相互调用的，这样可以快速实现资源共享和高效办公。

光盘链接

关于本章知识，本书配套教学光盘中有相关的多媒体教学视频，请读者参见光盘中的【Office 2013 组件之间的协作】。

13.1 Word 与 Excel 之间的协作

在 Office 系列软件中，Word 与 Excel 之间经常进行资源共享和信息调用。接下来介绍在 Word 2013 中创建和调用电子表格的方法。

13.1.1 在 Word 中创建 Excel 工作表

在 Word 中可以直接创建 Excel 工作表，这样就不用在两个软件中来回切换了。

在 Word 2013 中创建 Excel 工作表的具体步骤如下。

1 在 Word 文档窗口中，切换到【插入】选项卡，单击【表格】组的【表格】按钮，在弹出的下拉列表中选择【Excel 电子表格】选项。

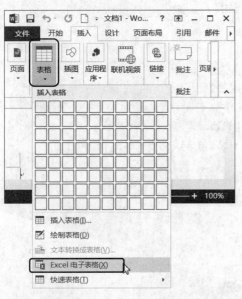

2 此时，即可插入一张 Excel 工作表。

13.1.2 在 Word 中调用 Excel 工作表

在 Word 中还可以调用 Excel 工作表，然后编辑数据。

本小节原始文件和最终效果所在位置如下。		
	素材文件	素材文件\第 13 章\图表.xlsx
	原始文件	原始文件\第 13 章\调用工作表 01.docx
	最终效果	最终效果\第 13 章\调用工作表 02.docx

在 Word 2013 中调用 Excel 工作表的具体步骤如下。

1 打开本小节的原始文件，切换到【插入】选项卡，单击【文本】组中的对象按钮右侧的下三角按钮，然后从弹出的下拉列表中选择【对象】选项。

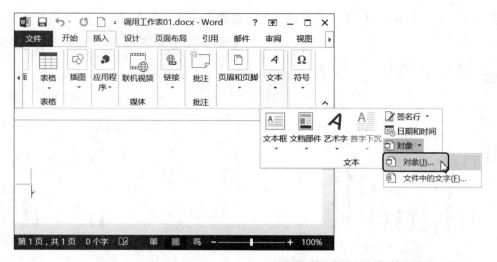

2 弹出【对象】对话框，切换到【由文件创建】选项卡，然后单击 浏览(B)... 按钮。

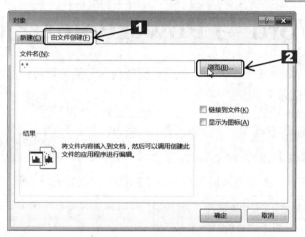

3 弹出【浏览】对话框，从中选择要插入的对象，这里选择"图表.xlsx"素材文件。

4 选择完毕，单击 插入(S) 按钮，返回【对象】对话框。

5 单击 确定 按钮，即可将工作表插入到 Word 文档中。

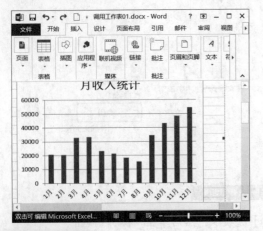

6 双击工作表，即可对该工作表进行编辑。

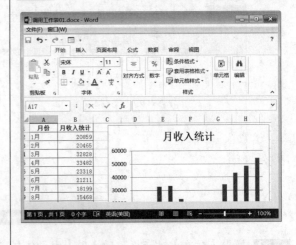

13.2 Word 与 PowerPoint 之间的协作

Word 与 PowerPoint 之间的资源共享不是很常用，但偶尔也需要在 Word 中调用演示文稿。

13.2.1　在 Word 中插入演示文稿

用户可以将 PowerPoint 演示文稿插入到 Word 文档中，然后进行编辑或放映。

本小节原始文件和最终效果所在位置如下。	
素材文件	素材文件\第 13 章\项目营销方案.pptx
原始文件	原始文件\第 13 章\调用幻灯片 01.docx
最终效果	最终效果\第 13 章\调用幻灯片 02.docx

1.　插入演示文稿

在 Word 中插入演示文稿的具体步骤如下。

1 打开本小节的原始文件，切换到【插入】选项卡，单击【文本】组中的 对象 按钮右侧的下三角按钮，然后从弹出的下拉列表中选择【对象】选项。

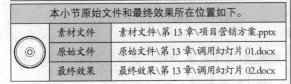

2 弹出【对象】对话框，切换到【由文件创建】选项卡，然后单击 浏览(B)... 按钮。

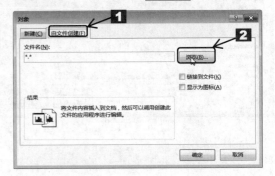

3 弹出【浏览】对话框，从中选择要插入的对象，这里选择"项目营销方案.pptx"素材文件。

4 选择完毕，单击 插入(S) 按钮，返回【对象】对话框。

5 单击 确定 按钮，即可将演示文稿中的幻灯片插入到 Word 文档中。

2. 编辑幻灯片

将幻灯片插入到 Word 文档中之后，用户就可以将其当作一个对象进行编辑操作。

在 Word 中编辑幻灯片的具体步骤如下。

1 打开本小节的原始文件，在插入的幻灯片上单击鼠标右键，从弹出的快捷菜单中选择【"演示文稿"对象】➤【显示】菜单项。

2 此时，即可进入幻灯片放映状态，单击鼠标左键即可浏览下一张幻灯片。浏览完毕按下【Esc】键退出即可。

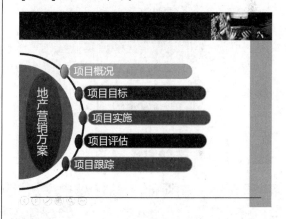

3 在插入的幻灯片上单击鼠标右键，从弹出的快捷菜单中选择【"演示文稿"对象】➤【编辑】菜单项。

N

4 弹出 PowerPoint 程序窗口，并进入该演示文稿的编辑状态。编辑完毕，单击文档中的空白区域即可退出编辑状态。

5 在插入的幻灯片上单击鼠标右键，从弹出的快捷菜单中选择【边框和底纹】菜单项。

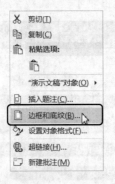

6 弹出【边框】对话框，切换到【边框】选项卡，在【设置】组合框中选择【三维】选项，从【样式】列表框中选择边框样式，然后分别从【颜色】和【宽度】下拉列表框中选择边框的颜色和宽度。

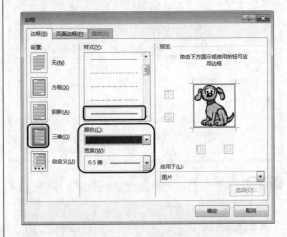

7 设置完毕，单击 确定 按钮即可。

13.2.2　在 Word 中调用单张幻灯片

在 Word 中调用单张幻灯片的方法非常简单，直接复制和粘贴幻灯片即可。

1 打开本实例的素材文件"项目营销方案.pptx"，选中第 6 张幻灯片，单击鼠标右键，在弹出的快捷菜单中选择【复制】菜单项。

2 在 Word 文档中, 切换到【开始】选项卡, 在【剪贴板】组中单击【粘贴】按钮 下方的下拉按钮 , 在弹出的下拉列表中选择【选择性粘贴】选项。

3 弹出【选择性粘贴】对话框, 然后选中【粘贴】单选钮, 在【形式】列表框中选择【Microsoft PowerPoint 幻灯片 对象】选项。

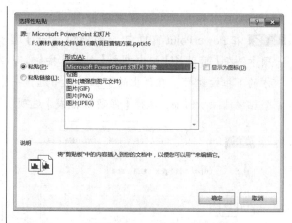

4 单击 确定 按钮, 此时即可将第 6 张幻灯片以图片的形式插入到 Word 文档中。

13.3 Excel 与 PowerPoint 之间的协作

Excel 与 PowerPoint 之间也可以进行信息调用, 用户可以根据需要在 PowerPoint 中调用 Excel 工作表或图表。

13.3.1 在 PowerPoint 中调用 Excel 工作表

用户可以将制作完成的工作表调用到 PowerPoint 中进行放映, 这样可以为讲解演示文稿省去许多麻烦。

在 PowerPoint 2013 中调用 Excel 工作表的具体步骤如下。

1 打开本实例的素材文件 "销售业绩统计表.xlsx", 选中工作表中的数据区域, 然后单击鼠标右键, 在弹出的快捷菜单中选择【复制】菜单项。

2 在 PowerPoint 窗口中，切换到【开始】选项卡，在【剪贴板】组中单击【粘贴】按钮下方的下拉按钮，在弹出的下拉列表中选择一个粘贴选项。例如，选择【保留源格式】选项。

3 此时，即可将选中的单元格区域以数据表的形式粘贴在幻灯片中。

销售业绩统计表

员工编号	产品名称	销售金额	销售提成	奖金
95103	电冰箱	¥ 6,200.00	¥ 186.00	200
95103	电冰箱	¥ 3,708.40	¥ 111.25	无
95101	电视机	¥ 15,096.00	¥ 452.88	600
95102	空调	¥ 4,900.00	¥ 147.00	无
95102	空调	¥ 9,016.00	¥ 270.48	400
95105	热水器	¥ 4,080.00	¥ 122.40	无
95105	热水器	¥ 3,570.00	¥ 107.10	无
95104	洗衣机	¥ 2,858.00	¥ 85.74	无
95104	洗衣机	¥ 19,880.00	¥ 596.40	600

13.3.2 在 PowerPoint 中调用 Excel 图表

用户也可以在 PowerPoint 2013 中调用 Excel 图表。

在 PowerPoint 2013 中调用 Excel 图表的具体步骤如下。

1 打开本实例的素材文件"图表.xlsx"，选中工作表中的图表，然后单击鼠标右键，在弹出的快捷菜单中选择【复制】菜单项。

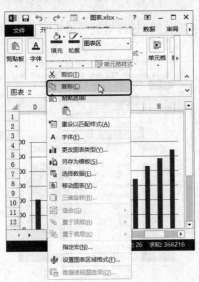

2 在 PowerPoint 窗口中，将光标定位在幻灯片中，然后按下【Ctrl】+【V】组合键，此时即可将图表粘贴在幻灯片中。

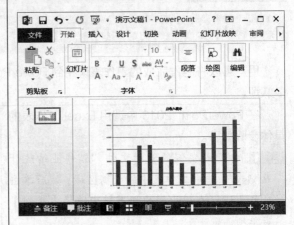

综合应用案例

本篇通过 Word 应用案例、Excel 应用案例、PPT 设计案例，分别介绍 Word、Excel 和 PPT 的综合应用。

第14章

Word 应用案例
——市场拓展方案

在企业经营管理的过程中，资金处理直接影响到企业的发展状况。

光盘链接

关于本章知识，本书配套教学光盘中有相关的多媒体教学视频，请读者参见光盘中的【Word 2013 的高级应用\综合实例应用 】。

14.1 编辑文字

编辑文本是 Word 文字处理软件的最主要功能之一，用户不仅可以在文档中插入项目符号和编号，而且可以设置字体和段落格式。另外，还可以使用 Word 2013 提供的样式功能快速编辑。

14.1.1 插入项目符号

编辑 Word 文档时，如果文本内容需要以每行的方式显示，此时，可以插入大量图像化项目符号，为平淡的文字增添个性化效果。

本小节原始文件和最终效果所在位置如下。	
原始文件	原始文件\第 14 章\市场拓展方案 01.xlsx
最终效果	最终效果\第 14 章\市场拓展方案 02.xlsx

在 Word 文档中插入个性化的项目符号，具体的操作步骤如下。

1 打开本实例的原始文件，将光标定位在要插入项目符号的位置，切换到【开始】选项卡，单击【段落】组中的【项目符号】按钮三·，在弹出的下拉列表中选择【定义新项目符号】选项。

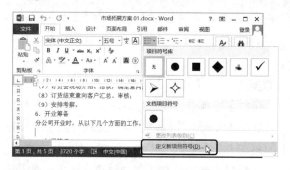

2 弹出【定义新项目符号】对话框。

3 单击 图片(P)... 按钮，弹出【插入图片】对话框，在【Office.com 剪贴画】右侧的【搜索】文本框中输入"项目符号"，然后单击【搜索】按钮。

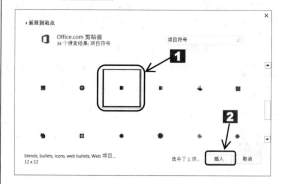

4 在搜索到的结果中选择合适的选项，然后单击 插入 按钮。

5 返回【定义新项目符号】对话框，可以在【预览】组合框中查看预览效果，在【对齐方式】下拉列表框中自动选择【左对齐】选项。

6 单击 确定 按钮，返回 Word 文档中，插入了一个项目符号，在后面输入相应的文本。

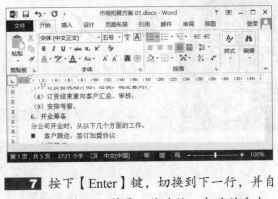

7 按下【Enter】键，切换到下一行，并自动弹出一个项目符号，依次输入相应的文本，效果如下图所示。

14.1.2 设置段落格式

为了使输入的段落文本更加美观，用户可以对段落的对齐方式、大纲级别、缩进和间距等要素进行设置。

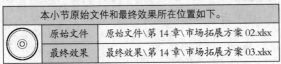

本小节原始文件和最终效果所在位置如下。	
原始文件	原始文件\第 14 章\市场拓展方案 02.xlsx
最终效果	最终效果\第 14 章\市场拓展方案 03.xlsx

设置段落格式的具体步骤如下。

1 打开本实例的原始文件，选中要设置格式的段落，切换到【开始】选项卡，单击【段落】组右下角的【对话框启动器】按钮。

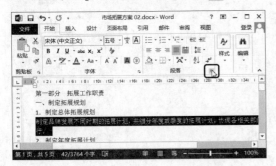

2 弹出【段落】对话框，切换到【缩进和间距】选项卡，在【对齐方式】下拉列表框中选择【左对齐】选项，在【大纲级别】下拉列表框中选择【正文文本】选项，在【特殊格式】下拉列表框中选择【首行缩进】选项，在【磅值】微调框中输入"2 字符"，在【行距】下拉列表框中选择【最小值】选项，在【设置值】微调框中输入"12 磅"，然后分别在【段前】和【段后】微调框中输入"1 磅"。

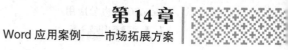

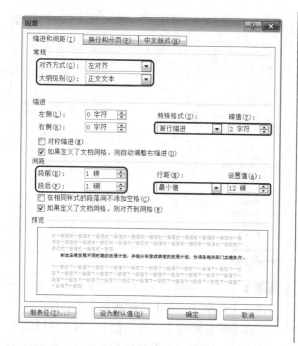

3 单击 确定 按钮，返回 Word 文档中，设置效果如图所示。

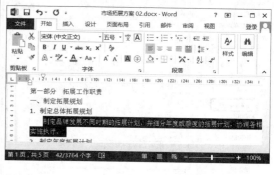

14.1.3 使用样式

除了使用【字体】和【段落】对话框进行格式设置外，用户还可以使用"样式"功能批量设置字体和段落格式。

本小节原始文件和最终效果所在位置如下。	
原始文件	原始文件\第 14 章\市场拓展方案 03.xlsx
最终效果	最终效果\第 14 章\市场拓展方案 04.xlsx

使用"样式"批量设置字体和段落格式的具体步骤如下。

1 打开本实例的原始文件，切换到【开始】选项卡，单击【样式】组右下角的【对话框启动器】按钮 。

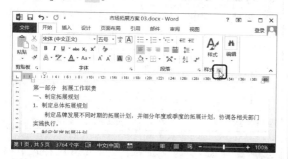

2 弹出【样式】窗格，在【样式】列表

框中选择【正文】选项，然后单击鼠标右键，在弹出的快捷菜单中选择【修改】菜单项。

3 弹出【修改样式】对话框，然后单击 格式(0) 按钮，在弹出的下拉列表中选择【字体】选项。

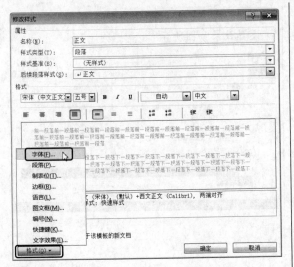

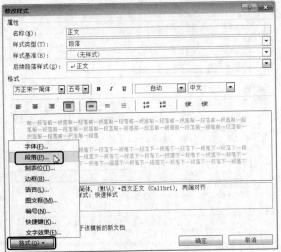

4 弹出【字体】对话框，然后在【中文字体】下拉列表框中选择【方正宋—简体】选项，其他选项保持默认。

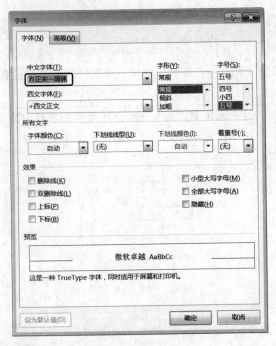

5 单击 确定 按钮，返回【修改样式】对话框，然后单击 格式(O)▼ 按钮，在弹出的下拉列表中选择【段落】选项。

6 弹出【段落】对话框，切换到【缩进和间距】选项卡，在【特殊格式】下拉列表框中选择【首行缩进】选项，在【磅值】微调框中输入"2 字符"，在【行距】下拉列表框中选择【最小值】选项，在【设置值】微调框中输入"12 磅"，然后分别在【段前】和【段后】微调框中输入"1 磅"。

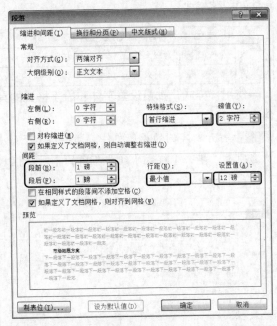

7 单击 确定 按钮，返回【修改样式】对话框，具体的设置就显示在了预览框中。

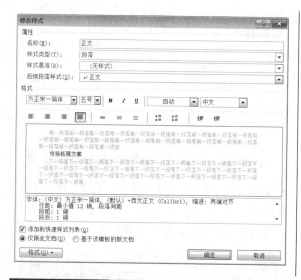

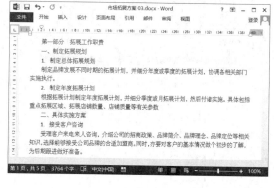

8 单击 确定 按钮，返回 Word 文档中，修改后的格式效果如下图所示。

14.2 设置页面布局

为了使文档打印出来更加美观，用户可以通过【页面布局】选项卡对页边距、纸张、页面背景等要素进行设置。

在 Word 文档中设置页面布局的具体步骤如下。

	本小节原始文件和最终效果所在位置如下。
原始文件	原始文件\第 14 章\市场拓展方案 04.xlsx
最终效果	最终效果\第 14 章\市场拓展方案 05.xlsx

1 打开本实例的原始文件，切换到【页面布局】选项卡，单击【页面设置】组右下角的【对话框启动器】按钮 。

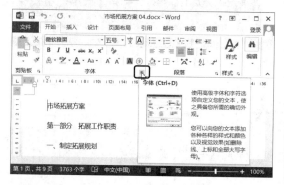

2 弹出【页面设置】对话框，切换到【页边距】选项卡，然后将上、下页边距设置为"2.54厘米"，将左、右页边距设置为"3.17厘米"。

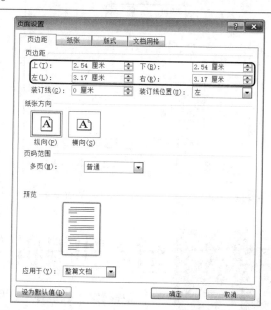

3 切换到【纸张】选项卡，在【纸张大小】下拉列表框中选择【A4】选项。

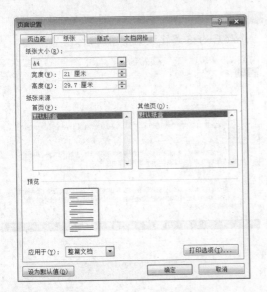

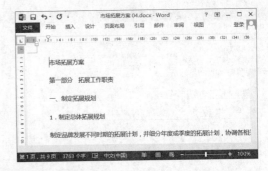

6 切换到【设计】选项卡，单击【页面背景】组中的【页面颜色】按钮，在弹出的下拉列表中选择【蓝色,着色 1,深色 50%】选项。

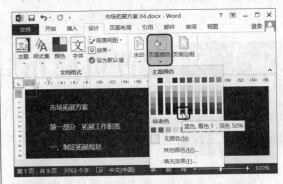

7 添加页面背景后的效果如下图所示。

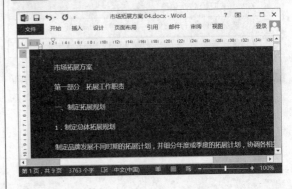

4 切换到【版式】选项卡，然后在【页眉】和【页脚】微调框中输入"1.5 厘米"。

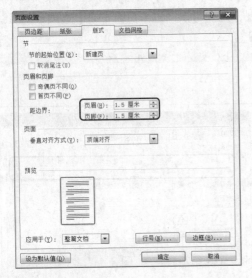

5 单击 [确定] 按钮，返回 Word 文档，效果如右上图所示。

14.3 插入和编辑图表

在编辑文档的过程中，用户可以添加适合的图形和表格，这样不仅可以增强文档的直观感，还可以增加文档的可读性。

14.3.1 插入和编辑图形

通过 Word 的形状功能，用户可以自定义图形，使 Word 文档看起来图文并茂，更具视觉效果。

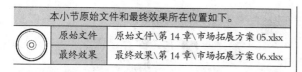

在 Word 2013 文档中插入并编辑图形的具体步骤如下。

1 打开本实例的原始文件,将光标定位在要插入形状的位置,然后切换到【插入】选项卡,单击【插图】组中的【形状】按钮,在弹出的下拉列表中选择【矩形】选项。

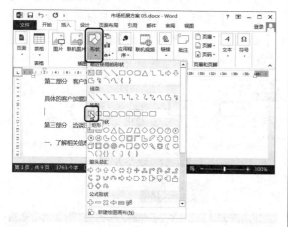

2 返回 Word 文档中,此时,鼠标指针变成十形状,单击鼠标左键即可插入一个矩形,然后按住鼠标左键不放向右下角拖动即可调整图形大小。

3 在矩形中输入相应的文本,然后将其拖动到合适的位置。

4 选中该矩形,在【绘图工具】栏中,切换到【格式】选项卡,然后单击【形状样式】组中的【其他】按钮。

5 在弹出的【形状样式】对话框中选择【强烈效果-蓝色,强调颜色1】选项。

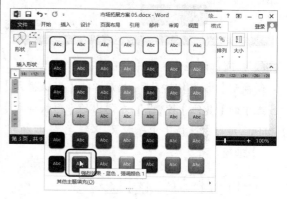

6 应用形状样式后的效果如下图所示。

7 选中该矩形，切换到【开始】选项卡，在【字体】组中的【字体】下拉列表框中选择【华文中宋】选项，在【字号】下拉列表框中选择【20】选项，然后单击【段落】组中的【居中】按钮 ≡。

8 使用同样的方法，插入一个矩形，然后输入相应的文本。

9 选中该矩形，在【绘图工具】工具栏中，切换到【格式】选项卡，然后单击【形状样式】组中的【其他】按钮 ▾，在弹出的【形状样式】下拉列表中选择【中等效果-水绿色,强调颜色5】选项。

10 应用形状样式后的效果如右上图所示。

11 选中该矩形，切换到【开始】选项卡，在【字体】组中的【字体】下拉列表框中选择【华文中宋】选项，在【字号】下拉列表框中选择【小二】选项，然后单击【段落】组中的【居中】按钮 ≡。

12 选中该矩形，将光标定位在文本"申请资料"后按一下空格键，然后在搜狗输入法界面上单击【软键盘】按钮 ▦，在弹出的快捷菜单中选择【特殊符号】菜单项。

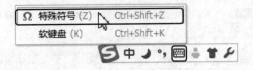

13 弹出【符号集成】对话框，切换到【特殊符号】选项卡，在列表框中选择【实体右三角】选项。

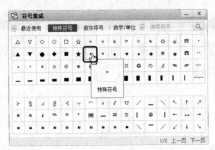

14 单击【关闭】按钮 **X** ，此时在光标处插入了一个实体右三角。

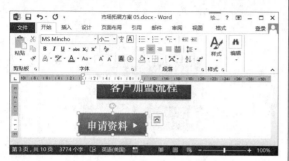

15 复制和粘贴实体右三角，形成 3 个符号连排。

16 使用之前介绍的方法再次插入一个矩形，并将其移动到上一个矩形的右侧。

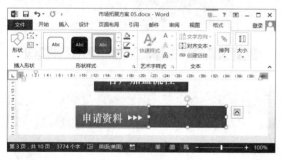

17 选中该矩形，在【绘图工具】工具栏中，切换到【格式】选项卡，然后单击【形状样式】组中的【其他】按钮 ，在弹出的【形状样式】下拉列表中选择【细微效果-水绿色,强调颜色5】选项。

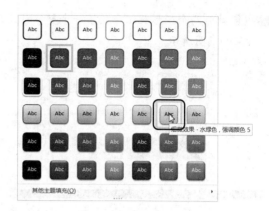

18 应用形状样式后的效果如下图所示。

19 选中该矩形，输入相应的文本和符号并设置字体格式。

20 按下【Shift】键，选中相连的两个矩形，然后单击鼠标右键，在弹出的快捷菜单中选择【组合】▷【组合】菜单项。

21 此时两个矩形就组合成了一个整体对象，效果如下图所示。

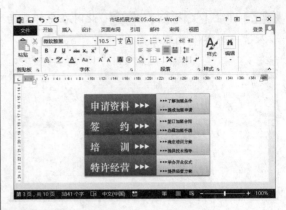

22 选中该整体对象，使用"复制"和"粘贴"功能复制出 3 个相同的整体对象，形成 4 个上下相连的整体对象。

24 在各矩形中输入相应的文本并刷新格式，效果如下图所示。

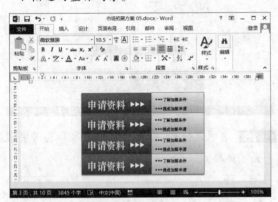

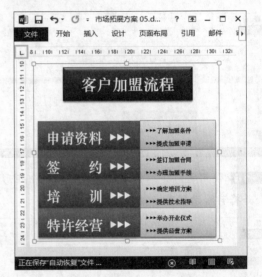

23 在各矩形中输入相应的文本并刷新格式，效果如右上图所示。

14.3.2　插入和编辑表格

使用 Word 2013 提供的表格样式功能，用户可根据需要插入并编辑漂亮的表格。

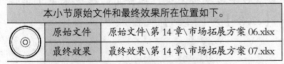

本小节原始文件和最终效果所在位置如下。

原始文件	原始文件\第 14 章\市场拓展方案 06.xlsx
最终效果	最终效果\第 14 章\市场拓展方案 07.xlsx

插入和编辑表格的具体步骤如下。

1 打开本实例的原始文件，将光标定位在要插入表格的位置，然后切换到【插入】选项卡，单击【表格】组中的【表格】按钮，在弹出的下拉列表中选择【插入表格】选项。

2 弹出【插入表格】对话框，在【列数】微调框中输入"4"，在【行数】微调框中输入"16"，然后选中【固定列宽】单选钮。

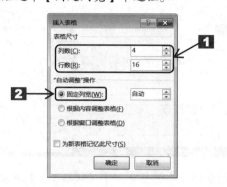

3 单击 确定 按钮，此时，Word 文档中插入了一个表格。

4 选中第一行中的前两个单元格，然后单击鼠标右键，在弹出的快捷菜单中选择【合并单元格】菜单项。

5 此时，选中的两个单元格就合并成了一个单元格。

6 使用同样的方法合并其他单元格。

7 在插入的表格中输入相应的文字，效果如下图所示。

8 选中整个表格，在【表格工具】工具栏中，切换到【设计】选项卡，然后单击【形状样式】组中的【其他】按钮。

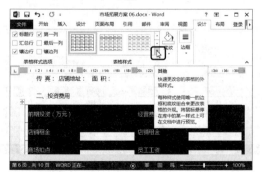

9 在弹出的【形状样式】下拉列表中选择【网格表 2-着色 5】选项。

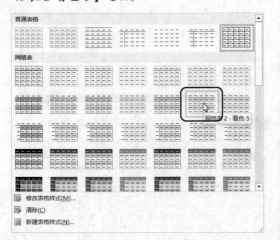

10 应用形状样式后的效果如下图所示。

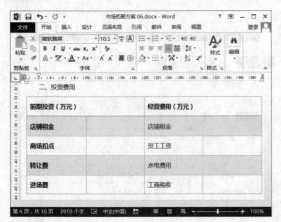

11 如果用户对样式中的效果不太满意，可以对字体、对齐方式等进行自定义，设置完毕，效果如下图所示。

12 选中表格中的文本"店铺租金"，切换到【开始】选项卡，在【段落】组中单击【分散对齐】按钮。

13 弹出【调整宽度】对话框，在【新文字宽度】微调框中输入"5 字符"。

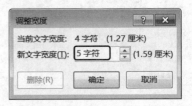

14 单击 确定 按钮，此时，文本"店铺租金"的宽度变成了 5 个字符并进行了分散对齐。

15 选中调整完毕的文本"店铺租金"，然后切换到【开始】选项卡，在【剪贴板】组中单击【格式刷】按钮。

16 此时格式刷呈高亮显示，将鼠标指针移动到 Word 文档中，鼠标指针变成 ▲I 形状，拖动鼠标指针到表格中选中的项目文本"商场扣点"。

17 释放鼠标左键，此时，选中的项目文本"商场扣点"应用了之前的格式。

18 使用同样的方法刷新其他项目文本的格式，效果如下图所示。

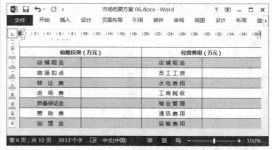

19 使用同样的方法，插入并编辑其他表格即可。

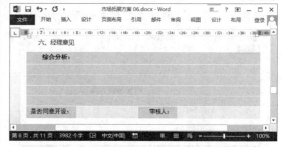

14.4 插入文档目录

文档编辑完成以后，为了使文档更具层次性和结构性，用户可以使用 Word 2013 中的标题样式功能设计文档目录。

14.4.1 使用标题样式

使用 Word 2013 的标题样式功能，用户可以快速设置标题的字体和段落格式。

本小节原始文件和最终效果所在位置如下。	
原始文件	原始文件\第 14 章\市场拓展方案 07.xlsx
最终效果	最终效果\第 14 章\市场拓展方案 08.xlsx

使用标题样式设置文档标题的具体步骤如下。

1 打开本实例的原始文件，切换到【开始】选项卡，单击【样式】组右下角的【对话框启动器】按钮 。

2 弹出【样式】窗格，将光标定位在文档标题"市场拓展方案"中，然后在【样式】列表框中选择【标题】选项。

3 此时，文档标题"市场拓展方案"就自动应用了"标题"的样式，效果如下图所示。

4 将光标定位到"一级标题文本"中，在【样式】窗格中的【样式】列表框中选择【标题1】选项，效果如下图所示。

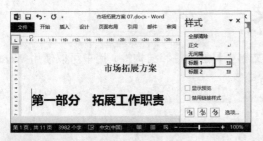

5 将光标定位到"二级标题文本"中，在【样式】窗格中的【样式】列表框中选择【标题2】选项，效果如下图所示。

6 将光标定位到"三级标题文本"中，在【样式】窗格中的【样式】列表框中选择【标题3】选项，效果如下图所示。

7 如果用户要修改内置样式，将光标定位在文档标题上，在弹出的【样式】窗格中的【样式】列表框中选择【标题】选项，然后单击鼠标右键，在弹出的快捷菜单中选择【修改】菜单项。

8 弹出【修改样式】对话框，在【格式】组合框中的【字体】下拉列表框中选择【微软雅黑】选项，在【字号】下拉列表框中选择【一号】选项，然后单击【加粗】按钮 **B**，取消加粗效果。

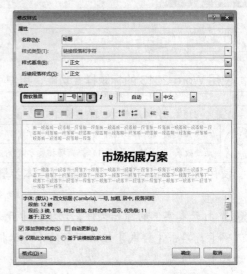

9 单击 确定 按钮，效果如下图所示。

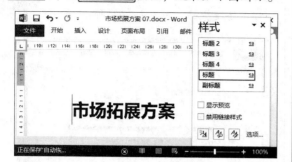

10 将光标定位在"一级标题文本"上，在弹出的【样式】窗格中的【样式】列表框中选择【标题1】选项，然后单击鼠标右键，在弹出的快捷菜单中选择【修改】菜单项。

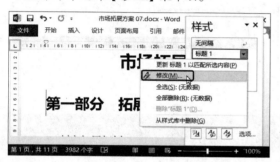

11 弹出【修改样式】对话框，单击【加粗】按钮 **B**，取消加粗效果，然后单击 格式(O) 按钮，在弹出的下拉列表中选择【段落】选项。

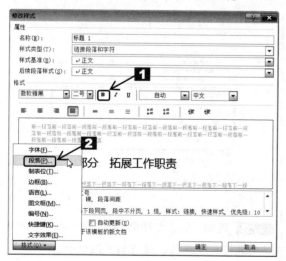

12 弹出【段落】对话框，切换到【缩进和间距】选项卡，在【对齐方式】下拉列表框中选择【两端对齐】选项，在【特殊格式】下拉列表中选择【无】选项，在【行距】下拉列表框中选择【最小值】选项，在【设置值】微调框中输入"12磅"，然后分别在【段前】和【段后】微调框中输入"5磅"。

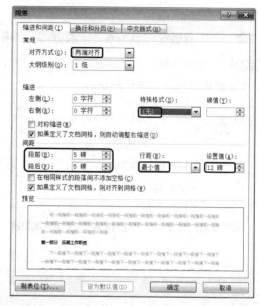

13 单击 确定 按钮，返回【修改样式】对话框，修改完成后的所有样式都显示在了【样式】面板中。

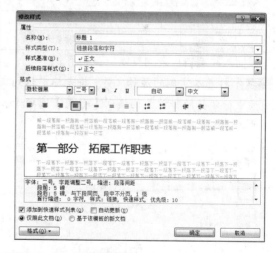

14 单击 确定 按钮，返回 Word 文档，效果如下图所示。

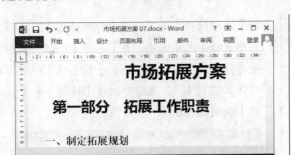

15 使用同样的方法修改其他标题样式即可，修改完毕，效果如下图所示。

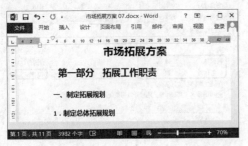

16 使用同样的方法修改其他标题样式即可，修改完毕，效果如下图所示。

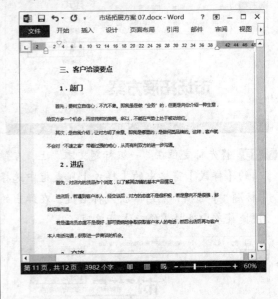

14.4.2 插入并编辑目录

标题样式设置完毕，接下来就可以插入并编辑目录了。

本小节原始文件和最终效果所在位置如下。	
原始文件	原始文件\第 14 章\市场拓展方案 08.xlsx
最终效果	最终效果\第 14 章\市场拓展方案 09.xlsx

插入并编辑目录的具体步骤如下。

1 打开本实例的原始文件，将光标定位到文档中标题行的行首，切换到【引用】选项卡，单击【目录】组中的【目录】按钮。

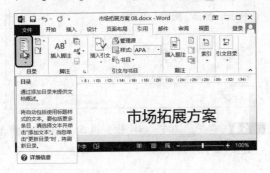

2 弹出【内置】下拉列表，从中选择合适的目录选项即可，例如选择【自动目录 1】选项。

3 返回 Word 文档中，在光标所在位置自动生成了一个目录，效果如下图所示。

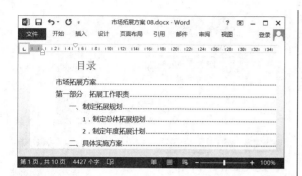

4 将光标定位在正文中的第一行的行首，切换到【页面布局】选项卡，单击【页面设置】组中的【插入分页符和分节符】按钮，在弹出的下拉列表中选择【分节符】➢【下一页】选项。

5 返回 Word 文档中，随即在光标所在位置插入了一个分节符，并自动将目录和正文进行了分页。如果要查看分节符，可切换到【开始】选项卡，单击【段落】组中的【显示/隐藏编辑标记】按钮即可。

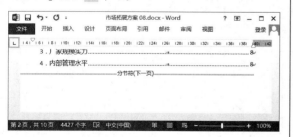

6 为了使 Word 文档看起来更加美观，可以在各一级标题处进行分栏。将光标定位在正文中的第一行的行首，切换到【页面布局】选项卡，单击【页面设置】组中的【插入分页符和分节符】按钮，在弹出的下拉列表中选择【分页符】➢【分栏符】选项。

7 返回 Word 文档中，随即在光标所在位置处插入了一个分栏符，并自动以一级标题为界进行了分页。

8 使用同样的方法在其他一级标题处进行分栏即可。

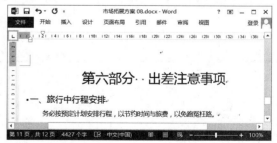

9 选中文档目录,然后单击鼠标右键,在弹出的快捷菜单中选择【更新域】菜单项。

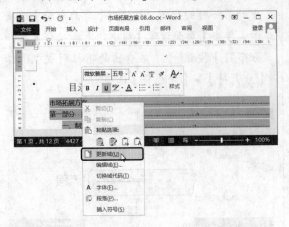

10 弹出【更新目录】对话框,然后选中【只更新页码】单选钮。

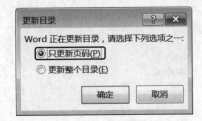

11 单击 确定 按钮,返回 Word 文档中,效果如下图所示。

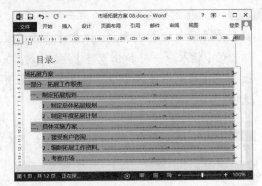

第15章

Excel 应用案例
——财务报表的编制与分析

在企业经营管理的过程中，资金处理直接影响到企业的发展状况。如何合理地运转企业的资金，使企业的利润最大化，是企业决策者首先要解决的问题。本章结合 Excel 2013 的表格编制、函数应用以及图表制作等功能，首先介绍日常账务的处理，然后对当前的财务状况进行预测和分析。

关于本章知识，本书配套教学光盘中有相关的多媒体教学视频，请读者参见光盘中的【Excel 2013 的高级应用\综合实例应用】。

15.1 日常账务处理

会计科目的应用和日常账务的分析是企业账务处理系统中不可缺少的项目。本节介绍会计科目和日常账务的处理与分析。

15.1.1 制作会计科目表

企业财务管理人员为了日后汇总和查看账务信息，通常需要对日常的各种经营凭证进行记录。下面根据企业相关的会计科目和科目代码来制作"会计科目表"。

本小节原始文件和最终效果所在位置如下。	
原始文件	原始文件\第 15 章\账务处理系统 01.xlsx
最终效果	最终效果\第 15 章\账务处理系统 02.xlsx

1. 限定科目代码的输入

在实际工作中，财务人员若要将会计账务数据输入电脑中处理，就需要根据各会计科目所对应的科目代码进行输入，以便财务人员对财务数据进行有效管理。

在输入"科目代码"时，可以使用数据有效性限制"科目代码"的输入，以免出现误操作。下面通过数据有效性来控制"科目代码"的输入，具体的操作步骤如下。

1 打开本实例的原始文件，使用数据有效性限定"科目代码"的长度。选中单元格区域 B3:B39，然后切换到【数据】选项卡，在【数据工具】组中单击 数据验证 按钮右侧的下三角按钮，在弹出的下拉列表中选择【数据验证】选项。

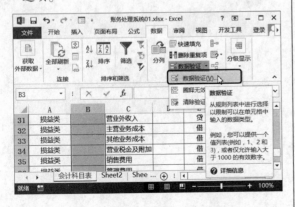

2 弹出【数据验证】对话框，切换到【设置】选项卡，在【允许】下拉列表框中选择【文本长度】选项，在【数据】下拉列表框中选择【介于】选项，然后在【最小值】文本框中输入"0"，在【最大值】文本框中输入"6"。

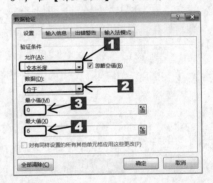

3 切换到【出错警告】选项卡，选中【输入无效数据时显示出错警告】复选框，在【输入无效数据时显示下列出错警告】组合框中的【样式】下拉列表框中选择【警告】选项，在【标题】文本框中输入"错误警告"，然后在【错误信息】文本框中输入"输入值非法！科目代码的长度不超过 6 位，请重新输入！"。

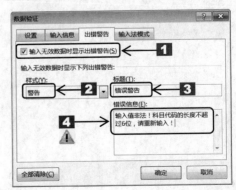

4 设置完毕，单击 确定 按钮返回工作表。当用户输入的"科目代码"超出 6 位时，就会弹出【错误警告】对话框，提示用户发生错误，单击 否(N) 按钮可以重新输入信息；单击 是(Y) 按钮则忽略错误，继续输入下面的"科目代码"。

5 根据实际需要在 B 列中输入相应的"科目代码"即可。

	A	B	C	D
1			会计科目表	
2	科目性质	科目代码	会计科目	明细科目
3	资产类	1001	库存现金	
4	资产类	1002	银行存款	
5	资产类	1015	其他货币资金	
6	资产类	1121	应收票据	
7	资产类	1122	应收账款	
8	资产类	1123	预付账款	
9	资产类	1231	其他应收款	
10	资产类	1232	坏账准备	
11	资产类	1403	原材料	
12	资产类	1406	库存商品	
13	资产类	1431	周转材料	
14	资产类	1601	固定资产	
15	资产类	1602	累计折旧	
16	资产类	1701	无形资产	
17	负债类	2001	短期借款	
18	负债类	2201	应付票据	
19	负债类	2202	应付账款	

2. 设定账户查询科目

"会计科目"和"明细科目"组合在一起称为账户查询科目。使用【CONCATENATE】函数可以快速将"会计科目"和"明细科目"组合在一起。

【CONCATENATE】函数的功能是将几个文本字符串合并为一个文本字符串，其语法格式为：CONCATENATE(text1,text2,...)。其中，参数"text1,text2,..."表示多个将要合并成单个文本项的文本项，最多 30 项。这些文本项可以为文本字符串、数字或对单个单元格的引用。

设定账户查询科目的具体操作步骤如下。

1 选中单元格 F3，然后输入以下公式 "=IF(D3="",C3,CONCATENATE(C3,"_",D3))"，输入完毕，直接按下【Enter】键即可。该公式表示"当单元格 D3 中的内容为空时，返回单元格 C3 中的值，否则返回单元格 C3 和 D3 中的内容，并且以 '_' 符号连接在一起"。

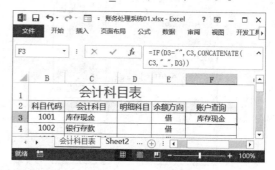

2 使用鼠标拖动的方法将此公式复制到单元格区域 F3:F39 中即可。

	B	C	D	E	F
1			会计科目表		
2	科目代码	会计科目	明细科目	余额方向	账户查询
3	1001	库存现金		借	库存现金
4	1002	银行存款		借	银行存款
5	1015	其他货币资金		借	其他货币资金
6	1121	应收票据		借	应收票据
7	1122	应收账款		借	应收账款
8	1123	预付账款		借	预付账款
9	1231	其他应收款		借	其他应收款
10	1232	坏账准备		借	坏账准备
11	1403	原材料		借	原材料
12	1406	库存商品		借	库存商品
13	1431	周转材料		借	周转材料
14	1601	固定资产		借	固定资产
15	1602	累计折旧		借	累计折旧

3. 使用记录单添加科目

使用 Excel 2013 提供的记录单功能，会计人员可以快速地增加新的科目代码或者名称。具体的操作步骤如下。

1 选中工作表中的任意一个单元格，然后在【快速访问工具栏】中单击【记录单】按钮。

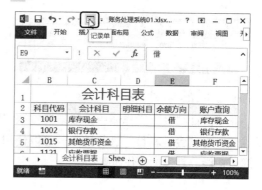

2 随即弹出【会计科目表】对话框，单击 新建(W) 按钮。

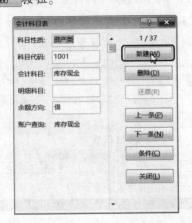

3 在【科目性质】、【科目代码】、【会计科目】和【余额方向】等文本框中输入要增加的新科目。添加完一条之后再次单击 新建(W) 按钮，可以添加其他的新科目。

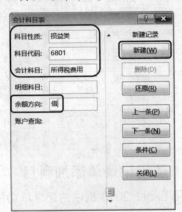

4 添加完毕，单击 关闭(L) 按钮，返回工作表，即可发现在表格的末尾已添加了新的记录。

4. 汇总会计科目

在"会计科目"工作表中，如果要按照"科目性质"对"会计科目"进行计数，可以使用分类汇总功能。具体的操作步骤如下。

1 将光标定位在工作表中数据区域内的任意一个单元格中，切换到【数据】选项卡，在【分级显示】组中单击 分类汇总 按钮。

2 随即弹出【分类汇总】对话框，在【分类字段】下拉列表框中选择【科目性质】选项，在【汇总方式】下拉列表框中选择【计数】选项，在【选定汇总项】列表框中选中【会计科目】复选框。

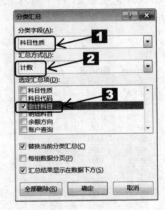

3 单击 确定 按钮返回工作表，即可看到汇总结果。

5. 取消分级显示

创建了分类汇总之后就会产生分级显示标识，根据需要可以将其隐藏起来。具体的操作步骤如下。

1 选中工作表中的任意一个单元格，切换到【数据】选项卡，在【分级显示】组中单击 取消组合 ▾ 按钮右侧的下三角按钮 ▾，在弹出

的下拉列表中选择【清除分级显示】选项。

3 如果用户想要删除分类汇总,在【分类汇总】对话框中单击 全部删除(R) 按钮即可。

2 随即就可以隐藏工作表中的分级显示标识。

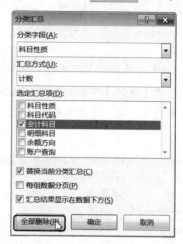

15.1.2 制作日常记账表

财务人员在填写记账凭证时,应根据已审核的原始凭证填写,并在将记账凭证录入账簿的同时在记账凭证上签字。本小节介绍使用 Excel 2013 创建日常记账表单的方法。

本小节原始文件和最终效果所在位置如下。		
原始文件	原始文件\第 12 章\账务处理系统 02.xlsx	
最终效果	最终效果\第 12 章\账务处理系统 03.xlsx	

1. 使用数据有效性输入科目代码

财务人员在日常记账表中录入记账凭证时,经常会使用"科目代码",为了防止无效代码的输入,可以使用数据有效性对其整列进行控制。具体的操作步骤如下。

1 打开本实例的原始文件,首先定义名称。切换到工作表"会计科目表"中,选中单元格区域 B3:B40,切换到【公式】选项卡,在【定义的名称】组中单击 定义名称 · 按钮右侧的下三角按钮·,在弹出的下拉列表中选择【定义名称】选项。

2 弹出【新建名称】对话框,在【名称】文本框中输入"科目代码",此时在【引用位置】文本框中自动显示引用位置"=会计科目表!$B$3:$B$40",设置完毕,单击 确定 按钮。

3 设置数据有效性。切换到工作表"日常记账"中,选中单元格区域 D3:D108,然后切换到【数据】选项卡,在【数据工具】组中单击 数据验证 · 按钮右侧的下三角按钮·,在弹出的下拉列表中选择【数据验证】选项。

4 弹出【数据验证】对话框，切换到【设置】选项卡，在【允许】下拉列表框中选择"序列"选项，然后在【来源】文本框中输入"=科目代码"。

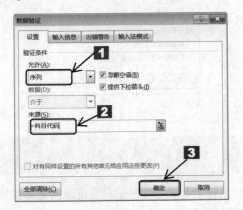

5 单击 确定 按钮返回工作表。此时，选中的单元格区域 D3:D108 中的每一个单元格的右下角都会出现一个下拉按钮 ▼，单击此下拉按钮，在弹出的下拉列表中选择科目代码即可。例如单击单元格 D3 右侧的下拉按钮 ▼，在弹出的下拉列表中选择【1001】选项。

2. 提取会计科目

在输入记账凭证信息时，用户可以使用【LOOKUP】函数从工作表"会计科目表"中快速提取会计科目。具体的操作步骤如下。

1 选中单元格 E3，然后输入函数公式 "=LOOKUP(D3，科目代码，会计科目表!$C$3:$C$40)"。该公式表示"根据单元格 D3，在工作表'会计科目表'中的单元格区域 C3:C40 中返回相应的会计科目"。

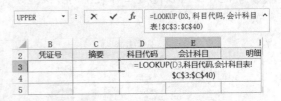

2 输入完毕，按下【Enter】键，此时会计科目就提取出来了。

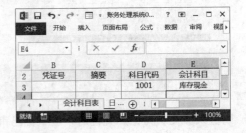

3 使用鼠标拖动的方法将此公式复制到单元格区域 E4:E108 中。

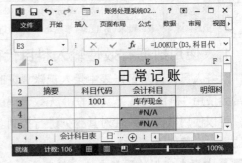

4 在工作表"日常记账"中输入相应的凭证信息，最终效果如下图所示。

	A	B	C	D	E	F	G	H
1					日 常 记 账			
2	日期	凭证号	摘要	科目代码	会计科目	明细科目	借方金额	贷方金额
3	2012/9/1	银收11	提现	1001	库存现金		¥ 80,000.00	
4	2012/9/1	银付11	提现	1002	银行存款			¥ 80,000.00
5	2012/9/3	银收11	收到预收货款	1002	银行存款		¥ 300,000.00	
6	2012/9/3	银收11	收到预收货款	2205	预收账款	A公司		¥ 300,000.00
7	2012/9/5	现收11	销售配件	1001	库存现金		¥ 58,500.00	
8	2012/9/5	现收11	销售配件	6001	主营业务收入			¥ 50,000.00
9	2012/9/5	现收11	销售配件	2221	应交税费	应交增值税（销）		¥ 8,500.00

15.1.3 制作记账凭证

通常记账凭证设计完毕后，需要将其打印输出，以备日后查账。为了便于打印记账凭证，用户可以通过函数与公式快速地从日常记账表中提取摘要、会计科目、金额等信息。

1. 输入摘要和会计科目

使用【IF】公式输入摘要和会计科目的具体步骤如下。

1 打开本实例的原始文件，切换到工作表"日常记账"，2013 年 9 月 7 日发生的经济业务的详细信息如下图所示。

2 切换到工作表"打印式记账凭证"，根据上述经济业务输入制单日期、凭证类型、凭证号、附单据张数等信息。

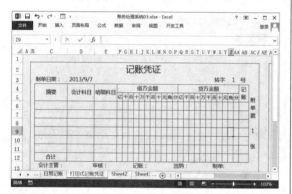

3 选中单元格 C6，然后输入函数公式 "=IF(日常记账!C12="","",日常记账!C12)"。

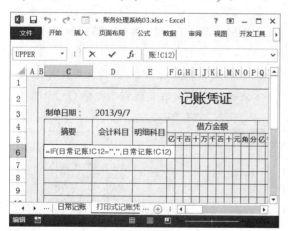

4 输入完毕，按下【Enter】键，然后使用鼠标拖动的方法将此公式复制到单元格 C7 中。

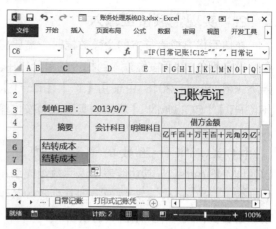

5 选中单元格 D6，然后输入函数公式 "=IF(日常记账!G12<>"",日常记账!$E12,"")"，输入完毕按下【Enter】键。该公式表示"如果单元格 G12 为非空值，则返回单元格 E12 中的值，否则返回空"。

6 选中单元格 D7，然后输入函数公式 "=IF(日常记账!H15<>"",日常记账!$E15,"")"，输入完毕，按下【Enter】键。

2. 实现金额按位输入

在填写借方或者贷方的金额数据时，需要将金额数字拆分，然后按位输入到相应的单元格中。接下来在 Excel 2013 中使用【IF】、【LEFT】、【RIGHT】、【COLUMNS】等函数实现金额按位输入。

【COLUMNS】函数的语法格式为：COLUMNS (array)，其功能表示返回数组或引用的列数。参数 array 表示需要得到其列数的数组或数组公式，或对单元格区域的引用。

输入具体的操作步骤如下。

1 选中单元格 F6，然后输入函数公式"=IF(日常记账!\$G12,LEFT(RIGHT(" ¥"&日常记账!\$G12*100,COLUMNS(打印式记账凭证!F:\$P))),"")"。该公式表示"在工作表'日常记账'中将单元格 G12 乘以 100，除去小数点，然后在工作表'打印式记账凭证'中利用对 F 列和 P 列的相对和绝对引用，得到不同的数值，利用这个数值分别截取字符串的某个字符，最后使用'¥'符号将不必填充数字的单元格置空"。

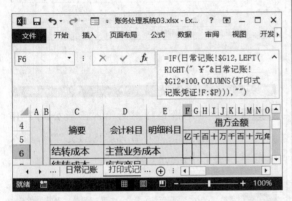

2 输入完毕按下【Enter】键，然后使用鼠标拖动的方法将此公式向右复制到单元格区域 G6:P6 中。

3 选中单元格 Q7，然后输入函数公式"=IF(日常记账!\$H13,LEFT(RIGHT(" ¥"&日常记账!\$H13*100,COLUMNS(打印式记账凭证!Q:\$AA))),"")"，输入完毕，按下【Enter】键，然后使用鼠标拖动的方法将此公式向右复制到单元格区域 R7:AA7 中。

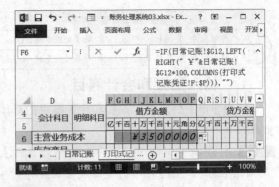

4 计算"借方金额"的"合计"。选中单元格 F12，输入函数公式"=IF(SUM(日常记账!\$G\$12:\$G\$13),LEFT(RIGHT(" ¥ "&SUM(日常记账!\$G\$12:\$G\$13)*100,COLUMNS(打印式记账凭证!F:\$P))), "")"，输入完毕按下【Enter】键，然后使用鼠标拖动的方法将此公式向右复制到单元格 G12:P12 中。

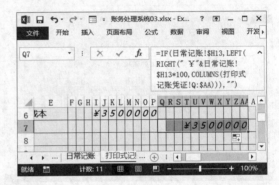

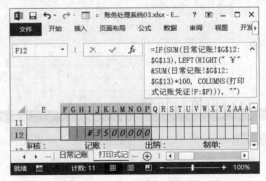

5 计算"贷方金额"的"合计"。选中单元格 Q12，输入函数公式"=IF(SUM(日常记账!$H$12:$H$13),LEFT(RIGHT("￥"&SUM(日常记账!$H$12:$H$13)*100, COLUMNS(打印式记账凭证!Q:$AA))), "")"，输入完毕按下【Enter】键，然后使用鼠标拖动的方法将此公式向右复制到单元格区域 R12:AA12 中。

6 根据 2013 年 9 月 7 日发生的经济业务编制转字 1 号打印式记账凭证，并对其进行美化，最终效果如下图所示。

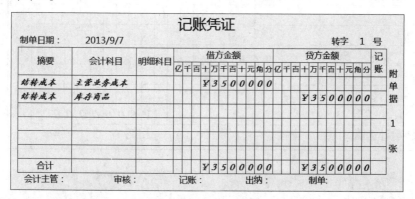

7 切换到工作表"日常记账"中，2013 年 9 月 3 日发生的经济业务的详细信息如下图所示。

| 2013/9/3 | 银收1 | 收到预收货款 | 1002 | 银行存款 | | ￥ 300,000.00 | |
| 2013/9/3 | 银收1 | 收到预收货款 | 2205 | 预收账款 | A公司 | | ￥ 300,000.00 |

8 切换到工作表"打印式记账凭证"，使用同样的方法，根据 2013 年 9 月 3 日发生的经济业务编制银收字 1 号打印式收款凭证，最终效果如下图所示。

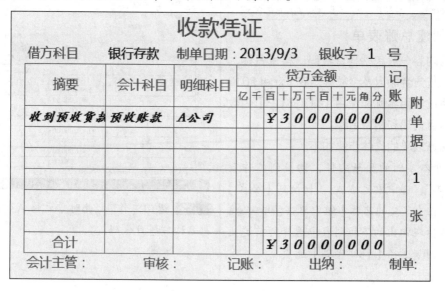

9 切换到工作表"日常记账"中，2013 年 9 月 1 日发生的经济业务的详细信息如下图所示。

2013/9/1	银付1	提现	1001	库存现金		¥	80,000.00		
2013/9/1	银付1	提现	1002	银行存款				¥	80,000.00

10 切换到工作表"打印式记账凭证"中，使用同样的方法，根据 2013 年 9 月 1 日发生的经济业务编制银付字 1 号打印式付款凭证，最终效果如下图所示。

付款凭证

贷方科目		银行存款	制单日期：2013/9/1					银付字			1		号		
摘要		会计科目	明细科目	借方金额										记账	
				亿	千	百	十	万	千	百	十	元	角	分	
提现		*库存现金*				¥	8	0	0	0	0	0	0	附单据 1 张
合计						¥	8	0	0	0	0	0	0	
会计主管：		审核：		记账：			出纳：				制单：			

15.1.4　制作总账表单

总账表单是根据"日常记账"生成的，也是对日常记账表的一个汇总。本小节介绍如何进行总账的处理。

本小节原始文件和最终效果所在位置如下。		
原始文件	原始文件\第 15 章\账务处理系统 04.xlsx
最终效果	最终效果\第 15 章\账务处理系统 05.xlsx

1.　创建总账表单

总账的内容一般包括科目代码、科目名称、借方金额、贷方金额以及余额等。在 Excel 2013 中，可以通过应用名称和使用【LOOKUP】函数快速输入科目代码和科目名称。

创建总账表单的具体步骤如下。

1 打开本实例的原始文件，切换到工作表"总账表单"，选中单元格 A3，切换到【公式】选项卡，在【定义的名称】组中单击【用于公式】按钮，然后在弹出的下拉列表中选择之前定义的名称，例如选择【科目代码】选项。

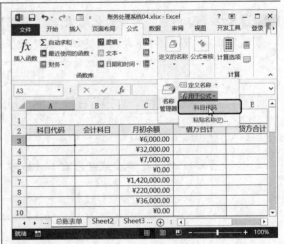

2 返回工作表，此时单元格 A3 中就会引用名称"科目代码"。

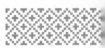

3 按下【Enter】键，然后选中单元格 A3，将鼠标指针移动到单元格的右下角，此时鼠标指针变成＋形状。

4 使用鼠标拖动的方法将此名称应用到单元格区域 A4:A40 中。

5 选中单元格 B3，然后输入函数公式" =LOOKUP(A3,科目代码,会计科目表!\$C\$3:\$C\$40)"，输入完毕按下【Enter】键。

6 输入完毕，按下【Enter】键，然后使用鼠标拖动的方法将此公式复制到单元格区域 B4:B40 中。

2. 计算本月发生额和期末余额

由于"总账表单"中的"借方合计"、"贷方合计"和"月末余额"是根据工作表"日常记账"中的相关项目产生的，因此可以使用【SUMIF】函数进行"借方合计"、"贷方合计"和"月末余额"的计算。

1 计算"借方合计"。选中单元格 D3，然后输入函数公式"=SUMIF(日常记账!\$D\$3:\$D\$108,A3,日常记账!\$G\$3: \$G\$108)"，输入完毕按下【Enter】键即可。该函数表示"根据工作表'总账表单'中的科目代码 A3，在工作表'日常记账'的单元格区域 D3:D108 中查询相应的科目代码，并返回工作表'日常记账'的单元格区域 G3:G108 中符合条件的借方金额合计"。

2 使用鼠标拖动的方法将此公式复制到单元格区域 D4:D40 中。

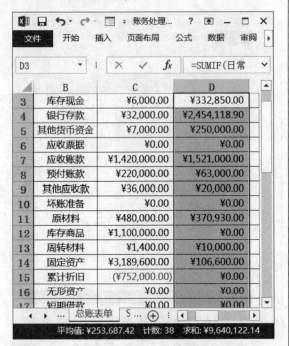

3 计算"贷方合计"。选中单元格 E3，然后输入函数公式 "=SUMIF(日常记账!$D$3:$D$108,A3,日常记账!$H$3:$H$108)"，输入完毕按下【Enter】键。该公式表示"根据工作表'总账表单'的科目代码 A3，在工作表'日常记账'中的单元格区域 D3:D108 中查询相应的科目代码，并返回工作表'日常记账'的单元格区域 H3:H108 中符合条件的贷方金额合计"。

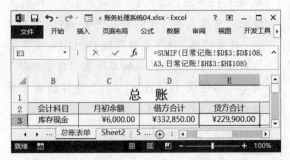

4 使用鼠标拖动的方法将此公式复制到单元格区域 E4:E40 中。

5 计算"月末余额"。选中单元格 F3，然后输入公式 "=C3+D3－E3"，输入完毕，按下【Enter】键即可。

6 使用鼠标拖动的方法将此公式复制到单元格区域 F4:F40 中。

7 本期发生额和月末余额计算完毕，效果如下图所示。

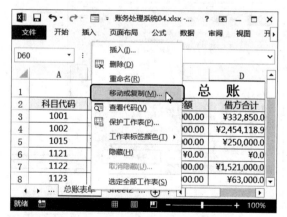

科目代码	会计科目	月初余额	借方合计	贷方合计	月末余额
1001	库存现金	¥6,000.00	¥332,850.00	¥229,900.00	¥108,950.00
1002	银行存款	¥32,000.00	¥2,454,118.90	¥873,735.00	¥1,612,383.90
1015	其他货币资金	¥7,000.00	¥250,000.00	¥188,200.00	¥68,800.00
1121	应收票据	¥0.00	¥0.00	¥0.00	¥0.00
1122	应收账款	¥1,420,000.00	¥1,521,000.00	¥1,521,000.00	¥1,420,000.00
1123	预付账款	¥220,000.00	¥63,000.00	¥0.00	¥283,000.00
1231	其他应收款	¥36,000.00	¥20,000.00	¥48,000.00	¥8,000.00
1232	坏账准备	¥0.00	¥0.00	¥0.00	¥0.00
1403	原材料	¥480,000.00	¥370,930.00	¥0.00	¥850,930.00
1406	库存商品	¥1,100,000.00	¥0.00	¥925,000.00	¥175,000.00
1431	周转材料	¥1,400.00	¥10,000.00	¥0.00	¥11,400.00
1601	固定资产	¥3,189,600.00	¥106,600.00	¥0.00	¥3,296,200.00

3. 进行试算平衡

账务处理完毕，接下来需要对"借、贷方"的金额进行试算，以便于查看两者的金额是否相等。如果不相等，则需要重新检查本月的账目记录。具体的操作步骤如下。

1 打开本实例的原始文件，首先移动或复制工作表。切换到工作表"总账表单"，在工作表标签"总账表单"上单击鼠标右键，在弹出的快捷菜单中选择【移动或复制】菜单项。

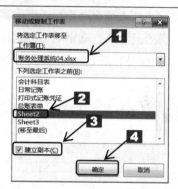

3 单击 确定 按钮，此时工作表"总账表单"就被复制到了"Sheet2"之前，并建立了副本"总账表单（2）"。

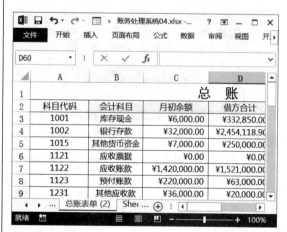

2 弹出【移动或复制工作表】对话框，在【将选定工作表移至工作簿】下拉列表框中默认选择当前工作簿【账务处理系统 04.xlsx】选项，在【下列选定工作表之前】列表框中选择【Sheet2】选项，然后选中【建立副本】复选框。

4 将该工作表重命名为"试算平衡表"，然后将表格标题改为"试算平衡表"。

5 在单元格 A41、A42 中输入新的项目"合计"和"是否平衡",然后进行格式设置。

6 计算合计金额。选中单元格 C41,然后输入公式"=SUM(C3:C40)",输入完毕,按下【Enter】键。

7 使用鼠标拖动的方法将此公式向右复制到单元格区域 D41:F41 中。

8 判断是否平衡。选中单元格 C42,然后输入公式"=IF(C41=0,"平衡","不平衡")",输入完毕,按下【Enter】键。

9 选中单元格 D42,然后输入公式"=IF(D41=E41,"平衡","不平衡")",输入完毕,按下【Enter】键。

10 选中单元格 F42,然后输入公式"=IF(F41=0,"平衡","不平衡")",输入完毕,按下【Enter】键。

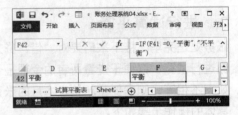

11 隐藏行。选中第 3 行到第 40 行,切换到【开始】选项卡,在【单元格】组中单击【格式】按钮,在弹出的下拉列表中选择【隐藏和取消隐藏】➤【隐藏行】菜单项。

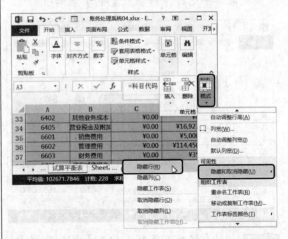

12 返回工作表中,试算平衡表的最终效果如下图所示。

	A	B	C	D	E	F
1	试算平衡表					
2	科目代码	会计科目	月初余额	借方合计	贷方合计	月末余额
41		合计	¥0.00	¥9,640,122.14	¥9,640,122.14	¥0.00
42		是否平衡	平衡	平衡		平衡

15.2 会计报表管理

会计报表主要以资产负债表、利润表和现金流量表等三大报表为主体，每个会计报表的编制均是由会计账簿数据形成的，因而编制起来比较烦琐。而使用 Excel 2013 就可以实现一次编制、多次使用，能极大地节省劳动时间。

15.2.1 编制资产负债表

资产负债表是反映企业某一特定日期财务状况的会计报表，它是根据"资产=负债+所有者权益"的会计恒等式，按照一定的分类标准和一定的顺序，对企业一定时期的资产、负债和所有者权益项目适当排列，并对日常工作中产生的大量数据按照一定的要求编制而成的。

各企业的资产负债表的编制大致都是相同的，其各个项目的编制都应遵循以下计算准则：

流动资金=货币资金+应收账款+存货 – 坏账准备

固定资产=固定资产原值 – 累计折旧

流动负债=短期负债+应付账款+应付票据+其他应付款+预收账款+应付工资+应付福利费+应交税金+预提费用

所有者权益=实收资本+资本公积+盈余公积+利润分配

其最终计算得出的结果必定符合"资产=负债+所有者权益"的会计恒等式。

本小节原始文件和最终效果所在位置如下。		
原始文件	原始文件\第 15 章\账务处理系统 05.xlsx	
最终效果	最终效果\第 15 章\账务处理系统 06.xlsx	

接下来在 Excel 表格中使用公式和函数编制资产负债表。

1. 制作资产负债框架表

在创建"资产负债表"时，需要根据总账编制"资产负债表"，因此首先要根据"总账表"中的相关数据进行计算。下面设计"资产负债表"的基本框架，具体的操作步骤如下。

1 打开本实例的原始文件，首先对"会计科目表"和"总账表"中的部分数据区域进行名称的定义。定义的名称和引用位置如下。

科目代码:=会计科目表!$B$3:$B$40

月初余额:=总账表单!$C$3:$C$40

月末余额:=总账表单!$F$3:$F$40

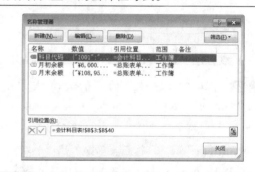

2 创建一个新的工作表，并将其重命名为"资产负债表"，然后根据实际情况输入会计科目信息，并设置单元格格式。

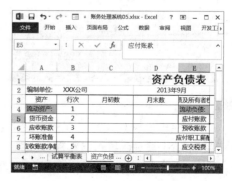

2. 编辑资产负债表

"资产负债表"的基本框架已设计完成，接下来对"资产负债表"中的相关类别数据进行计算。具体的操作步骤如下。

1 计算"货币资金"的"月初数"与"月末数"。切换到工作表"资产负债表"，根据公式"货币资金=现金+银行存款+其他货币资金"，可以分别在单元格 C5 和 D5 中输入以下公式，按下【Enter】键确认输入即可得到结果。

=SUMIF(科目代码,总账表单!A3,月初余额)+SUMIF(科目代码,总账表单!A4,月初余额)+SUMIF(科目代码,总账表单!A5,月初余额)

=SUMIF(科目代码,总账表单!A3,月末余额)+SUMIF(科目代码,总账表单!A4,月末余额)+SUMIF(科目代码,总账表单!A5,月末余额)

2 计算"应收账款"的"月初数"与"月末数"。分别在单元格 C6 和 D6 中输入以下公式，按下【Enter】键确认输入即可得到结果。

=SUMIF(科目代码,总账表单!A7,月初余额)

=SUMIF(科目代码,总账表单!A7,月末余额)

3 计算"坏账准备"的"月初数"与"月末数"。分别在单元格 C7 和 D7 中输入以下公式，按下【Enter】键确认输入即可得到结果。

=SUMIF(科目代码,总账表单!A10,月初余额)

=SUMIF(科目代码,总账表单!A10,月末余额)

4 计算"应收账款净额"的"月初数"与"月末数"。分别在单元格 C8 和 D8 中输入以下公式，按下【Enter】键确认输入即可得到结果。

=C6-C7；

=D6-D7

5 计算"预付账款"的"月初数"与"月末数"。分别在单元格 C9 和 D9 中输入以下公式，按下【Enter】键确认输入即可得到结果。

=SUMIF(科目代码,总账表单!A8,月初余额)

=SUMIF(科目代码,总账表单!A8,月末余额)

6 计算"其他应收款"的"月初数"与"月末数"。分别在单元格 C10 和 D10 中输入以下公式，按下【Enter】键确认输入即可得到结果。

=SUMIF(科目代码,总账表单!A9,月初余额)

=SUMIF(科目代码,总账表单!A9,月末余额)

7 计算"存货"的"月初数"与"月末数"。根据公式"存货=材料+包装物+周转材料+库存商品",因此首先需要求出"材料"、"包装物"、"周转材料"和"库存商品"的期初余额与期末余额,再计算存货。分别在单元格 C11 和 D11 中输入以下公式,按下【Enter】键确认输入即可得到结果。

=SUMIF(科目代码,总账表单!A11,月初余额)+SUMIF(科目代码,总账表单!A12,月初余额)+SUMIF(科目代码,总账表单!A15,月初余额)

=SUMIF(科目代码,总账表单!A11,月末余额)+SUMIF(科目代码,总账表单!A12,月末余额)+SUMIF(科目代码,总账表单!A15,月末余额)

8 计算"流动资产合计"。根据公式"流动资金=货币资金+应收票据+应收账款净额+预付账款+其他应收款+存货",分别在单元格 C12 和 D12 中输入以下公式,按下【Enter】键确认输入即可得到结果。

=C5+C8+C9+C10+C11

=D5+D8+D9+D10+D11

9 计算"固定资产原值"。分别在单元格 C15 和 D15 中输入以下公式,按下【Enter】键确认输入即可得到结果。

=SUMIF(科目代码,总账表单!A14,月初余额)

=SUMIF(科目代码,总账表单!A14,月末余额)

10 计算"累计折旧"。分别在单元格 C16 和 D16 中输入以下公式,按下【Enter】键确认输入即可得到结果。此处的红字金额表示负数。

=SUMIF(科目代码,总账表单!A15,月初余额)

=SUMIF(科目代码,总账表单!A15,月末余额)

11 计算"固定资产净值"。根据公式"固定资产净值=固定资产原值－累计折旧",分别在单元格 C17 和 D17 中输入以下公式,按下【Enter】键确认输入即可得到结果。由于"累计折旧"的金额采用红色负数表示,所以此时计算求和即可。

=C15+C16

=D15+D16

12 计算固定资产合计。根据公式"固定资产合计=固定资产净值",分别在单元格 C19 和 D19 中输入以下公式,按下【Enter】键确认输入即可得到结果。

=C17

=D17

13 计算资产合计。根据公式"资产合计=流动资产合计+固定资产合计",分别在单元格 C20 和 D20 中输入以下公式,按下【Enter】键确认输入即可得到结果。

=C12+C19

=D12+D19

14 计算"流动负债"。流动负债主要包括应付账款、预收账款、应付职工薪酬、应交税费等科目。分别在单元格 G5、H5、G6、H6、G7、H7、G8 和 H8 中输入以下公式,按下【Enter】键确认输入即可得到结果。为了便于计算,此处在公式前添加负号,将负债和权益类科目转化为正数。

G5:=−SUMIF(科目代码,总账表单!A19,月初余额)

H5:=−SUMIF(科目代码,总账表单!A19,月末余额)

G6:=−SUMIF(科目代码,总账表单!A20,月初余额)

H6:=−SUMIF(科目代码,总账表单!A20,月末余额)

G7:=−SUMIF(科目代码,总账表单!A21,月初余额)

G7:=−SUMIF(科目代码,总账表单!A21,月末余额)

G8:=−SUMIF(科目代码,总账表单!A22,月初余额)

H8:=−SUMIF(科目代码,总账表单!A22,月末余额)

15 计算"流动负债合计"。分别在单元格 G12 和 H12 中输入以下公式,按下【Enter】键确认输入即可得到结果。

=G5+G6+G7+G8;

=H5+H6+H7+H8

16 计算"实收资本"。分别在单元格 G15 和 H15 中输入以下公式,按下【Enter】键确认输入即可得到结果。

=−SUMIF(科目代码,总账表单!A24,月初余额)

=−SUMIF(科目代码,总账表单!A24,月末余额)

17 计算"本年利润"。分别在单元格 G17 和 H17 中输入以下公式,按下【Enter】键确认输入即可得到结果。

=−SUMIF(科目代码,总账表单!A27,月初余额)

=−SUMIF(科目代码,总账表单!A27,月末余额)

18 计算"所有者权益合计"。分别在单元格 G19 和 H19 中输入以下公式,按下【Enter】键确认输入即可得到结果。

=G15+G17;

=H15+H17

19 计算"负债及所有者权益合计"。分别在单元格 G20 和 H20 中输入以下公式，按下【Enter】键确认输入即可得到结果。

=G12+G19
=H12+H19

20 计算完毕，资产负债表的最终效果如下图所示。

资产负债表

编制单位：XXX公司		2013年9月		单位（元）			
资产	行次	月初数	月末数	债及所有者权	行次	月初数	月末数
流动资产：	1			流动负债：	18		
货币资金	2	45,000.00	1,790,133.90	应付账款	19	320,000.00	331,700.00
应收账款	3	1,420,000.00	1,420,000.00	预收账款	20	250,000.00	550,000.00
坏账准备	4	0.00	0.00	应付职工薪酬	21	220,000.00	180,000.00
应收账款净额	5	1,420,000.00	1,420,000.00	应交税费	22	150,000.00	421,146.07
预付账款	6	220,000.00	283,000.00		23		
其他应收款	7	36,000.00	8,000.00		24		
存货	8	1,581,400.00	1,037,330.00		25		
流动资产合	9	3,302,400.00	4,538,463.90	流动负债合	26	940,000.00	1,482,846.07
	10				27		
固定资产：	11			所有者权益	28		
固定资产原值	12	3,189,600.00	3,296,200.00	实收资本	29	2,000,000.00	2,500,000.00
累计折旧	13	(752,000.00)	(797,000.00)	资本公积	30		
固定资产净	14	2,437,600.00	2,499,200.00	本年利润	31	2,800,000.00	3,054,817.83
	15				32		
固定资产合计	16	2,437,600.00	2,499,200.00	所有者权益	33	4,800,000.00	5,554,817.83
资产合计：	17	5,740,000.00	7,037,663.90	负债及所有	34	5,740,000.00	7,037,663.90

15.2.2 分析资产负债表

接下来使用 Excel 的图表功能，对 2012 年第三季度与 2011 年第三季度的流动资产进行增长分析，以便能够更加直观、清晰地比较和分析 2012 年第三季度流动资产的同比增长幅度。

本小节原始文件和最终效果所在位置如下。		
原始文件	原始文件\第 15 章\账务处理系统 06.xlsx	
最终效果	最终效果\第 15 章\账务处理系统 07.xlsx	

1. 计算资产类和负债类增长额及增长率

接下来对比分析 2011 年度第三季度和 2012 年度第三季度资产负债的增长额以及增长幅度，具体的操作步骤如下。

1 计算资产类的"增长额"。打开本实例的原始文件，切换到工作表"分析资产负债表"，选中单元格 D5，输入公式"=C5-B5"，按下【Enter】键确认输入，然后使用鼠标拖动的方法将此公式复制到单元格 D40 中，接着调整 D 列的列宽，使数据能够完全显示。

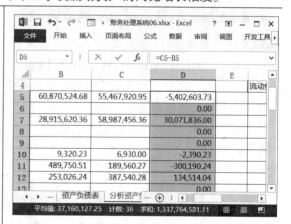

2 计算资产类的"增长率"。选中单元格 E5，输入公式"=IF(B5=0,0,D5/B5)"，按下【Enter】键确认输入，然后使用鼠标拖动的方法将此公式复制到单元格区域 E6:E40 中。

3 计算负债类"增长额"。在单元格 I5 中输入公式"=H5 - G5",按下【Enter】键确认输入,然后使用鼠标拖动的方法将此公式复制到单元格区域 I5:I39 中。

4 计算负债类的"增长率"。选中单元格 J5,输入公式"=IF(G5=0,0,I5/G5)",按下【Enter】键确认输入,然后使用鼠标拖动的方法将此公式复制到单元格区域 J5:J39 中。

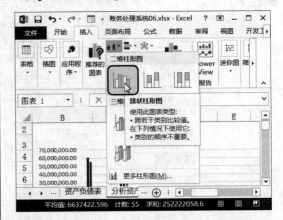

2. 插入和美化图表

插入图表的具体步骤如下。

1 选中单元格区域 A3:E3 和 A5:E16,切换到【插入】选项卡,单击【图表】组中的【插入柱形图】按钮,在弹出的下拉列表中选择【簇状柱形图】选项。

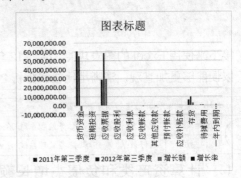

2 此时,工作表中插入了一个簇状柱形图。将其拖动到合适的位置并调整大小,效果如下图所示。

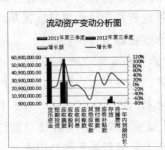

3 对图表进行美化,美化完毕,效果如下图所示。

15.2.3 编制利润表

"利润表"是反映企业在一个时期内利润额或亏损情况的报表。"利润表"中的项目主要包括五大类：主营业务收入、主营业务利润、营业利润、利润总额和净利润。本小节介绍制作和分析"利润表"的方法。

本小节原始文件和最终效果所在位置如下。	
原始文件	原始文件\第 15 章\账务处理系统 07.xlsx
最终效果	最终效果\第 15 章\账务处理系统 08.xlsx

1. 制作利润表

制作利润表的具体步骤如下。

1 打开本实例的原始文件，切换到工作表"利润表"。利润表的基本框架如下图所示。

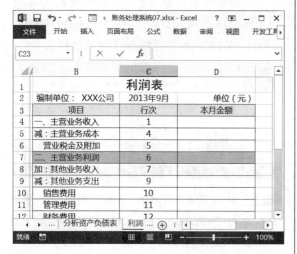

2 计算"主营业务收入"。在单元格 D4 中输入函数公式"=SUMIF(科目代码,总账表单!A29,总账表单!$E$3:$E$40)"，按下【Enter】键确认输入。

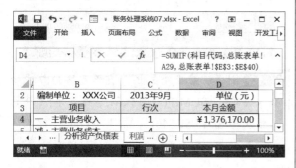

3 计算"主营业务成本"。在单元格 D5 中输入函数公式"=SUMIF(科目代码,总账表单!

A32,总账表单!$D$3:$D$40)"，按下【Enter】键确认输入。

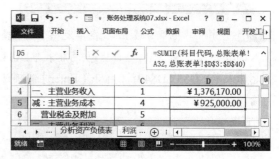

4 计算"营业税金及附加"。在单元格 D6 中输入函数公式"=SUMIF(科目代码,总账表单!A34,总账表单!$D$3:$D$40)"，按下【Enter】键确认输入。

5 计算"主营业务利润"。根据公式"主营业务利润=主营业务收入－主营业务成本－主营业务税金及附加"，在单元格 D7 中输入函数公式"=D4-D5-D6"，按下【Enter】键确认输入。

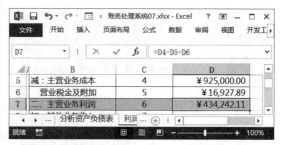

6 计算"其他业务收入"。在单元格 D8 中输入函数公式"=SUMIF(科目代码,总账表单!

A30,总账表单!$E$3:$E$40)",按下【Enter】键确认输入。

7 计算"其他业务支出"。在单元格 D9 中输入函数公式"=SUMIF(科目代码,总账表单!A33,总账表单!$D$3:$D$40)",按下【Enter】键确认输入。

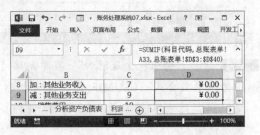

8 计算"销售费用"。在单元格 D10 中输入函数公式"=SUMIF(科目代码,总账表单!A35,总账表单!$D$3:$D$40)",按下【Enter】键确认输入。

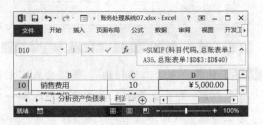

9 计算"管理费用"。在单元格 D11 中输入函数公式"=SUMIF(科目代码,总账表单!A36,总账表单!$D$3:$D$40)",按下【Enter】键确认输入。

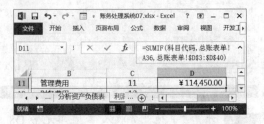

10 计算"财务费用"。在单元格 D12 中输入函数公式"=SUMIF(科目代码,总账表单!A37,总账表单!$D$3:$D$40)",按下【Enter】键确认输入。

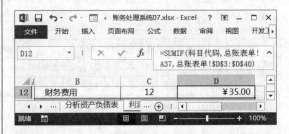

11 计算"营业利润"。根据公式"营业利润=主营业务利润+其他业务收入－其他业务支出－销售费用－管理费用－财务费用",在单元格 D15 中输入公式"=D7+D8－D9－D10－D11－D12",按下【Enter】键确认输入。

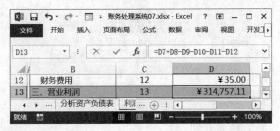

12 计算"营业外收入"。在单元格 D16 中输入公式"=SUMIF(科目代码,总账表单!A31,总账表单!$E$3:$E$40)",按下【Enter】键确认输入。

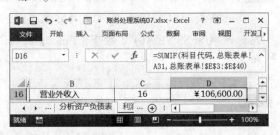

13 计算"营业外支出"。在单元格 D17 中输入公式"=SUMIF(科目代码,总账表单!A39,总账表单!$D$3:$D$40)",按下【Enter】键确认输入。

14 计算"利润总额"。根据公式"利润总额=营业利润+投资收益+补贴收入+营业外收入 – 营业外支出",在单元格 D18 中输入"=D15+D14+D15+D16-D17",然后按下【Enter】键确认输入。

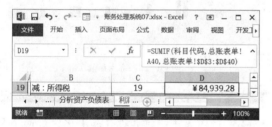

15 计算"所得税"。在单元格 D19 中输入函数公式"=SUMIF(科目代码,总账表单!A40,总账表单!$D$3:$D$40)",按下【Enter】键确认输入。

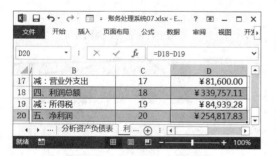

16 计算"净利润"。根据公式"净利润=利润总额 – 所得税",在单元格 D20 中输入公式"=D18-D19",按下【Enter】键确认输入。

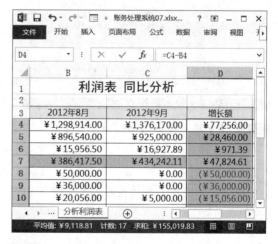

17 计算完毕,利润表的最终效果如右上图所示。

2. 分析利润表

"利润表"编制完毕,接下来使用 Excel 2013 的图表功能,对比分析本月与上月的利润数据。具体的操作步骤如下。

1 计算"增长额"。在工作表"分析利润表"中,选中单元格 D4,输入公式"=C4-B4",按下【Enter】键确认输入,然后使用鼠标拖动的方法将此公式复制到单元格区域 D5:D20 中。

2 计算"增长率"。选中单元格 E4,输入公式"=IF(B4=0,0,D4/B4)",按下【Enter】键确认输入,然后使用鼠标拖动的方法将此公式复制到单元格区域 E5:E20 中。

3 计算完毕，利润分析表的效果如下图所示。

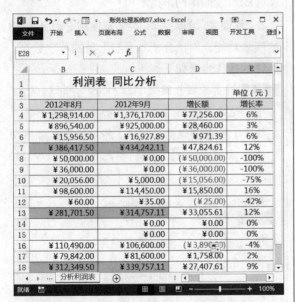

4 选中单元格区域 A3:E4、A7:E7、A15:E15 和 A20:E20，切换到【插入】选项卡，单击【图表】组中的【插入柱形图】按钮，在弹出的下拉列表中选择【簇状柱形图】选项。

5 此时，工作表中插入了一个簇状柱形图，将其拖动到合适的位置并调整大小，效果如下图所示。

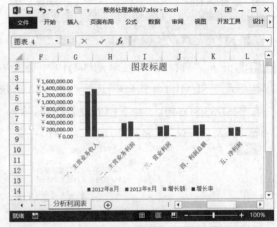

6 对图表进行格式设置和美化，近两个月企业利润同比分析图的最终效果如下图所示。

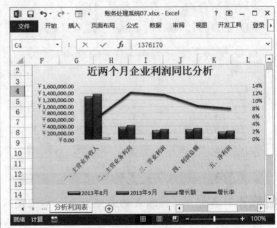

15.2.4　编制现金流量表

在企业经营的过程中，需要处处与现金打交道，这就需要企业经营者必须及时地掌握企业在各项活动中所产生的现金流入与流出情况。本小节介绍"现金流量表"的编制方法并分析"现金流量表"。

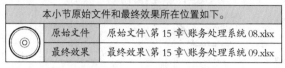

本小节原始文件和最终效果所在位置如下。	
原始文件	原始文件\第 15 章\账务处理系统 08.xlsx
最终效果	最终效果\第 15 章\账务处理系统 09.xlsx

1.　制作现金流量框架表

"现金流量表"主要包括四大部分：经营活动产生的现金流量、投资活动产生的现金流量、筹资活动产生的现金流量、现金及与现金等价物的增加净额。下面根据这四大部分制作"现金流量表"，具体的操作步骤如下。

1 打开本实例的原始文件，切换到工作表"现金流量表"，现金流量表的基本框架如下图所示。

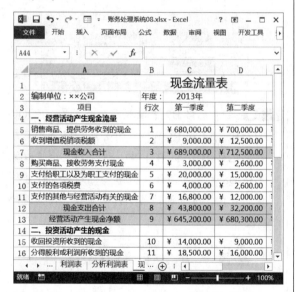

2 计算"年度合计"。在单元格 G5 中输入函数公式" =IF(AND(C5="",D5="",E5="", F5= ""),"",SUM(C5:F5))"，按下【Enter】键确认输入。该公式表示"如果单元格区域 C5:F5 都为空，则返回空；否则返回单元格区域 C5:F5 的合计"。

3 使用鼠标拖动的方法将此公式复制到单元格区域 G6:G34 中。

2.　分析现金流量表

通过分析"现金流量"，可以进一步明确各项经营活动中现金收支情况和现金流量净额，并且能够反映企业的现金主要用在了哪些方面。使用 Excel 2013 的动态图表功能对现金流量表的各个项目进行分析，具体的操作步骤如下。

1 切换到工作表"分析现金流量"，企业活动的各种现金收入小计、现金支出小计以及现金流量净额的具体情况如图所示。

2 选中单元格区域 B3:D3，然后按下【Ctrl】+【C】组合键，再选中单元格 A9，切换到【开始】选项卡，单击【剪贴板】组中的【粘贴】按钮的下半部分按钮，在弹出的下拉列表中选择【转置】选项。

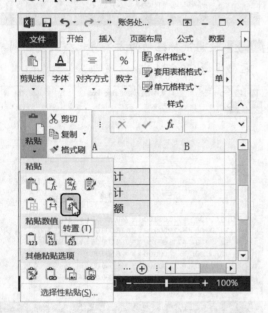

3 选中单元格 B8，切换到【数据】选项卡，单击【数据工具】组中的 数据验证 按钮右侧的下三角按钮，在弹出的下拉列表中选择【数据验证】选项。

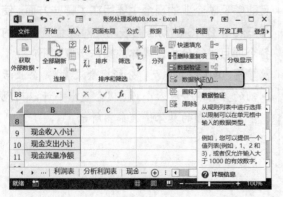

4 弹出【数据验证】对话框，切换到【设置】选项卡，在【允许】下拉列表框中选择【序列】选项，然后在下方的【来源】文本框中将引用区域设置为 "=$A$4:$A$6"。

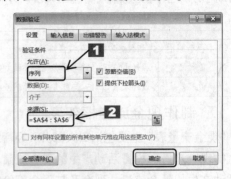

5 单击 确定 按钮返回工作表，此时单击单元格 B8 右侧的下拉按钮，即可在弹出的下拉列表中选择相关选项。

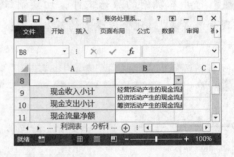

6 在单元格 B9 中输入函数公式 "=VLOOKUP($B$8,$4:$6,ROW()-7,0)"，然后将公式填充到单元格 B10 和 B11 中。该公式表示"以单元格 B8 为查询条件，从第 4 行到第 6 行进行横向查询，当查询到第 7 行的时候，数据返回 0 值"。

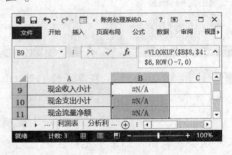

7 此时单击单元格 B8 右侧的下拉按钮，在弹出的下拉列表中选择【经营活动产生的现金流量】选项，就可以横向查找出 A 列相对应的值。

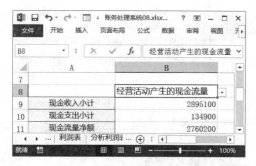

8 选中单元格区域 A8:B11，切换到【插入】选项卡，单击【图表】组中的【插入饼图或圆环图】按钮 ◗ ，在弹出的下拉列表中选择【三维饼图】选项。

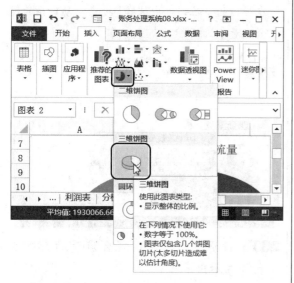

9 此时，工作表中插入了一个三维饼图。

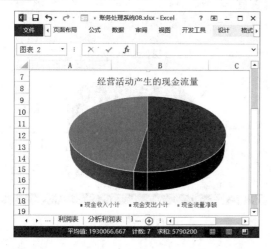

10 对图表进行美化，设置完毕效果如右上图所示。

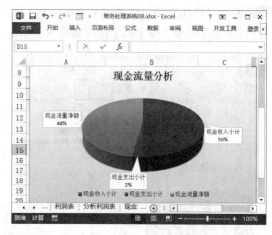

11 切换到【开发工具】选项卡，单击【控件】组中的【插入】按钮 🔳 ，在弹出的下拉列表中选择【组合框(ActiveX 控件)】选项。

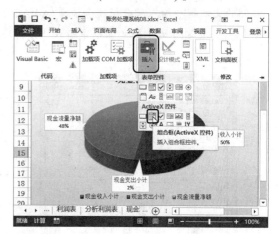

12 此时，鼠标指针变成 ＋ 形状，在工作表中单击鼠标左键即可插入一个组合框，并进入设计模式状态，然后将该组合框调整到合适的大小和位置。

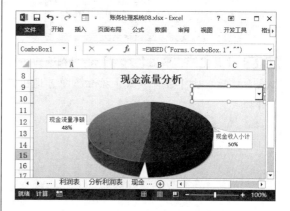

13 选中该组合框，切换到【开发工具】选项卡，单击【控件】组中的【控件属性】按钮圖。

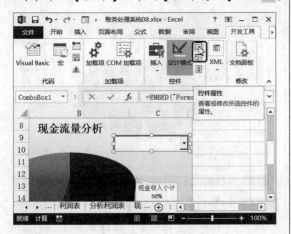

14 弹出【属性】对话框，在【ListFillRange】右侧的文本框中输入"分析现金流量!A4:A6"，在【LinkedCell】右侧的文本框中输入"分析现金流量!B8"。

15 设置完毕，单击【关闭】按钮⊠返回工作表，然后单击【设计模式】按钮圝即可退出设计模式。

16 此时，单击组合框右侧的下拉按钮▾，在弹出的下拉列表中选择【投资活动产生的现金流量】选项。

17 投资活动产生的现金流量的数据图表就显示出来了。

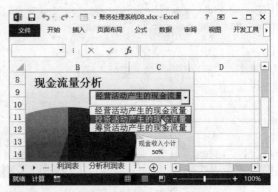

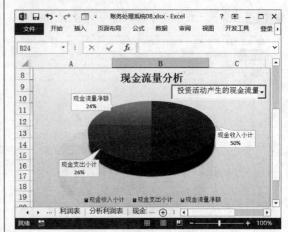

第16章

PPT 设计案例
——制作楼盘推广策划案

演示文稿编辑完成后，用户可以通过设置文本格式，插入剪贴画或艺术字，设置图片效果，插入多媒体文件，以及设置动画效果等多种方式对幻灯片进行美化和放映，使其更酷，更炫，更精彩！另外，用户还可以对演示文稿进行打包和解包，然后在网上进行发布。

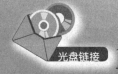

光盘链接

关于本章知识，本书配套教学光盘中有相关的多媒体教学视频，请读者参见光盘中的【PPT 设计与应用\综合实例应用】。

16.1 设置文字效果

编辑文本时，为了使幻灯片更具整体美感，通常将幻灯片中的标题文本框以及其他文本框中的字体和段落格式设置为统一的风格。

	本小节原始文件和最终效果所在位置如下。
原始文件	原始文件\第16章\楼盘推广策划案例01.pptx
最终效果	最终效果\第16章\楼盘推广策划案例02.pptx

16.1.1 统一文字格式

统一的文字格式让整个演示文稿看起来整齐划一，更具视觉化和逻辑化效果。

设置统一文字格式的具体步骤如下。

1 打开本实例的原始文件，在左侧的幻灯片列表中选中第5张幻灯片。选中标题文本框，切换到【开始】选项卡，在【字体】组中的【字体】下拉列表框中选择【微软雅黑】选项，在【字号】下拉列表框中选择【28】选项，然后单击【加粗】按钮 **B** 和【文字阴影】按钮 **S** 。

2 选中正文文本框，在【字体】组中的【字体】下拉列表框中选择【微软雅黑】选项，在【字号】下拉列表框中选择【18】选项。

提示 ┊┊┊┊┊┊

另外，用户还可以单击【字体】组中【对话框启动器】按钮 ，在弹出的【字体】对话框中，切换到【字体】选项卡，然后对字体、字号等进行设置。

3 如果用户要突出显示文本框中的文字，可以将其选中，单击【字体】组中的【字体颜色】按钮 **A** 右侧的下三角按钮 ，在弹出的下拉列表中选择合适的字体颜色即可，例如选择【红色】选项。

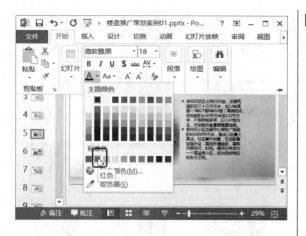

4 设置完毕，字体效果如下图所示。使用同样的方法，设置其他字体格式即可。

16.1.2 统一段落格式

在编辑幻灯片时，为了达到 PPT 风格的统一，通常对文本的段落或行距进行统一设置。

设置统一段落格式的具体步骤如下。

1 选中正文文本框，切换到【开始】选项卡，在【段落】组中单击【对话框启动器】按钮 。

2 弹出【段落】对话框，切换到【缩进和间距】选项卡，在【间距】组中的【行距】下拉列表框中选择【单倍行距】选项，然后在【段前】微调框中输入"12 磅"，其他选项保持默认。

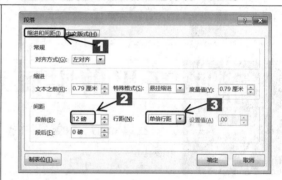

3 单击 确定 按钮，返回幻灯片，设置完毕，第 5 张幻灯片的最终效果如下图所示。

4 使用同样的方法设置其他幻灯片，设置完成后，演示文稿中的幻灯片在文字和标题上就保持了同样的风格。

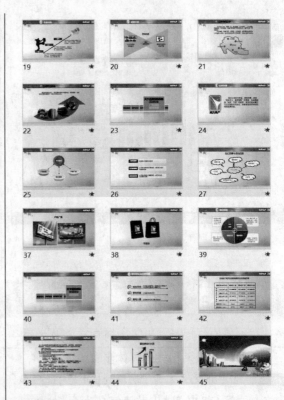

16.2 巧用剪贴画和艺术字

在编辑幻灯片的过程中，插入剪贴画和艺术字，可以使幻灯片看起来更加精美。

本小节原始文件和最终效果所在位置如下。		
原始文件	原始文件\第 16 章\楼盘推广策划案例 02.pptx	
最终效果	最终效果\第 16 章\楼盘推广策划案例 03.pptx	

16.2.1 插入剪贴画

PowerPoint 2013 中有很多好看的剪贴画，用户可以根据需要搜索并插入剪贴画。另外，用户还可以对一些 WMF 格式的剪贴画进行任意修改和组合。

1 打开本实例的原始文件，在左侧的幻灯片列表中选中第 16 张幻灯片，切换到【插入】选项卡，在【图像】组中单击【联机图片】按钮。

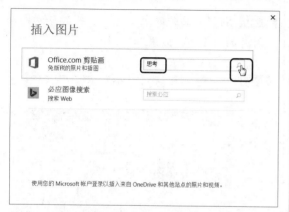

2 弹出【插入图片】对话框，在【Office.com 剪贴画】文本框中输入"思考"，然后单击【搜索】按钮。

3 即可在【搜索结果】对话框中搜索出关于"思考"的所有文件，选择需要的图片，然后单击 插入 按钮。

4 即可将选中的图片插入到幻灯片中。

5 选中剪贴画，然后单击鼠标右键，在弹出的快捷菜单中选择【组合】➤【取消组合】菜单项。

6 弹出【Microsoft PowerPoint】对话框，提示用户"是一张导入的图片，而不是组合，是否将其转换为 Microsoft Office 图形对象？"，单击 是(Y) 按钮。

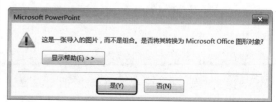

7 选中剪贴画中的手状图形，切换到【格式】选项卡，在【形状样式】组中单击【其他】按钮。

8 在弹出的【形状样式】下拉列表中选择合适的样式，例如选择【强烈效果-红色，强调颜色2】选项。

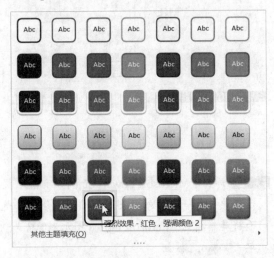

9 返回幻灯片，手状图形的设置效果如下图所示。

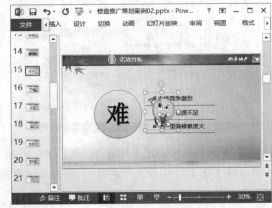

10 调整剪贴画的大小，然后将其移动到幻灯片的右下角，效果如下图所示。

16.2.2 插入艺术字

艺术字是 PowerPoint 2013 提供的现成的文本样式对象，用户可以将其插入到幻灯片中，并设置其格式效果。PowerPoint 2013 提供多种艺术字功能，在演示文稿中使用艺术字特效可以使幻灯片更加灵动和美观。

插入并编辑艺术字的具体步骤如下。

1 在左侧的幻灯片列表中选中第 45 张幻灯片，切换到【插入】选项卡，在【文本】组中单击【艺术字】按钮，在弹出的下拉列表中选择【填充-紫色,着色 4,软棱台】选项。

2 此时，即可在幻灯片中插入一个艺术字文本框。

3 在【请在此放置您的文字】文本框中输入"谢谢观赏!"，然后将其移动到合适的位置。

4 如果用户对艺术字效果不太满意，可以选中艺术字文本框，切换到【格式】选项卡，在【艺术字样式】组中单击【对话框启动器】按

钮。

5 弹出【设置形状格式】对话框，切换到【文本选项】选项卡，单击【文本填充轮廓】按钮，选择【文本填充】选项，选中【渐变填充】单选钮，然后单击【预设渐变】按钮，在弹出的下拉列表中选择【底部聚光灯-着色2】选项。

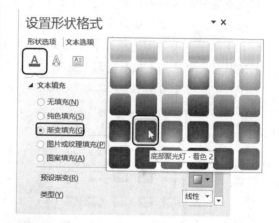

6 设置完毕，单击【关闭】按钮，艺术字效果如下图所示。

16.3 设置图片效果

PowerPoint 2013 提供了多种图片特效功能，用户既可以直接应用图片样式，也可以通过调整图片颜色、裁剪、排列等方式，使图片更加绚丽多彩，给人以耳目一新之感。

	本小节原始文件和最终效果所在位置如下。
原始文件	原始文件\第 16 章\楼盘推广策划案例 03.pptx
最终效果	最终效果\第 16 章\楼盘推广策划案例 04.pptx

16.3.1 使用图片样式

PowerPoint 2013 提供了多种类型的图片样式，用户可以根据需要选择合适的图片样式。

使用图片样式美化图片的具体步骤如下。

1 打开本实例的原始文件，在左侧的幻灯片列表中选中第 6 张幻灯片，选中该幻灯片中左侧的图片，切换到【格式】选项卡，在【图片样式】组中单击【快速样式】按钮，在弹出的下拉列表中选择【矩形投影】选项。

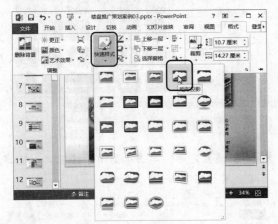

2 返回幻灯片，设置效果如右上图所示。

3 使用同样的方法，选中幻灯片中右侧的图片，切换到【格式】选项卡，在【图片样式】组中单击【快速样式】按钮，在弹出的下拉列表中选择【柔化边缘椭圆】选项。

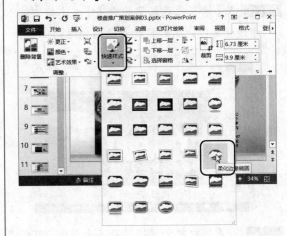

4 返回幻灯片，设置效果如右图所示。

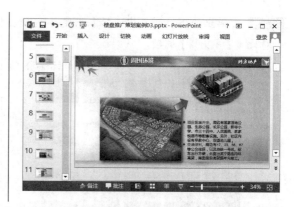

16.3.2 调整图片效果

在 PowerPoint 2013 中，用户还可以对图片的颜色、亮度和对比度进行调整。

调整图片效果的具体步骤如下。

1 选中第 6 张幻灯片中左侧的图片，切换到【格式】选项卡，在【调整】组中单击 颜色 按钮。

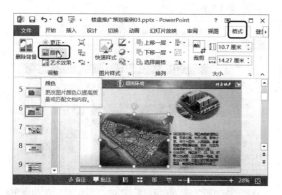

2 在弹出的下拉列表中选择【色温：4700 K】选项。

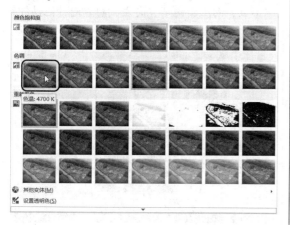

3 返回幻灯片，设置效果如下图所示。

4 选中第 6 张幻灯片中左侧的图片，切换到【格式】选项卡，在【调整】组中单击 更正 按钮。

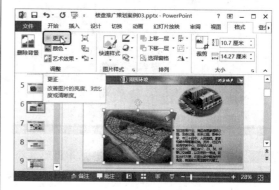

5 在弹出的下拉列表中选择【亮度：−20%，对比度：+20%】选项。

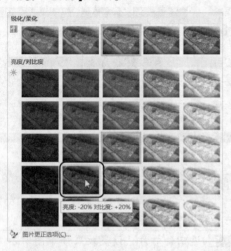

6 返回幻灯片，设置效果如下图所示。

16.3.3 裁剪图片

在编辑演示文稿时，用户可以根据需要将图片裁剪成各种形状。

裁剪图片的具体步骤如下。

1 在左侧的幻灯片列表中选中第 10 张幻灯片，选中幻灯片中左侧的图片，切换到【格式】选项卡，在【大小】组中单击【裁剪】按钮下方 按钮，在弹出的下拉列表中选择【裁剪】选项。

2 此时，图片进入裁剪状态，并出现 8 个裁剪边框。

3 选中任意一个裁剪边框，按住鼠标左键不放，向上、向下、向左、向右进行拖动即可对图片进行裁剪。

4 释放鼠标左键，切换到【格式】选项卡，在【大小】组中再次单击【裁剪】按钮 即可完成裁剪。

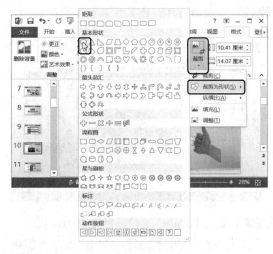

5 选中第 10 张幻灯片中左侧的图片，切换到【格式】选项卡，在【大小】组中单击【裁剪】按钮 下方的 按钮，在弹出的下拉列表中选择【裁剪为形状】➢【椭圆】选项。

6 裁剪效果如下图所示。

16.3.4 排列图片

在 PowerPoint 2013 中，用户可以根据需要对图片进行图层上下移动、选择窗格、对齐方式设置、组合方式设置以及旋转等多种排列操作。

对图片进行排列操作的具体步骤如下。

1 选中第 10 张幻灯片，按住【Shift】键的同时选中该幻灯片中的两张图片，在【图片工具】工具栏中，切换到【格式】选项卡，在【排列】组中单击【对齐】按钮 ，在弹出的下拉列表中选择【底端对齐】选项。

2 返回幻灯片，设置效果如下图所示。

3 按住【Shift】键的同时选中两张图片，切换到【格式】选项卡，在【排列】组中单击 组合 按钮，在弹出的下拉列表中选择【组合】选项。

4 此时选中的两张图片就组成了一个新的整体对象。

5 选中新组合的整体，切换到【格式】选项卡，在【排列】组中单击【旋转】按钮，在弹出的下拉列表中选择【水平翻转】选项。

6 设置完毕，第 10 张幻灯片的最终效果如下图所示。

16.4 设置动画效果

PowerPoint 2013 提供了包括进入、强调、退出、路径以及页面切换等多种形式的动画效果，为幻灯片添加这些动画特效，可以使 PPT 实现与 Flash 动画一样的旋动效果。

本小节原始文件和最终效果所在位置如下。	
原始文件	原始文件\第 16 章\楼盘推广策划案例 04.pptx
最终效果	最终效果\第 16 章\楼盘推广策划案例 05.pptx

16.4.1 设置进入动画

进入动画可以实现多种对象从无到有、陆续展现的动画效果。

设置进入动画的具体步骤如下。

1 打开本实例的原始文件,在第 3 张幻灯片中选中"目录"文本框,然后切换到【动画】选项卡,在【高级动画】组中单击【添加动画】按钮。

2 在弹出的下拉列表中选中【飞入】选项。

3 切换到【动画】选项卡,在【高级动画】组中单击 动画窗格 按钮。

4 此时,即可在窗口的右侧弹出【动画窗格】,选中动画 1,然后单击鼠标右键,在弹出的快捷菜单中选择【效果选项】菜单项。

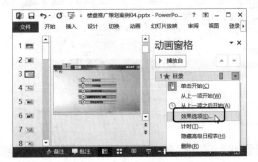

5 弹出【飞入】对话框,切换到【效果】选项卡,在【设置】组合框的【方向】下拉列表框中选择【自左侧】选项。

6 切换到【计时】选项卡，在【期间】下拉列表框中选择【快速（1 秒）】选项。

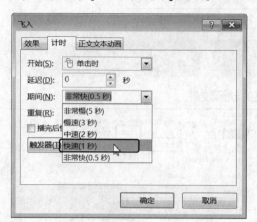

7 单击 ▢确定▢ 按钮返回演示文稿，单击【动画窗格】右侧的【关闭】按钮×。然后切换到【动画】选项卡，在【预览】组中单击【预览】按钮★。

8 此时"目录"文本框的飞入效果如右上图所示。

9 使用同样的方法为 5 个条目依次添加"形状"的进入效果，然后切换到【动画】选项卡，在【预览】组中单击【预览】按钮★。

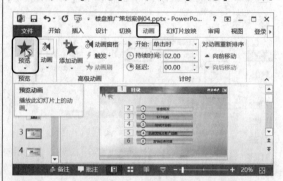

10 "形状"的进入效果如下图所示。

16.4.2 设置强调动画

强调动画是通过放大、缩小、闪烁、陀螺旋等方式突出显示对象和组合的一种动画，为对象添加强调动画，可以收到意想不到的效果。

设置强调动画的具体步骤如下。

1 在第 3 张幻灯片中选中"目录"文本框，然后切换到【动画】选项卡，在【高级动画】组中单击【添加动画】按钮★。

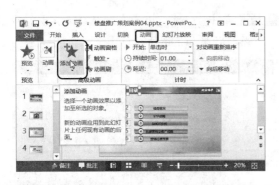

2 在弹出的下拉列表中选中【陀螺旋】选项。

3 切换到【动画】选项卡，在【高级动画】组中单击 动画窗格 按钮，即可在窗口的右侧弹出【动画窗格】，选中动画7，然后切换到【动画】选项卡，在【计时】组中单击 ▲向前移动 按钮。

4 将动画7移动到合适的位置即可。

5 设置完毕关闭【动画窗格】，然后在【动画】选项卡的【预览】组中单击【预览】按钮，"陀螺旋"的强调效果如下图所示。

16.4.3 设置路径动画

路径动画是让对象按照绘制的路径运动的一种高级动画效果，可以实现 PPT 的千变万化。除了直接使用 PowerPoint 2013 提供的动画样式以外，用户还可以根据需要自定义动画路径，设计出绚丽多彩的动画效果。

设置路径动画的具体步骤如下。

1 在第 3 张幻灯片中选中第 5 个目录条，然后切换到【动画】选项卡，在【高级动画】组中单击【添加动画】按钮。

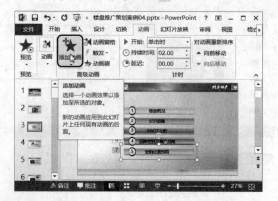

2 在弹出的下拉列表中选中【其他动作路径】选项。

3 弹出【添加动作路径】对话框，然后在【特殊】组合框中选择【尖角星】选项。

4 单击 确定 按钮，返回演示文稿，设置路径效果如下图所示。

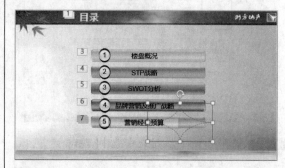

5 切换到【动画】选项卡，在【预览】组中单击【预览】按钮，"尖角星"的路径效果如下图所示。

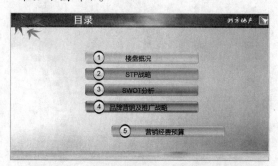

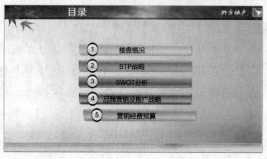

16.4.4　设置退出动画

退出动画是让对象从有到无、逐渐消失的一种动画效果。退出动画实现了画面切换的连贯过渡，是不可或缺的动画效果。

设置退出动画的具体步骤如下。

1 在第 3 张幻灯片中选中第 5 个目录条，然后切换到【动画】选项卡，在【高级动画】组中单击【添加动画】按钮，在弹出的下拉列表中选中【擦除】选项。

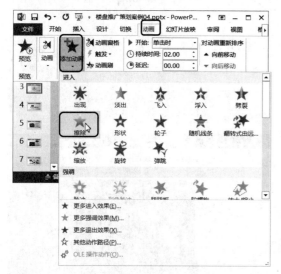

2 此时，即可为第 5 个目录条添加"擦除"效果。然后切换到【动画】选项卡，在【预览】组中单击【预览】按钮。

3 "擦除"的退出效果如下图所示。

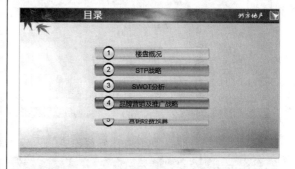

16.4.5　设置页面切换动画

页面切换动画是幻灯片之间进行切换的一种动画效果。添加页面切换动画不仅可以轻松实现画面之间的自然切换，还可以使 PPT 真正动起来。

设置页面切换动画的具体步骤如下。

1 选中第 2 张幻灯片，然后切换到【切换】选项卡，在【切换到此幻灯片】组中单击【切换样式】按钮。

2 在弹出的下拉列表中选择【翻转】选项。

3 设置完毕，回到【切换】选项卡，在【预览】组中单击【预览】按钮。

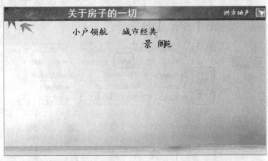

4 "翻转"的页面切换效果如下图所示。

16.5 使用多媒体文件

PowerPoint 2013 提供了专门的媒体选项卡，用户可以在演示文稿中插入并播放音频或视频文件。

本小节原始文件和最终效果所在位置如下。	
素材文件	素材文件\第 16 章\音频 01.wav、视频 01.wmv
原始文件	原始文件\第 16 章\楼盘推广策划案例 05.pptx
最终效果	最终效果\第 16 章\楼盘推广策划案例 06.pptx

16.5.1　插入和播放音频文件

PowerPoint 2013 支持包括 WAV、MID 或 MP3 在内的多种音频格式。用户在使用 PPT 进行产品推介或营销分析时，通常会在演示文稿中插入动听的背景音乐。

插入和播放音频文件的具体步骤如下。

1 打开本实例的原始文件，切换到【插入】选项卡，在【媒体】组中单击【音频】按钮，然后在弹出的下拉列表中选择【PC 上的音频】选项。

2 弹出【插入音频】对话框，选择文件的存放位置，然后选中本实例的素材文件"音频01.wav"。

3 单击 插入(S) 按钮即可在演示文稿中插入该文件。

4 为了避免影响幻灯片的正常播放，将音频文件拖动到幻灯片的正上方，然后选中该音频文件，切换到【播放】选项卡，在【预览】中单击【播放】按钮。

5 此时，音频文件进入播放状态，并显示播放进度。

6 如果用户想要在整个演示文稿中重复播放音频文件，只需选中该文件，在【音频工具】工具栏中，切换到【播放】选项卡，在【音频选项】中的【开始】下拉列表框中选择【跨幻灯片播放】复选框和【循环播放，直到停止】复选框即可。

16.5.2　插入和播放视频文件

除了可以在演示文稿中插入音频文件外，用户还可以在 PowerPoint 2013 中插入.wmv、.avi、.asf、.asx、.mlv、.mpg 等格式的视频文件。

插入和播放视频文件的具体步骤如下。

1 打开本实例的原始文件，选中第 8 张幻灯片，切换到【插入】选项卡，在【媒体】组中单击【视频】按钮，在弹出的下拉列表中选择【PC 上的视频】选项。

2 弹出【插入视频文件】对话框，从中选中本实例的素材文件"视频 01.wmv"。

3 单击 插入(S) 按钮即可在演示文稿中插入该文件，然后拖动鼠标调整其大小和位置即可。

4 在【视频工具】工具栏中，切换到【播放】选项卡，在【预览】组中单击【播放】按钮。

5 此时，视频文件进入播放状态，并显示播放进度。

16.6 演示文稿的应用

演示文稿的应用主要包括放映演示文稿和演示文稿的网上应用等内容。接下来对演示文稿进行放映，并发布为网页。

本小节原始文件和最终效果所在位置如下。	
素材文件	素材文件\第16章\音频01.wav、视频01.wmv
原始文件	原始文件\第16章\楼盘推广策划案例06.pptx
最终效果	最终效果\第16章\楼盘推广策划案例07.pptx

16.6.1 放映演示文稿

演示文稿编辑完成以后，用户就可以进行放映了。在放映幻灯片的过程中，放映者可能对幻灯片的放映方式和放映时间有不同的需求，为此，用户可以对其进行相应的设置。

设置幻灯片放映方式和放映时间的具体步骤如下。

1 打开本实例的原始文件，切换到【幻灯片放映】选项卡，在【设置】组中单击【设置幻灯片放映】按钮。

2 弹出【设置放映方式】对话框，在【放映类型】组合框中选中【演讲者放映（全屏幕）】单选钮，在【放映选项】组合框中选中【循环放映，按 Esc 键终止】复选框，在【放映幻灯片】组合框中选中【全部】单选钮，在【换片方式】组合框中选中【如果存在排练时间，则使用它】单选钮。

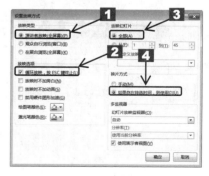

3 设置完毕，单击 确定 按钮，返回演示文稿，然后单击【设置】组中的 排练计时 按钮。

4 此时，进入幻灯片放映状态，在【录制】工具栏的【幻灯片放映时间】文本框中显示了当前幻灯片的放映时间。

5 单击【下一项】按钮 →，切换到其他的幻灯片中，然后按照同样的方法设置其放映时间。

6 单击【录制】工具栏中的【关闭】按钮 ×，弹出【Microsoft PowerPoint】对话框。

7 直接单击 是(Y) 按钮即可。单击【幻灯片浏览】按钮，即可转入幻灯片浏览视图中，可以看到在每张幻灯片缩略图的左下角都显示了幻灯片的放映时间。

8 切换到【幻灯片放映】选项卡，在【开始放映幻灯片】组中单击【从头开始】按钮。

9 此时即可进入播放状态。

16.6.2 演示文稿的网上应用

PowerPoint 2013 提供有"另存为网页"和"发布幻灯片"功能，用户利用这些功能不仅可以将演示文稿保存为网页文件，还可以将幻灯片发布到幻灯片库或 SharePoint 网站，以供他人使用。

1. 将演示文稿直接保存为网页

将演示文稿保存为网页文件的具体步骤如下。

1 打开本小节的原始文件，单击 **文件** 按钮，从弹出的界面中选择【另存为】➤【计算机】➤【浏览】选项。

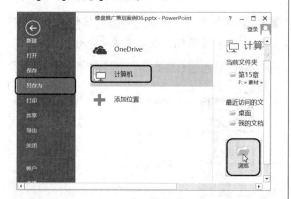

2 弹出【另存为】对话框，在其中设置文件的保存位置和保存名称，然后从【保存类型】下拉列表框中选择【PowerPoint XML 演示文稿（*.xml）】选项。

3 设置完毕，单击 **保存(S)** 按钮，此时即可在保存位置生成一个扩展名为".xml"的网页文件。

4 双击该文件即可将其打开。

2. 发布幻灯片

发布幻灯片的具体步骤如下。

1 单击 **文件** 按钮，从弹出的界面中选择【共享】➤【发布幻灯片】选项，然后单击【发布幻灯片】按钮 。

2 弹出【发布幻灯片】对话框，然后单击 全选(S) 按钮。

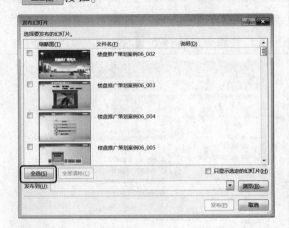

3 此时，即可选中所有要发布的幻灯片，然后单击 浏览(B)... 按钮。

4 弹出【选择幻灯片库】对话框，在其中选择合适的保存位置。

5 设置完毕，单击 选择(E) 按钮返回【发布幻灯片】对话框，然后单击 发布(P) 按钮即可。